无人机系统自主控制技术丛书

无人机系统导论

Introduction to Unmanned Aircraft Systems

【美】Richard K. Barnhart　Stephen B. Hottman
Douglas M. Marshall　Eric Shappee　编著

沈林成　吴利荣　牛轶峰　吴立珍　译
刘永坚　审校

国防工业出版社

·北京·

著作权合同登记　图字:军-2013-052号

图书在版编目(CIP)数据

无人机系统导论/(美)巴恩哈德(Barnhart,R. K.)等编著;沈林成等译. —北京:国防工业出版社,2020.8 重印
(无人机系统自主控制技术丛书)
书名原文:Introduction to unmanned aircraft systems
ISBN 978-7-118-09659-0

Ⅰ.①无… Ⅱ.①巴…②沈… Ⅲ.①无人驾驶飞机-研究 Ⅳ.①V279

中国版本图书馆 CIP 数据核字(2014)第 192284 号

Introduction to Unmanned Aircraft Systems, First edition, by Richard K. Barnhart,
Stephen B. Hottman, Douglas M. Marshall, Eric Shappee
ISBN 978-1-4398-3521-0
ⓒ 2012 by Taylor & Francis Group, LLC
CRC Press is an imprint of Taylor & Francis Group, an Informa business.
All Rights Reserved.
版权所有,侵权必究。
本书封面贴有 Taylor & Francis 公司防伪标签,无标签者不得销售。

※

国防工业出版社出版发行
(北京市海淀区紫竹院南路23号　邮政编码100048)
天津嘉恒印务有限公司印刷
新华书店经售
*
开本 710×1000　1/16　印张 14½　字数 270 千字
2020年8月第1版第3次印刷　印数4501—6500册　定价 70.00 元

(本书如有印装错误,我社负责调换)

国防书店:(010)88540777　　书店传真:(010)88540776
发行业务:(010)88540717　　发行传真:(010)88540762

序

我们很高兴向广大读者推出《无人机系统导论》(Introduction to Unmanned Aircraft Systems)第 1 版。众所周知,无人机系统(UAS)产业是一个高速发展的行业。在这种背景下,本书提出了无人机系统操作使用的基础性问题,以期为广大读者指明无人机系统的基本发展方向,并为进一步的深入研究打下坚实基础。本书是在总结过去探索失败经验的基础之上所取得的成果,可用作大学无人机系统专业学生的教材。各章均由全美各大高校无人机系统领域的顶级专家独立撰写。因此,读者在阅读过程中可能注意到各章的文风有所不同。我们之所以未对不同撰稿人的文风进行统一,是为了完全恪守作者的真实意图,从而提高文中的信息含量。本书是站在非工程、民用、操作使用的角度来撰写的,以期提高读者对无人机系统的操作和应用水平,并能在今后各种任务中加以运用。

本书最终得以出版,离不开所有编辑和撰稿人的密切合作,正是因为你们付出了宝贵的时间与心血,我们最终才能取得令人满意的成果!此外,还要感谢北达科他大学(University of North Dakota)研究生 Kristen Steuver 的精心校对工作!对于你们的辛苦劳动,我们感激不尽!

最后,欢迎广大读者对书中的不足予以批评和指正,以作为与时俱进、再版改进的依据。

Richard K. Barnhart, Stephen B. Hottman
Douglas M. Marshall, Eric Shappee

前　言

无人机系统（Unmanned Aircraft Systems，UAS）是无人系统领域发展最快、技术水平最高和实战经验最多的一个领域。自主能力是无人机系统的首要特征，主要解决在不确定环境下，无人机系统不依赖于人或在人的最少干预下，自主实现"观察－判断－决策－行动"（Observe－Orient－Decide－Act，OODA）整个回路周期的任务能力。随着无人机系统自主能力的不断提高，无人机系统的应用不断拓展，无人机系统对于国家空域系统的访问和使用需求不断增加，不论是军用无人机进入国家空域，还是民用无人机进入国家空域，都要求相应的安全性，这其中涉及到空域集成、适航认证等基本问题，是目前无人机系统技术研究的热点问题。

"2013 中国无人机系统峰会"就以"民用无人机系统等待起飞"为主题重点探讨无人机系统融入国家空域系统面临的诸多挑战性问题。美国国防部先后发布的 2013 年版和 2017 年版《无人系统综合路线图》不断强化对无人（机）系统自主能力、空域集成、使用环境等能力需求和技术要求，指出无人系统更高的自主性需求是美国空军未来科技投资的"单一最大的主题"，其优势在于降低人力资源需求，减少对高带宽数据链依赖，缩短任务回路周期，提升任务能力等。空域集成主要解决无人机的适航性，飞行员/操作员的资质认证，以及无人机相关的作战规则、标准和程序等。无人机系统的使用环境主要包括全天候、从低空到高空和在拥挤竞争的空域，这对感知与规避（Sense and Avoid，SAA）能力提出了挑战。无人机系统的感知与规避能力将弥补无人机系统"机上无人"特性与有人机飞行员"看见与规避"（See and Avoid）这两者之间的缺口。

目前，针对无人机的操作使用基本原理相对匮乏的现状，本书以无人机系统自主能力发展趋势为引领，从非工程、民用以及使用者的视角，首先概述了无人机的发展简史，分析了无人机系统的各个组成单元，然后以美国航空监管系统为例，剖析了无人机的航空监管体系，介绍了无人机授权认证过程，分析了无人机系统的运行管控问题；在此基础上，阐述了无人机系统的机载传感器和感知与规避技术，分析了无人机系统的安全问题和人因工程，重点分析了自动化（Automation）和自主性（Autonomy）的区别，介绍了目前关于自主性等级划分的主要观点，包括自主等级和自主系统参考框架，最后介绍了无人机系统在地理空间中的应用，展望了无人机系统的未来市场，以及国际舆论关注的热点问题。

本书原著者分别为：第 1 章"无人机系统发展简史"，美国陆军预备役中校 Charles Jarnot；第 2 章"无人机系统的组成"，堪萨斯（Kansas）州立大学的 Joshua Brungardt；第 3 章"无人机航空监管体系——以美国为例"，新墨西哥州立大学的 Douglas M. Marshall（原书第三作者）；第 4 章"无人机授权认证的过程"，新墨西哥州立大学的 Glen Witt 和 Stephen B. Hottman（原书第二作者）；第 5 章"无人机系统的空域运行"，安柏瑞德（Embry-Riddle）航空大学的 Theodore Beneigh；第 6 章"机载传感器与有效载荷"，新墨西哥州立大学的 Douglas M. Marshall；第 7 章"无人机系统感知与规避"，南佛罗里达理工大学的 Lisa Jo Elliott，新墨西哥州立大学的 Jeremy D. Schwark 和 Matthew J. Rambert；第 8 章"无人机系统安全评估"，堪萨斯州立大学的 Eric J. Shappee（原书第四作者）；第 9 章"无人机系统中人的因素"，新墨西哥州立大学的 Igor Dolgov 和 Stephen B. Hottman；第 10 章"无人机系统的自动化与自主性"，南佛罗里达理工大学的 Lisa Jo Elliott 和白沙导弹试验场的 Bryan Stewart（本章内容补充较大）；第 11 章"面向地理空间数据采集的无人机系统"，新墨西哥州立大学的 Caitrina M. Steele 和南佛罗里达理工大学的 Lisa Jo Elliott；第 12 章"无人机系统的未来"，堪萨斯州立大学教授 Richard K. Barnhart（原书第一作者）。关于作者的详细介绍请参阅附录。本书在翻译过程中，力争保持原书风格，但为方便理解和内容完整，书中章节有所调整和补充。

本书得以顺利翻译出版感谢谭双鹏等同志不辞辛苦完成有关章节的校对工作；感谢国防工业出版社编辑辛俊颖等同志在本书出版过程中的辛勤劳动；感谢空军研究院系统所有关同志付出的劳动。感谢清华大学张钹院士和北京航空航天大学王英勋教授对于本书的有力推荐。本书的出版得到了国家安全重大基础研究项目、国家自然科学基金、国防科学技术大学"青年拔尖人才培养计划"和"研究生科技创新计划"等项目的支持，在此一并表示感谢。

本书虽然定位是入门级大学教科书，但其所涉及的自主能力、感知与规避、人因工程等，使得本书无论对于自动化、无人机系统等相关专业的初学者，还是对于该领域专家，都是一部必不可少的参考书。

由于译者水平的限制，书中难免存在一些问题和不足，欢迎读者批评指正。

译者

2020 年 6 月 3 日修于长沙

目 录

第1章 无人机系统发展简史 ... 1
- 1.1 起源 ... 1
- 1.2 有效控制的需求 ... 2
- 1.3 无线电和自动驾驶仪 ... 2
- 1.4 航空鱼雷:首架现代无人机(1918年3月6日) ... 3
- 1.5 无人靶机 ... 4
- 1.6 第二次世界大战期间美国海军的无人攻击机 ... 6
- 1.7 第二次世界大战期间德国的V-1"蜂鸣"飞弹(Buzz Bomb) ... 8
- 1.8 第二次世界大战期间德国的"槲寄生"(Mistletoe) ... 9
- 1.9 早期无人侦察机 ... 9
- 1.10 雷达诱饵:20世纪50年代至70年代 ... 10
- 1.11 远程侦察无人机系统:20世纪60年代至70年代 ... 10
- 1.12 首架无人直升机系统:20世纪60年代至70年代 ... 11
- 1.13 寻求自主操作 ... 11
- 1.14 双尾撑推进式无人机的诞生 ... 12
- 1.15 沙漠风暴:1991年 ... 13
- 1.16 克服飞行员的偏见 ... 14
- 1.17 无人机系统会取代有人机吗? ... 15
- 思考题 ... 15
- 参考文献 ... 15

第2章 无人机系统的组成 ... 16
- 2.1 无人机系统(UAS)的组成 ... 16
- 2.2 遥控驾驶飞行器(RPA) ... 16
  - 2.2.1 固定翼 ... 17
  - 2.2.2 垂直起降 ... 17
- 2.3 指挥与控制单元 ... 18
  - 2.3.1 自动驾驶仪 ... 18
  - 2.3.2 地面控制站 ... 19

2.4 通信数据链 ·············· 21
2.4.1 视距内(LOS) ·············· 21
2.4.2 超视距(BLOS) ·············· 21
2.5 任务载荷 ·············· 22
2.5.1 光电 ·············· 22
2.5.2 红外 ·············· 23
2.5.3 激光 ·············· 24
2.6 发射与回收 ·············· 24
2.7 人的因素 ·············· 26

第3章 无人机航空监管体系——以美国为例 ·············· 27
3.1 美国航空监管体系 ·············· 27
3.1.1 引言 ·············· 27
3.1.2 美国航空条例历史 ·············· 27
3.1.3 美国联邦航空管理局 ·············· 28
3.1.4 执法和制裁 ·············· 30
3.2 国际航空条例 ·············· 31
3.3 标准和条例 ·············· 34
3.4 规则制定的过程 ·············· 36
3.5 有关无人机的现行规定 ·············· 38
3.6 FAA 对无人机系统的执法权 ·············· 42
3.7 前进之路:无人机系统管理条例的未来 ·············· 45
3.8 结论 ·············· 46
思考题 ·············· 47

第4章 无人机授权认证的过程 ·············· 48
4.1 引言 ·············· 48
4.1.1 背景 ·············· 48
4.1.2 常规国家空域系统 ·············· 48
4.1.3 无人机系统分类 ·············· 50
4.2 无人机系统空域准入历史 ·············· 51
4.2.1 联邦航空管理局备忘录的指示 ·············· 52
4.2.2 改变空域准入的新力量 ·············· 53
4.3 授权认证(COA)或豁免的启用 ·············· 54
4.4 联邦航空管理局的指南文件 ·············· 55
4.5 无人机项目办公室的创建 ·············· 56
4.5.1 授权认证的焦点 ·············· 56

  4.5.2　授权认证申请的数据和步骤 ················ 57
 4.6　无人机准入国家空域系统的未来发展 ················ 59
 4.7　结论 ················ 61
  参考文献 ················ 62

第5章　无人机系统的空域运行 ················ 64
 5.1　无人机系统空域运行障碍 ················ 64
 5.2　无人机系统空域运行指南 ················ 65
 5.3　空域定义 ················ 65
 5.4　公共用户：授权证书 ················ 67
 5.5　民间用户：专用适航性/试验性证书 ················ 67
 5.6　飞行操作 ················ 68
 5.7　人员资质 ················ 70
  思考题 ················ 72

第6章　机载传感器与有效载荷 ················ 73
 6.1　引言 ················ 73
 6.2　无人机系统："采集平台"抑或飞行器？ ················ 73
 6.3　监管的挑战 ················ 74
 6.4　传感器和有效载荷：有区别吗？ ················ 75
 6.5　感知与规避的动力学和系统 ················ 76
 6.6　目标驱动型传感器 ················ 78
 6.7　技术和系统的限制 ················ 79
 6.8　结论 ················ 80
  思考题 ················ 81

第7章　无人机系统感知与规避 ················ 82
 7.1　引言 ················ 82
  7.1.1　检测、看见与规避：有人机 ················ 82
  7.1.2　飞行员的看见与规避职责：有人机 ················ 82
  7.1.3　检测、感知与规避：无人机系统 ················ 83
 7.2　检测、看见与规避的信号检测方法 ················ 83
  7.2.1　响应偏差与响应准则 ················ 84
  7.2.2　可辨性 ················ 85
 7.3　检测、感知与规避技术 ················ 86
  7.3.1　协作式技术 ················ 86
  7.3.2　非协作式技术 ················ 87
  7.3.3　改造性技术 ················ 89

		7.3.4 能见度替代方案	91
7.4	结论		92
思考题			94
参考文献			94

第8章 无人机系统安全评估 ... 97
8.1 引言 ... 97
8.2 危险分析 ... 97
    8.2.1 目的 ... 97
    8.2.2 预先危险列表 ... 97
    8.2.3 预先危险分析 ... 98
    8.2.4 操作危险评估与分析 ... 99
    8.2.5 变更分析 ... 100
8.3 风险评估 ... 100
    8.3.1 目的 ... 102
    8.3.2 开发 ... 102
    8.3.3 使用 ... 103
8.4 安全性评价 ... 104
    8.4.1 风险评估 ... 104
    8.4.2 飞行测试卡 ... 104
    8.4.3 适航性认证 ... 104
8.5 事故调查中的考虑因素 ... 105
    8.5.1 软件和硬件 ... 106
    8.5.2 人的因素 ... 106
    8.5.3 建议 ... 107
8.6 结论和推荐 ... 107
思考题 ... 108
参考文献 ... 108

第9章 无人机系统中人的因素 ... 109
9.1 引言 ... 109
9.2 无人机系统事故和意外分析 ... 110
9.3 无人机系统中人的因素 ... 116
    9.3.1 操作环境 ... 117
    9.3.2 人-系统集成 ... 117
    9.3.3 系统自动化 ... 118
    9.3.4 机组规模、编成和训练 ... 118

  9.4 结论和未来研究方向 ··· 119
  思考题 ··· 121
  参考文献 ··· 121

第10章 无人机系统的自动化与自主性 ··· 125
  10.1 自动与自主 ··· 125
  10.2 工作负荷 ··· 126
    10.2.1 主观负荷评估 ··· 126
    10.2.2 客观负荷评估 ··· 127
  10.3 态势感知 ··· 128
  10.4 技能下降 ··· 128
  10.5 信任度 ··· 129
    10.5.1 可靠性 ··· 130
  10.6 自动化类型与等级 ··· 131
    10.6.1 自动化类型 ··· 131
    10.6.2 自动化等级/以人为中心的分类 ··· 133
  10.7 以技术为中心的分类 ··· 134
    10.7.1 美国空军研究实验室 ··· 134
    10.7.2 美国国家航空航天局 ··· 136
    10.7.3 美国国家标准与技术研究所 ··· 139
    10.7.4 其他机构 ··· 141
  10.8 自主等级分析(ALFUS) ··· 143
    10.8.1 自主等级0 ··· 143
    10.8.2 自主等级1~3(低级) ··· 144
    10.8.3 自主等级4~6(中级) ··· 144
    10.8.4 自主等级7~9(高级) ··· 144
    10.8.5 超越10级 ··· 144
  10.9 自主系统参考框架 ··· 145
    10.9.1 自主能力面临的挑战 ··· 145
    10.9.2 自主系统参考框架 ··· 146
    10.9.3 自主能力关键技术 ··· 149
  10.10 结论 ··· 152
  思考题 ··· 153
  参考文献 ··· 153

第11章 面向地理空间数据采集的无人机系统 ··· 159
  11.1 引言 ··· 159

	11.1.1 遥感无人机系统	159
	11.1.2 传感器	160
	11.1.3 实时数据传输	162
	11.1.4 静态影像的地理校正与拼接	162
11.2	应用	164
	11.2.1 环境监测与管理	164
	11.2.2 交通传感	167
	11.2.3 灾害响应	168
11.3	结论	173
思考题		174
参考文献		174

第12章 无人机系统的未来 … 178

- 12.1 引言 … 178
- 12.2 预期市场增长 … 178
  - 12.2.1 私营部分 … 179
  - 12.2.2 公共部分 … 179
- 12.3 基础设施 … 180
  - 12.3.1 地基基础设施 … 180
  - 12.3.2 常规空域准入 … 181
  - 12.3.3 培训与认证 … 181
- 12.4 就业机会 … 182
- 12.5 无人机的演化 … 182
  - 12.5.1 小型化 … 182
  - 12.5.2 动力解决方案 … 183
- 12.6 未来概念 … 185
  - 12.6.1 无人作战飞机(UCAV) … 185
  - 12.6.2 无人机集群 … 186
  - 12.6.3 "戈尔贡"凝视 … 186
  - 12.6.4 通用性和可扩展性 … 187
- 12.7 五年后及更远的未来 … 187
- 思考题 … 188
- 参考文献 … 188

附录1 意外风险评估 … 189
附录2 原书编者简介 … 191
附录3 原书章节作者简介 … 194
附录4 术语表 … 197

第1章　无人机系统发展简史

1.1　起　源

　　无人机的历史实际上就是所有飞机的历史。从多个世纪之前中国的风筝优雅地飞翔在空中到第一个热气球的问世,无人飞行器的出现要远早于附带风险的载人飞行器。据传说,中国蜀汉军师诸葛亮(公元180~234年)是早期无人机的运用者之一,他在纸质气球中点燃油灯以加热空气,然后在晚上将气球放飞至敌营上空,使敌人误以为有神力在起作用。到了现代,无人机主要是指能够模仿有人机机动飞行的自主/遥操作的空中飞行平台。多年来,无人机的名称也发生了多次改变。飞机制造商、民航当局和军方各自对其都有不同的命名。航空鱼雷(Aerial Torpedoes)、无线电控制飞行器(Radio Controlled Vehicle)、遥控驾驶平台(Remotely Piloted Vehicle)、遥控飞行器(Remote Control Vehicle)、自主控制平台(Autonomous Control Vehicle)、无人平台(Pilotless Vehicle)、无飞行员的遥控飞机(Drone)以及空中无人平台(即发展为无人机,Unmanned Aerial Vehicles,UAVs)等都曾被用于描述这种"机上无人"飞行机器。

　　在早期航空领域,无人机的想法具有显著的优势,至少可以使那些极具实践精神的人不必冒丧失生命或者缺肢断腿的风险。19世纪90年代,德国航空先驱奥托·李林赛尔(Otto Lilienthal)采用无人滑翔机作为测试平台,进行主升力机翼设计和轻型航空结构的开发。结果,尽管在试验中发生了一些事故,却没有造成人员伤亡,测试也取得了极大的进展。早期的无人机尽管尝试使用了"机上无人"的模式,但由于缺乏令人满意的控制方法,因而限制了其推广使用。航空研究很快转而使用"试飞员"来驾驶这些具有开创性的飞行器,但是这种为了突破无人滑翔机技术而做出的种种尝试也付出了惨痛的代价,甚至连航空先驱李林赛尔也在1896年的飞行试验中不幸遇难。

　　从现代无人机的使用来看,历史上的无人机常常遵循一致的使用模式——今天所说的3D任务,即危险的、恶劣的、枯燥的任务(Dangerous,Dirty,and Dull)。"危险"是指有人试图击落飞机或者飞行员在操作上可能面临额外的生命风险;"恶劣"是指任务环境可能被化学、生物、放射性物质甚至核污染,使人体不能暴露于其中;"枯燥"是指重复性的任务或者持久性任务,在此类任务中,飞行员易产生疲劳和紧张。目前还有1D,即纵深的(Deep),指的是超越有人机作战半径的任务,合起来也称为 4D。更广泛地,无人系统面临的来自深空、深海、深地等应用的挑战,均是指纵深性质的任务。

1.2 有效控制的需求

莱特兄弟(Wright Brothers)于 1903 年 12 月 17 日试飞第一架飞机的成功之处主要在于技术上解决了有人驾驶且重于空气的航空器的控制问题。政府斥巨资资助的早期飞机设计师兰利(Langley)博士在与这两个俄亥俄州技工(译者注:指莱特兄弟)的竞争中,也在全力克服如何控制飞机飞行的难题。兰利博士尝试使用了更为复杂、动力更好的飞机,结果却两次因飞行控制问题而使飞机栽进纽约海港。后来,莱特兄弟向新兴的航空界传授了控制飞行的秘诀,即采用翘曲机翼方法进行滚转控制,从而使航空技术获得了巨大进步,并在第一次世界大战期间得到了进一步推广使用。1914—1918 年间的战争需求,促成了早期航空事业中一段令人难以置信的技术创新时期。创新涵盖了飞机设计的各个方面,包括动力装置、机身结构、升力机翼配置以及控制面的布局等。正是在这种以结束所有战争为目的的严峻战争考验中,航空业迎来了辉煌时代,并且随着这一轮技术进步使人们逐渐认识到实现有效飞行控制这一关键技术的必要性。

1.3 无线电和自动驾驶仪

正如其他许多改变游戏规则的技术变革一样,一些看似毫无关系的发明以新的方式相互结合起来,便可催生出新的概念。无人机便正是这种情况。在莱特兄弟 1903 年首次飞行之前,著名发明家尼古拉·特斯拉(Nicola Tesla)早在 19 世纪 90 年代后期就提出了利用遥控驾驶飞机作为飞行制导炸弹的想法。特斯拉是在 1898 年研制出世界上第一枚被称为"遥控自动化"的水下制导鱼雷的工作基础上提出这一概念的。早在 1893 年无线电问世之前,特斯拉就已经验证了被称为"全频谱火花隙发射机"的早期实用设备。后来,特斯拉还协助研发了频率分离技术。因此,他是许多人心目中现代无线电的真正发明者。

正当电子电力技术天才特斯拉忙于在纽约市建立第一个电力体系之时,另一位发明家埃尔默·斯佩里(Elmer Sperry)——如今以他的名字来命名的著名飞行控制公司的创始人——研制出了第一个实用陀螺控制系统。像特斯拉一样,斯佩里的工作重心最初也是海军的水下鱼雷。他研制出一种三轴机械陀螺仪系统,可以从陀螺仪获取参数,并将其转化为简单的磁信号,进而作用于执行器。对于水中航行器而言,航行速度慢和重量并不是重要问题。正由于此,斯佩里才能在此基础上完善世界上首架实用机械自动驾驶仪的设计。后来,斯佩里又把注意力转向了正在兴起的航空产业,认为航空业是他的海上发明的潜在市场。其目的并不是操作无人机,而是作为安全装置辅助驾驭早期不稳定的有人机,协助飞行员在恶劣天气条件下保持飞机航向。在机身设计师格伦·柯蒂斯(Glenn Curtis)的帮助下,斯佩里开始将其发明的控制系统应用到早期飞机上。他俩共同组成了一个由飞行器设计师和自动化发明家构成的完美团队。随着战前这一概念取得了巨大进展,在一战期间为对付德国战舰而需要开发新武器的背景下,加之无线电、飞机和机械自动驾驶仪逐一问世,终于促生了世界上第一种实用型无人机——"航空鱼雷"(Aerial Torpedo)。

1.4 航空鱼雷:首架现代无人机(1918年3月6日)

1916年末,随着战争在欧洲肆虐扩张,当时仍处于中立国地位的美国开始通过海军资助斯佩里开发无人航空鱼雷。埃尔默·斯佩里将整个团队全部投入到了当时最艰巨的航空事业中。按照海军的合同指示,斯佩里要建造一种体积小、重量轻的飞机,这种飞机能够在没有飞行员操纵的情况下自行发射,在无人驾驶的条件下通过制导飞行到1000码(914.4m,1码=0.9144m)以外的目标,然后在距离军舰足够近的地方引爆弹头,对军舰形成有效的打击(见图1.1)。由于当时飞机自问世起只有短短13年的历史,即使要造出一架能够携带大型弹头的机身,或者一部带电池的体积较大的无线电设备,沉重的电力致动器和大型机械三轴陀螺稳定装置本身就是令人难以置信的,况且要将这些原始的技术融合起来形成一个有效的飞行剖面,更是令人无法想象。

图1.1 早期无人机(照片由美国航空博物馆提供)

斯佩里指定他的儿子劳伦斯·斯佩里(Lawrence Sperry)来领导在纽约长岛的试飞工作。当美国于1917年中加入第一次世界大战时,这些技术已经实现融合并开始测试。正是由于美国海军提供了大量资金,才使该项目能够经受一系列的挫折,包括"柯蒂斯"(Curtis)N-9航空鱼雷曾多次坠毁、各类组件曾完全失效。一切可能出现的差错都出现了,如弹射器故障、引擎停车、多个机身先后因失速、翻转和侧风等原因而坠毁等。然而,斯佩里的团队坚持了下来,最终于1918年3月6日成功地实现了"柯蒂斯"原型机的无人发射,使其平稳地飞行了1000码,并在预定时间和地点俯冲飞向目标,随后成功回收和降落,使其成为世界上第一架真正的"无人机"。无人机系统就这样诞生了。

为了不落后于海军,美国陆军投资提出了一种类似于航空鱼雷的航空炸弹(Aerial Bomb)概念。陆军的努力进一步改进了斯佩里的机械陀螺稳定技术,达到了几乎与海军项目接近的水平。查尔斯·凯特林(Charles Kettering)设计了一架轻型双翼飞机,结合了有人机项目中并不重视的航空稳定性特征(如主翼上反角过大),从而提高了飞机的横滚稳定性,但同时也牺牲了精密性和部分机动性。福特汽车公司曾受命设计了一种新的轻型V-4引擎,动力为41马力(1马力=745.7W),重151磅(68.5kg,1磅=0.4536kg)。降落架采用宽型轮距,以减少着陆时的地面滚转。为了进一步降低成本和强调飞行器的可消耗性,机身除了使用传统的布蒙皮外,还采用纸板和纸质蒙皮。此外,该飞行器还配备了带不可调全油门设置的弹射器系统。

凯特林发明的航空炸弹被命名为"臭虫"(Bug),它具有极高的远距离/高空性能,在多次试飞中飞行了100英里(即160.9km,1英里=1609m)的距离和10000英尺(即3050m,1英尺=0.305m)的高度。为了证明其机身部件的有效性,凯特林建造了一个带有飞行员座舱的模型,以便试飞员能够驾驶飞机。与海军的航空鱼雷不同的是,航空鱼雷后来从未服役和投产,而航空炸弹则是第一种大规模投产的无人飞行器。虽然生产出来为时已晚,未能在第一次世界大战中投入使用,但在战后12~18个月期间仍然在测试中发挥了积极的作用。航空炸弹当时得到了亨利·哈普·阿诺德(Henry "Hap" Arnold)陆军上校的极力支持,他后来在第二次世界大战期间成为负责整个美国陆军航空队的五星上将。1918年10月,当陆军部长牛顿·贝克(Newton Baker)观摩了一次试飞后,该项目得到了极大重视。战争结束后,12架"臭虫"连同数枚航空鱼雷继续在佛罗里达州卡尔斯特罗姆(Calstrom)试验场进行飞行测试。

1.5 无人靶机

令人奇怪的是,战后世界上大多数无人机研究工作并不是以武器平台为方向(如航空鱼雷和航空炸弹等),而是主要集中在无人靶机(Target Drone)的技术应用上。在两次世界大战中间的和平期(1919—1939),飞机的作战能力对地/海面作战效果的影响开始得到了认可,世界各国军队加大了对防空武器的投入,这反过来又促进了对似实物目标的需求。正是在这种背景下,无人靶机应运而生。无人靶机在检验空战理论方面也发挥了关键作用。英国皇家空军与皇家海军就飞机击沉舰艇的能力展开了激烈的辩论。20 世纪 20 年代初,陆军航空队的比利·米切尔(Billy Mitchell)将军击沉了一艘作为战利品的德国军舰和一些老旧军舰靶标,这令美国海军极为沮丧。对这些行动持相反观点的人认为,一艘全员配备并装备有防空高射炮的战舰可轻易击落来袭飞机。英国就曾用无人靶机飞越配备同种装备的战舰来检验这种观点是否正确。令所有人惊奇的是,1933 年无人靶机在装备了最新式高射炮的皇家海军军舰上空飞行了 40 多次,却从未被击落。因此,无人机技术不仅在确定空中力量作战理论方面发挥了关键作用,而且为美、英、日等国家投入巨资发展航空母舰提供了重要数据,航空母舰在随后的第二次世界大战中所起到的至关重要的作用,也证明了这笔投资的正确性。

美国的无人靶机项目主要是受"斯佩里信使"(Sperry Messenger)轻型双翼飞机研制成功的影响。这种飞机有两个型号,分别是有人驾驶型和无人驾驶型,在军事上既可作为邮机又可作为鱼雷载机使用。美国陆军共订购了 20 架,并于 1920 年将其命名为"信使航空鱼雷"(Messenger Aerial Torpedo,MAT)。然而,在 20 世纪 20 年代初,美国在这方面的努力遭受了重大挫折,因为斯佩里的儿子劳伦斯·斯佩里在一次飞机事故中不幸遇难,斯佩里飞机公司退出了现有无人机的设计。

由于美国陆军失去了对 MAT 项目的兴趣,因此将注意力转向了无人靶机。1933 年,雷金纳德·丹尼(Reginald Denny)完善了一种无线电遥控飞机,它只有 10 英尺长,采用单缸 8 马力的发动机。陆军将这种飞行器命名为 OQ-19,后又改称为 MQM-33。这种灵活轻便的无人机共生产了约 48000 架,在整个第二次世界大战中成为世界上最受欢迎的无人靶机。

20 世纪 30 年代末,美国海军重返无人机领域,海军研究实验室研制出了"柯蒂斯"N2C-2 无人靶机(图 1.2)。这种靶机重 2500 磅(1134kg),采用径向引擎和

图 1.2 "柯蒂斯"N2C-2 无人靶机(照片由美国海军提供)

双翼设计,在解决如何确定海军防空高炮威力不足之处的这一问题上发挥了积极作用。正如早期英国空军使用无人机躲过了装备精良的海军军舰的无数次射击的经历一样,美国海军的"犹它"号(Utah)战舰未能击落对其进行模拟攻击的N2C-2无人机。更奇怪的是,美国海军还为这类无人机又取名为NOLO(No Live Operator Onboard,无实时操作员)。20世纪30年代后期,美国海军在海军无人靶机计划的支持下,还开发出用有人机控制无人机飞行的技术,这一技术在2007年的伊拉克战争中得以重新运用并取得了极好的效果。

同样,在两次世界大战的间隔期,英国皇家海军也曾尝试使用相同机身开发无人航空鱼雷和无人靶机。期间曾多次尝试从舰艇发射,但均以失败告终。皇家飞机制造厂(Royal Aircraft Establishment, RAE)最终通过将远程火炮与"山猫"(Lynx)发动机结合起来的办法获得了成功,这种结合体称为Larynx。紧接着,英国皇家空军又在现有有人机上装上自动化控制装置,开发出第一种实用的靶机。具体做法是将"费尔雷侦察机"-111F(Fairey Scout)有人机改装为陀螺稳定的无线电遥控飞机,现称为"女王"(Queen)。当时共建造了5架,除最后一架在海上射击试验中取得了成功以外,其余均在首次飞行时坠毁。下一步的发展就是将"费尔雷"飞行控制系统与具有高稳定性的德哈维兰"舞毒蛾"(Gypsy Moth)相结合,组装成现称为"费尔雷蜂后"(Fairey Queen Bee)的无人靶机。经验证,这种靶机比先前的"女王"可靠性更强。英国皇家空军共订购了420架"费尔雷蜂后"无人靶机。从此,无人机的名称中都用字母Q表示无人操作。美国军方也采用了这一协议。

在两次世界大战的间隔期,几乎所有拥有航空工业的国家都以各种形式开始发展无人机,主要形式仍是无人靶机,但德国是个例外。发明家保罗·施密特(Paul Schmidt)于1935年率先推出了脉冲喷气发动机。这是一种低成本、易操作、高性能的推力装置。德国空军上将艾哈德·米尔希(Erhard Milch)在考察完他的工作后,建议将这种新的脉冲喷气发动机改装到无人机上。

1.6 第二次世界大战期间美国海军的无人攻击机

美国海军借鉴其在20世纪30年代研制N2C-2无人靶机的经验,利用有人机控制无人机飞行的技术,开发了一种大型航空鱼雷,现更名为无人攻击机(Assault Drone)。起初,无人攻击机采用技术验证型TDN-1的形式,1940年初生产了200架。该飞机翼展为48英尺(14.64m),采用两台220马力的6缸O-435莱康明(Lycoming)发动机和高机翼构型(图1.3),原本设计作为炸弹或鱼雷的载机在高风险的环境中使用,以降低机组人员的风险。该无人机的突破性技术进步在于第一次在机头安装了一个重75磅(34kg)的原始RCA电视摄像机作为探测传感器,从而使遥控人员可以从防区外对其实施更准确的末制导。尽管第一部电视摄像机的可靠性和分辨率相对较差,但这确实是一项非凡的新技术集成应用。后来,TDN-1被更先进的型号 TDR-1 无人攻击机所取代。TDR-1 共生产了约140架,组建并在太平洋战场列装了一支空军特遣部队(Special Air Task Force,SATFOR),在1944年的布干维尔岛战役(Bougainville Island Campaign)中用于对日作战,获得了一定的成功。在作战过程中,配有无线电发射机的美国海军"复仇者"鱼雷轰炸机被用作引导机,用无线电对其飞行进行控制。"复仇者"飞机上装有一个电视接收器,机上操作员可将无人机引导到25海里(46km,1海里=1.842km)以外的目标。整个战役中,共有约50架无人机被用来攻击各种目标,成功率约为33%。

图1.3 TND-1(照片由美国海军提供)

而后,美国海军和陆军航空队又转而将旧的四引擎轰炸机改装成无人机,并列装到欧洲战场,用于摧毁纳粹德国的高优先级目标,如 V-1"蜂鸣"飞弹发射场。这是世界上第一次利用无人机摧毁其他无人机。这次作战被称为"铁砧行动"(Operation Anvil)。在这次行动中,海军的 PB4Y"私掠船"(Privateer,海军型 B-24 轰炸机)经改装,携带10余吨高爆炸药,加装了斯佩里设计的三轴自动驾驶仪,通过无线电控制通信链,并且在机头安装了 RCA 电视摄像机。飞机总重超出了其正常水平。首先由飞行员驾机起飞,一旦开始巡航飞行时,飞行员在作为美国盟友之一的英国上空跳伞,然后由附近的有人轰炸机对无人机实施控制,将其引导到目标。行动从1944年8月开始,但最后得到的却是灾难性的结果。在第一次任务中,飞机起飞后不久即发生爆炸,海军中尉威尔福德·J·威利(Wilford J. Wiley)和约瑟夫·P·肯尼迪(Joseph P. Kennedy)不幸身亡。后者是美国总统约翰·F·肯尼迪(John F. Kennedy)的哥哥,前美国驻英大使约瑟夫·肯尼迪(Joseph Kennedy)的儿子。大量的设备故障迫使计划取消,盟军在欧洲的快速推进也因此受阻。

1.7　第二次世界大战期间德国的 V-1"蜂鸣"飞弹(Buzz Bomb)

第二次世界大战期间最重要的无人机就是纳粹德国的 V-1"蜂鸣"飞弹(Vengeance Weapon-1,"复仇武器"-1,也是一种喷射推进式炸弹)。该机在 20 世纪 30 年代早期保罗·施密特(Paul Schmidt)发明的实用脉动喷气发动机的基础上,将先进可靠的轻型三轴陀螺稳定自动驾驶仪、能准确提供发射点数据的基础无线电信号系统以及可防战斗损伤的坚固钢制机身集成为一体。V-1 是第一种投入批量生产的巡航导弹型无人机,其构型对战后许多后续无人机的设计产生了深远影响(见图 1.4)。

图 1.4　德国的 V-1 飞弹

V-1 由菲泽勒飞机公司(Fieseler Aircraft Company)制造,共生产了 25000 余架,是历史上除现代手抛发射无人机外,数量最多的作战型无人机。该无人机可采用灵活的地面/空中发射方式和强大的气动弹射系统,即许多现代无人机系统常用的发射系统。其脉动喷气发动机是一种简单轻型、高推力的动力装置,采用压缩-爆炸循环的原理,在 0.02s 内通过闭合的极细导管将燃气直接引向排气管,在飞行中发动机的这些循环产生了标志性"蜂鸣"声。虽然以传统喷气发动机的标准衡量,这种脉冲喷气发动机的燃油效率并不高,但由于生产成本低、推力大、性能可靠,因此可承受较大的战场损毁代价。V-1 也是世界上第一种喷气动力的无人机,重约 5000 磅(2268kg),可携带重达 1800 磅(816.5kg)的弹头。

参与作战时,V-1 主要从地面轨道系统发射,少数采用从"亨克尔"-111(Heinkel)轰炸机上空中发射的方式,因此,V-1 成为了世界上第一种空射无人机。德军共向同盟国的城市和军事目标发射了 10000 架 V-1 无人机,造成了约 7000 人死亡。其成功率约为 25%,虽然 V-1 是一种成本相对较低的无人机,但很有效,因此曾被投入批量生产,创造了自主飞行器许多第一的记录。它影响了未来无人机的设计,并为冷战期间许多更复杂的无人机项目的投资提供了历史借鉴。美国海军采用逆向工程的思路研制出了一种从潜艇发射的无人机,并投入到对日作战中,为其赢得了世界上第一种海上发射型喷气动力"无人巡航导弹"的称号。

1.8 第二次世界大战期间德国的"槲寄生"(Mistletoe)

有人机和无人机编队配合并不是第二次世界大战中联盟国的专属领域。德国除了 V-1 以外,还制造了大量背负式构型的飞机,即"槲寄生"轰炸机。V-1 的主要问题是在向预定终点飞行时不太精确,而"槲寄生"正是为了解决这一问题而诞生的。按照这种作战理念,首先将有人机与无人机临时结合,由有人机引导无人机穿越大部分飞行剖面,在接近终点时,有人机与无人机分离,再由有人机将无人机引导到目标。这种无人机总共生产了约 250 架,主要与 JU-88 和 Me-109 战斗机 FW-190 相配合。但这一作战理念收效甚微,其主要原因在于作战方面的挑战,而不是技术问题。

更准确地说,德国的"槲寄生"概念应称为制导炸弹而不是无人机。德国人研制的几种滑翔制导炸弹取得了一定的成功。导弹和无人机之间的界限并不十分明确,而在第二次世界大战期间,V-1"蜂鸣"飞弹、装有炸药并受无线电遥控的轰炸机以及背负式"槲寄生"构型均具有某些飞机的形式,因此被划入无人机的类型。对于未来的巡航导弹来说,这种区别更不明显,但巡航导弹与弹道导弹的关系仍比其与飞机的关系更为密切。

1.9 早期无人侦察机

从 1918 年无人机首次成功飞行开始到第二次世界大战期间,无人机主要用作靶机和武器投射平台。在随后的冷战时期,无人机的发展迅速转向了侦察和诱饵任务。这一趋势一直延续至今,近 90% 的无人机参与了军事、执法、环境监测等领域各种形式的数据采集活动。无人机未在第二次世界大战期间用于侦察的主要原因更多地与成像技术和导航的要求有关,而不是飞机平台本身。20 世纪 40 年代的摄像机需要相对更加精确的导航才能获得关注地区的所需数据,但当时的导航技术与现在不可同日而语,甚至不如现在一名拿着地图的训练有素的飞行员。但是,战争的结束是一个重大的转折点,随着雷达测绘的出现、无线电导航技术的改进以及罗兰型(Loran-type)网络和惯性导航系统的运用,无人机终于实现了自主飞行,可以以足够的精度在出发地与目标区域之间往返飞行。

第一架高性能无人侦察机(Unmanned Reconnaissance Aircraft)是在高空靶机 YQ-1B 上加装相机改装而来的,后称为 GAM-67。这种以涡喷发动机为动力的飞机原来是从B-47飞机上发射用来执行压制敌防空系统(Suppression of Enemy Antiaircraft Destruction,SEAD)任务的。加装相机的建议提出之后,仅改装了20架计划就被取消了,主要原因是航程太短和成本过高。

1.10　雷达诱饵:20世纪50年代至70年代

在20世纪60年代至70年代初的越南战争的刺激下,产生了对北越使用的苏制地对空导弹(Surface-to-Air Missiles,SAM)对抗措施的迫切需求。这种导弹威胁严重依赖于其对美国飞机的雷达探测。美国对这种雷达尝试了各种干扰,但效果不甚理想。然而,即使在最好的条件下,用机载系统干扰地面雷达也是个极大的问题,因为地面雷达系统可以通过增强功率来克服干扰发射机的信号干扰。更为有效的解决方案是对雷达实施欺骗,使其以为已经锁定真正的飞机,从而将价值昂贵的导弹浪费在假目标上。于是,美国空军开始采用这种方案,开发了一系列无人机用于诱骗敌人的防空导弹部队。

例如,要欺骗雷达信号使其相信诱饵与B-52轰炸机十分相似,飞机的外形并不需要造得像真飞机一样,只需要小型雷达反射器来产生一个模拟实际轰炸机的雷达返回信号。因此,空军的无人机诱饵体积很小,但仍然可以达到预期效果。数量最多的雷达诱饵(Radar Decoys)便是麦道公司(McDonnell)生产的ADM-20"鹌鹑"(Quail)。它可以安装在B-52的内部弹舱内,从空中发射后,再开始执行轰炸任务。"鹌鹑"重约1000磅(453.6kg),航程可达400英里(643.6km),可模仿B-52的速度和机动特征。后来,随着雷达分辨率的提高,无人机诱饵的效率越来越低,到20世纪70年代,大部分都退役了。

1.11　远程侦察无人机系统:20世纪60年代至70年代

美国空军率先研制出第一种投入大规模生产的远程(Long Range)高速无人机,设计主要用于执行侦察任务,但后来逐渐扩展到压制敌防空系统、武器投射等一系列其他任务。瑞安公司(Ryan)的147型系列,后更名为AQM-34"火蜂"(Firebee)系列,创下了无人机最长的服役记录。该机是根据瑞安飞机公司20世纪50年代末期的一款早期靶机设计的,安装有一台涡喷发动机,采用了低阻机翼和机身构型,飞行高度可达50000英尺(15250m)以上,速度可达600海里/h(1105km/h,高亚声速)。

这种被操作员称为"虫子"的无人机服役生涯很长,可以在高空、低空各种不同的剖面上飞行,执行电子信号情报搜集、照相侦察、发射雷达诱饵信号等各种任务。这种无人机曾频繁侵入共产主义国家的领空,其中多架曾被击落,但也有许多成功完成任务的,这证明了其使用价值。从20世纪60年代初至2003年的作战使用过程中,该无人机经历了多次改进。许多独特的突破性技术被运用到该无人机上,包括从DC-130运输机的机翼挂架上空中发射、在H-2("绿巨人",Jolly Green)直升机上用空中降落伞进行回收等。在服役后期,该无人机又被更名为BQM-34,并执行了许多事关国家重大利益的高优先级任务,如在20世纪60年代古巴导弹危机期间执行侦察任务,以及用作战斗机空空导弹的靶机等相对平常的任务(图1.5)。

图1.5　BQM-34"火蜂"无人机

1.12　首架无人直升机系统:20世纪60年代至70年代

美国海军20世纪60年代初列装的QH-50 DASH(Drone Antisubmarine Helicopter,无线电遥控反潜艇直升机)创造了无人机历史上的多个第一。这种结构特殊的反向旋转旋翼飞机是第一种无人直升机,也是第一种在海上从舰艇起降的无人机。DASH无人机的目的就是增加反潜鱼雷的射程。20世纪60年代初,典型驱逐舰对潜艇的探测距离为20余英里(32.2km),但只能从不到5英里(8.05km)的距离发射武器。而这种小型紧凑的无人直升机只需飞出到最大探测距离,然后向水下的潜艇投射自寻的鱼雷。QH-50 DASH采用遥控方式,由舰艉的飞行员操纵起降,然后采用陀螺稳定自动驾驶仪引导其到达母舰雷达跟踪到的位置。从1960年到20世纪70年代中期,共制造了700余架,最后作为防空高炮的拖靶机结束其服役生涯。法国和日本等几个国家也曾使用过这种无人机。

1.13　寻求自主操作

从最初的无人机开始,设计师就努力尝试尽可能让飞机摆脱对地面人为控制的依赖而实现独立操作。从军事的角度来看,无人机应具备实现最大防区外飞行距离和长航时的能力,并且能够从机载传感器发送重要的数据流。由于飞行控制传输带宽无法满足数据需求,因而进一步刺激了对自主操作或独立飞行的需求。敌方的干扰可能会延迟传感器的数据传输,但如果飞行控制信息受到干扰,则有可能会造成无人机损失。第二次世界大战期间,德国由于已经认识到英国对其信号实施干扰的能力,因此采用了 V-1 飞弹进行作战。V-I 飞弹配备了基于机械陀螺仪和计时器的全自主飞行控制与导航系统,以及利用燃油关断来启动末端俯冲的原始预编程序。直到小巧的数字计算机、惯性导航技术、全球定位系统(Global Positioning System,GPS)卫星网络等的出现,无人机才真正得以实现自主飞行,与有人机比翼齐飞。

20 世纪 70 年代开发的轻型计算机技术,不仅使个人计算机(Personal Computers,PC)在全球出现爆炸性增长,从手表到厨房电器等日常用品均逐一实现数字化,而且对无人机的自主飞行也发挥了极其重要的作用。随着无人机计算能力和存储检索技术的一次次提高,无人机的灵活性不断提高,不仅能在有风或天气条件发生变化时飞行,还能有效应对任务设备有效载荷的新型号。地图数据现在可以存储在无人机上,这不仅提高了导航精度,还使传感器摄像头的成像更加精确。

1.14 双尾撑推进式无人机的诞生

20 世纪 60 年代末,美国海军陆战队成功研制了"比基尼"(Bikini)无人机,这一突破性工作为一种最流行的无人机构型奠定了基础,而在此基础上诞生的 RQ-7"影子"(Shadow)无人机,是除手抛式"大乌鸦"(Raven)无人机外生产数量最大的无人机。"比基尼"机身的最大特点是将摄像机安装在机头位置,视场几乎毫无遮挡。这导致了推进式发动机布局的出现,并通过采用双尾撑构型而得到进一步简化。尽管也尝试过三角形推进布局,如最典型的"天鹰座"(Aquila)无人机,这一气动布局使得重量和平衡成为更具挑战性的设计点,因为升降舵力臂通常是固定的,然而双尾撑很容易实现伸展。

20 世纪 70 年代末,以色列借鉴"比基尼"无人机构型,研制出一种名为"侦察兵"(Scout)的小型战术战场监视无人机,由以色列航宇工业公司(Israel Aerospace Industries,IAI)制造。与其相配合的是 IAI 的诱饵无人机(UAV-A)和瑞安公司研制的"马巴特"(Mabat)无人机。其中,诱饵无人机是为对付防空导弹部队而设计的,通过欺骗使雷达过早启动甚至向无人机本身发射导弹。"马巴特"设计用于搜集与防空导弹相关的雷达信号。而"侦察兵"则是利用另外两种无人机的行动,重点用于防空导弹部队目标信息搜集和火力打击后的战损评估。此外,"侦察兵"还为地面机动部队指挥官提供近距离战场图像情报,这对于无人机来说实属首例。这种方法与在此之前的侦察无人机相比有极大区别,主要区别在于其图像更具战役/战略意义,底片也可以随后洗出来或以电子形式发送到搜集中心进行分析。在发展小型计算机技术的基础上,可以将这种"鸟瞰"图像实时传送给地面机动部队指挥官,直接影响其对小股士兵甚至单辆坦克的指挥决策过程。

在1982年6月以色列、叙利亚军队之间发生的贝卡谷地(Bekaa Valley)冲突中,以色列军队的战场态势感知能力得到了显著提升。在被以色列称作"加利利和平"(Operation Peace for Galilee)的行动中,以色列向占领黎巴嫩南部的真主党恐怖分子发起了一场地面进攻。叙军与真主党联合占据了贝卡谷地的大部分地区,并部署了大量地面部队,包括大量新式苏联坦克和重炮。叙军还得到了苏制先进防空导弹部队的支持。以军将喷气动力的诱饵无人机和马巴特信号情报无人机结合使用,探测并确定了叙军防空导弹雷达的工作频率,然后利用"侦察兵"无人机及其他有人机迅速摧毁了大部分防空导弹威胁,使以色列地面部队能够在近距离空中支援下展开机动。双尾撑推进式构型的"侦察兵"无人机沿贝卡谷地的沙丘飞行并识别出叙军坦克,然后将数据近实时地传送给以色列小股机动部队的指挥官。这种"天空之眼"(eye-in-the-sky)的优势保证了小股部队的快速机动,为"眼镜蛇"(Cobra)攻击直升机提供了极好的目标数据,并为炮兵提供了非常有效的目标指示。"侦察兵"无人机体形非常小,叙军的苏式雷达根本无法捕捉和跟踪它,也难以被高速飞行的叙利亚喷气式战斗机发现。这次战争开启了一场风靡全球的近距作战无人机研发竞赛。

1.15　沙漠风暴:1991年

如果说1982年短暂的以叙贝卡谷地战役是将近距作战无人机首次带入人们视野的契机,那么1991年的沙漠风暴则代表了无人机的首次大规模作战运用。美国及其盟国从"沙漠盾牌"(Desert Shield)到"沙漠风暴"(Desert Storm)行动一直在使用无人机。使用数量最多的是现在广为熟知的"指针"(Pointer)和双尾撑推进式"先锋"无人机(图1.6)。"先锋"无人机是以色列和美国联合研制的,采用27马力的"雪地车"(Snowmobile)发动机,通过地面遥控操纵杆控制其飞行,航程约100英里(160.9km),需要2000英尺(610m)的飞行高度才能维持视距内的传输数据链。全自主飞行在技术上也是可行的,但该飞机还是采用了地面飞行员遥控的方式,其目的是在预定作战区域实现灵活性更高的战场机动。GPS和计算机功能当时还无法充分集成到无人机上,因此地面操作员还不能在短时间内方便地确定航路点。此外,当时还没开发出充分实现小型化的过卫星链路图像传输设备,因此也无法改进数据的传输方式。在沙漠风暴行动期间,美军无人机共飞行了约500架次。从"爱荷华"(Iowa)号战列舰起降的"指针"和"先锋"无人机为炮兵甚至16

英寸重炮提供了炮火引导。此外,还有文件记载了一伙伊拉克士兵曾试图向一架在沙漠上空低空飞行的"指针"无人机投降。

图1.6 "先锋"无人机(该图由美国海军提供)

经历了"沙漠风暴"的实战使用后,世界各国军方认为无人机在发现敌人位置和指示炮火方面确实可发挥重要作用。与之相反,大多数军事分析家得出结论,无人机数据链的脆弱性使其不能替代有人机的任务和作用。这个观点的部分依据是"指针"和"先锋"无人机的视距内数据链存在局限性,另一个原因则是有人机的飞行员和领导人存在根深蒂固的文化对立。在国家国防预算中,有很大一部分专门用于军用飞机的采购和大量飞行员、领航员和其他机组成员的培训,大多数国家空军都是从具有多年战术飞机飞行经验的飞行中选拔高层领导人。这种用低成本的无人机取代有人机的想法本身与艾森豪威尔总统(President Eisenhower)曾对空军警告过的"军事–工业复合体"(Military–Industrial Complex)式自我实现观念也是背道而驰的。

1.16 克服飞行员的偏见

从20世纪90年代到"911"恐怖袭击的这段时间内,无人机发展非常缓慢。在这期间所取得的主要成果是实现了计算机的小型化、紧凑化和低成本化、GPS信号精度的提高以及设备微型化。然而,在无人机被人们广泛接受之前,还需要克服诸多障碍,主要是有人机本身和飞行员认为无人机技术正在"争夺他们的饭碗"。"911"袭击发生时,美国陆军仅有30架无人机。到2013年,美军无人机的数量已超过了11000架。由于无人机一直在伊拉克和阿富汗不间断地担负着枯燥的侦察和监视任务,反对无人机的观点终于在无人机所具有的成本低、低风险和能够执行长航时并且枯燥的任务等实用性优势面前做出了让步。现在,由于在"捕食者"(Predator)无人机发射致命的导弹时"人仍在回路中",有关"责任"的争论成为当前的主要焦点。实际上,无论无人机的自主能力有多高,其武器发射授权必须由人做出,并且系统设计时就要保证这一点。

1.17　无人机系统会取代有人机吗？

　　无人机的控制方式有很多种,包括不依赖任何外部信号的全自主飞行控制系统、地面飞行员运用固定数据链对无人机实施遥控驾驶,以及介入两者之间的方法等。从理论上讲,全自主无人机可以不受敌方信号干扰的影响而自主飞行,并且执行各种复杂的任务。但其缺点是全自主飞行控制系统可以在计算机上进行模拟,使敌方能够开发出对付这种系统的办法,就像计算机游戏迷对付计算机中的自主对手一样。一旦程序缺陷被识别,要击败计算机中的自主系统就易如反掌。此外,由于责任链的缺失,全自主系统极有可能无法列装致命性武器。从另一方面来说,飞机只要依赖于外部信号,不论其加密措施如何高级,都有可能受到干扰,甚至会受到敌方假编码指令的控制。即使实现了真正的人工智能,使无人机像人一样具有直觉和洞察力,并且能够自主采取行动,但责任这个因素也会使无人机无法完全取代有人机。在民航客运的领域中,这个问题尤为突出,因为机上至少需要有一名"指挥员"(Conductor)来负责飞机的行动和对乘客实行管理。

思 考 题

1.1　无人机系统在4D任务中有哪些应用?请进行详细讨论。
1.2　第一架现代无人机是什么?哪一年首次飞行成功?
1.3　第二次世界大战期间,美国海军的无人攻击机取得了哪些突破性的进步?
1.4　第二次世界大战期间最重要的无人机是什么?
1.5　从1918年至今,无人机有哪些应用领域?
1.6　无人机自主发射武器存在哪些争议?

参 考 文 献

[1]　Department of Defense. 2013. Unmanned Systems Integrated Roadmap 2013 - 2038. Washington, D. C. DoD.
[2]　Headquarters, United States Air Force. 2014. RPA Vector: Vision and Enabling Concepts 2013 - 2038. Washington, D. C. USAF.
[3]　Defense Science Board Report. 2012. The Role of Autonomy in DoD Systems, Washington, D. C. DoD.
[4]　Singer, P. W. 2009. Wired for War: The Robotics Revolution and Conflict in the 21st Century. New York: Penguin Press.

第 2 章　无人机系统的组成

2.1　无人机系统(UAS)的组成

本章将简要讨论无人机系统的各个组成部分。大多数民用无人机系统由无人机或遥控飞行器、任务载荷、指挥与控制单元、发射回收单元以及通信数据链以及人的因素(human element)等组成。军用无人机系统可能还包括诸如武器系统和支援士兵等。普通无人机系统及组成要素见图 2.1。

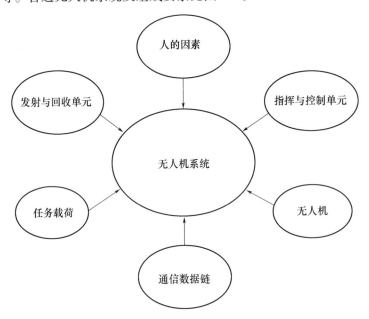

图 2.1　无人机系统的组成要素

2.2　遥控驾驶飞行器(RPA)

无人机是指飞行时"机上无人"的固定翼、旋翼或轻于空气的飞行器。近年来,一直有人在推动将"无人机"这一术语改成"遥控驾驶飞行器"(Remotely Piloted Aircraft,RPA)(表 2.1)或"遥控驾驶平台"(Remotely Piloted Vehicle,RPV)。

"无人机"这一术语确实用词不当,因为在无人机系统运行中人的参与程度仍然至关重要。

表 2.1 美国国防部对遥控驾驶飞行器的分类

无人机类型	最大起飞重量	正常飞行高度	航速
第一类	<20 磅(9kg)	<1200 英尺(离地高度 366m,AGL)	<100 海里/h(184km/h)
第二类	21~55 磅(9~25kg)	<3500 英尺(1068m,AGL)	<250 海里/h(460km/h)
第三类	<1320 磅(599kg)	<18000 英尺(平均海平面 5490m,MSL)	<250 海里/h(460km/h)
第四类	>1320 磅(599kg)	<18000 英尺(平均海平面 5490m,MSL)	任何空速
第五类	>1320 磅(599kg)	>18000 英尺(5490m,MSL)	任何空速
注:若某型无人机即使只有一项特征符合较高类别,都应划入该类			

2.2.1 固定翼

固定翼无人机系统可以执行多种任务,包括情报搜集、监视和侦察(Intelligence,Surveillance,and Reconnaissance,ISR)。部分军用固定翼无人机系统经改装后可执行 ISR 和武器投射的联合任务,例如通用原子公司生产的"捕食者"无人机系列。"捕食者"无人机最初设计用于执行 ISR 任务,名称代号为 RQ-1。在军用飞机的分类体系中,R 表示侦察,Q 表示空中无人系统。然而,近年来"捕食者"的名称代号却被改为 MQ-1(其中 M 表示多用途),原因在于它最近曾被用于发射"地狱火"(Hellfire,又译为"海尔法")导弹。

固定翼无人机平台可以执行长航时任务,以实现持续工作时间和航程的最大化。诺斯罗普·格鲁曼公司(Northrop Grumman)的 RQ-4"全球鹰"(Global Hawk)无人机曾连续飞行超过 30h,航程超过 8200 海里(15104km)。另外,固定翼平台也具备在视距外的高度上飞行的能力。

固定翼无人机平台的缺点是发射和回收(Launch and Recovery,L&R)时所需的后勤保障要求很高(被称为"高后勤需求")。有些固定翼无人机需要跑道进行起降,也有些需要弹射器达到起飞速度进行起飞,然后用网或拦阻索进行回收或展开降落伞,还有一些小型固定翼平台(如航空环境公司(AeroVironment)制造的"大乌鸦"(Raven)无人机)采用手抛发射,回收时则在预定降落点使飞机失速,实现硬着陆。

2.2.2 垂直起降

垂直起降(Vertical TakeOff & Landing,VTOL)无人机系统的应用十分广泛。直升机、可以悬停的固定翼飞机,甚至是倾转旋翼飞机都可以用作垂直起降平台。诺斯罗普·格鲁曼公司的 MQ-8"火力侦察兵"(Fire Scout)、贝尔公司(Bell)的

"鹰眼"(Eagle Eye)倾转旋翼无人机都是垂直起降无人机系统。这些无人机系统的优点是发射与回收(L&R)对于外部的要求较低。这意味着大多数无人机系统都不需要跑道或公路便可进行起降,发射和回收时也不需要使用弹射器或拦阻网等设备。无人直升机与固定翼无人机不同,它可以在固定位置上执行监视任务,只需要很小的活动空间。

用无线电遥控的小型电动直升机由于具备能够快速完成部署的优点,因而成了搜索救援、抢险救灾或打击犯罪的理想工具。简单的无人直升机系统可存放在第一应答器的平台上,数分钟内即可发射。这种小型无人直升机由于没有安装燃油发动机,电动马达噪声非常小,因此在低空执行任务时不易被发现,其隐蔽性非常强。小型电动直升机的缺点是目前的电池技术还不能支持长时间的续航,飞行时间不超过 30~60min。

2.3 指挥与控制单元

2.3.1 自动驾驶仪

自主能力是指无人机系统根据一套预编程的指令,在无需操作员干预的前提下执行任务的能力。全自主无人机系统(UAS)可以在无操作员干预的前提下,完成从起飞到着陆的整个飞行过程。不同无人机的自主程度差异也很大,从自主能力为零到全自主不等。自主能力为零的无人机全程都有操作员的参与(外部飞行员)。飞行器的飞行特性通过自动驾驶仪系统保持稳定,但如果没有外部飞行员的控制,无人机终将坠毁。

全自主无人机的所有事情全部由机载自动飞行控制系统(处动驾驶仪)来实现,包括从起飞到着陆全程都无需飞行员的干预。负责指挥控制的飞行员可以在出现紧急情况(意外事件)时进行干预,必要时通过操控无人机来改变航迹或避开障碍物。无人机的自动驾驶仪用于引导无人机按照预定航路点沿指定路线飞行。

近年来,许多商用自动飞行控制系统都可用于小型无人机(Small UASs, SUAS)上。这些小型自动飞行控制系统可集成到现有的无线电控制飞行器或客户定制的小型无人机平台上。用于小型无人机系统的商用自动飞行控制系统(通常称为 COTS,Commercial-Off-The-Shelf,指商用货架系统。除军事领域外,该术语还广泛用于其他技术领域)近年来呈现出一种日趋小型化的趋势。它们具有大型无人机自动飞行控制系统所具有的诸多优点,价格也便宜得多。例如,云帽技术公司(Cloud Cap Technology)的"皮科罗"(Piccolo)系列自动驾驶仪可实现多飞行器控制、全自主起降、垂直起降与固定翼支持,以及航路点导航等功能,如图 2.2 所示。

图 2.2 "皮科罗"SL 自动驾驶仪
(图片版权归云帽技术公司所有)

无人机自动飞行控制系统采用冗余技术编程。按照大多数无人机自动飞行控制系统的安全措施,当地面控制站与无人机之间的通信中断时,系统可按不同方法执行"链路丢失"程序。大多数程序中都创建了链路丢失剖面,其中任务飞行剖面(高度、飞行航迹和速度)会在无人机发射前装载到系统的存储器中。一旦无人机发射后,只要与地面控制站一直保持无线电联络,自动驾驶仪会按照任务剖面飞行。飞行期间如果联系未中断,必要时可以对任务剖面或链路丢失剖面进行修正。如果飞行过程中地面站与无人机失去联络,自动驾驶仪会执行预编程的链路丢失剖面。

平台按照链路丢失剖面执行以下程序:
- 首先飞向一个信号强度稳定的航路点,以重新建立联系;
- 返回第一个航路点,盘旋或悬停一段时间(时长预定),尝试重新接收信号,如果不成功就返回着陆航路点进行着陆;
- 在当前航向上保持一段预定的时间,在此期间可尝试使用其他通信手段;
- 爬升,以便重新建立联系;
- 在失去链路的地方盘旋,此时外部飞行员用遥控技术(通常用甚高频 VHF (Very High Frequency)视距无线电技术)接管对无人机的控制。

2.3.2 地面控制站

地面控制站(Ground Control Station,GCS)是指对空中或临近空间的无人机实施人为控制的陆基或海基控制中心(图 2.3)。地面控制站大小不一,小的可能如航空环境公司生产的手持式发射机(图 2.4)一般大小,大的则可能是包含多个席位、配套齐全的设备。规模较大的军用无人机系统需要有多人独立操控飞机系统的地面控制站,如"捕食者"无人机地面控制站。实现由单个机组成员从一个地面站操纵多架无人机是未来无人机操控的终极目标之一(图 2.5)。

图 2.3 MQ-1"捕食者"无人机地面控制站

(a) (b)

图 2.4 航空环境公司的手持式地面控制站
(a) 操作界面;(b) 地面控制站。
(图片版权归航空环境公司所有)

图 2.5 "复仇者"(捕食者 C)无人机先进座舱式地面控制站

一个地面控制站通常至少由一个飞行员席位和一个传感器席位组成。飞行员席位是飞行员操控无人机及其系统的席位,传感器席位用于操控传感器载荷和无线电通信。根据无人机系统的复杂程度,可能会涉及其他许多操作工作,每种工作都有可能需要增加工作席位。对于简单的小型无人机系统而言,这些工作席位可以合并,因此可能只需一名操作员。而对于自主能力强的大型无人机系统,能够实现多机自主协同作战,也只需一名操作员。

2.4 通信数据链

数据链是用于描述无人机指挥和控制信息如何在地面控制站和自动驾驶系统之间进行发送和接收的一个术语。无人机的操作可分为两大类:无线电频率视距内(Line-Of-Sight,LOS)操作和超视距(Beyond Line-Of-Sight,BLOS)操作。

2.4.1 视距内(LOS)

视距内操作是指通过直接无线电操作无人机。在美国,民用无人机 LOS 操作通常使用的无线电频率为 915MHz、2.45GHz 或 5.8GHz。这些频率都是无须许可的工业、科研和医学(Industrial,Scientific,and Medical,ISM)频率,按照联邦通信委员会(Federal Communications Commission,FCC)条例第 18 款的规定进行管理。其他频率,如 310~390MHz、405~425MHz 和 1350~1390MHz,为离散的视距内(LOS)频率,须经许可才能使用。这些频率的通信距离取决于发射机和接收机的功率以及二者之间的障碍,通常为几英里不等。利用定向跟踪天线,还可提高信号强度。定向天线利用无人机的位置持续调整天线指向的方向,使天线信号始终对准无人机。部分大型无人机上配有定向接收天线,可进一步提高信号强度。

ISM 频段的使用非常广泛,因此容易造成频率拥堵,导致无人机因信号干扰而失去与地面控制站的联系。快速跳频(Rapid Frequency Hopping)成为最大程度上解决这一问题的一项新兴技术。跳频是将信号分散到整个频谱的一种基本的信号调制方法。在无线电传播过程中正是这种频率的重复转换,才最大程度地降低了对信号的非授权拦截或干扰。利用这一技术,通过接收机与发射机保持一致的频率,两者便可实现同步工作。在跳频过程中,短时间内会有大量数据传输到窄频载波上,然后发射机调到另一个频率再发射一次,如此往返,不断重复。跳频频率从每秒数次到每秒数千次不等。FCC 准许在 2.45GHz 非许可的频段上采用跳频技术。

2.4.2 超视距(BLOS)

超视距内操作是指通过卫星通信或使用通信中继(通常由另一架飞机)来操

作无人机。民用用户通过铱星（Iridium）系统实现超视距内通信。大多数小型无人机系统既无必要也无能力使用超视距，因为其任务是在视距内执行的。军用超视距内通信通过卫星在12～18GHz频率范围内的加密Ku波段上进行。一架无人机可以按照几乎不发生任何中断的方式使用Ku波段工作。在发射阶段通常用视距内通信，然后转用超视距数据链。回收时再转到视距内通信。超视距内通信的一个弱点是当指令发送到无人机时，对指令的响应会有几秒种的延迟。这是由于信号需要经过许多个通信中继/系统造成的。过去几年，由于技术的进步，无人机通过超视距数据链实现发射和回收已成为可能。

2.5 任务载荷

研发阶段结束后，大多数无人机系统便升空执行任务，通常需要搭载任务载荷。任务载荷一般与侦察、武器发射、通信、遥感或货物等有关。无人机的设计通常围绕所运用的任务载荷进行。正如前文所述，有些无人机可携带多种任务载荷。任务载荷的大小和重量是无人机设计时最重要的考虑因素。大多数小型商用无人机要求任务载荷的重量不超过5磅（2.3kg）。有部分小型无人机制造商选择采用可快速拆卸和替换的任务载荷。

就侦察任务和遥感任务而言，传感器任务载荷根据不同任务可采用许多不同形式，包括光电（Electro-Optical，EO）摄像机、红外（Infrared，IR）摄像机、合成孔径雷达（Synthetic Aperture Radar，SAR）、激光测距仪、激光指示器等。光学传感器组件（摄像机）既可永久安装在无人机上，以便传感器操作员获得固定的视角，也可安装在万向节或转塔上（图2.6）。万向节或转塔安装系统使传感器能够在预定范围内转动，通常绕两个轴（垂直轴和水平轴）转动。万向节或转塔既可通过自动飞行控制系统，也可通过独立的接收机来接收控制信号。有些万向节还装有震动隔离装置，可降低飞机震动对摄像机的影响，从而降低电子成像稳定性的要求，提高图像或视频的清晰度。震动隔离的方法有两种，一种是采用弹性/橡胶安装座，另一种是采用电子陀螺稳定系统。

2.5.1 光电

光电摄像机通过电子设备的转动、变焦和聚焦来成像，在可见光谱内工作，所生成的图像形式包括全活动视频、静止图片或二者的合成。大多数小型无人机的光电摄像机采用窄视场到中视场镜头。大型无人机的摄像机还可使用宽视场或超宽视场传感器。光电传感器可执行多种任务，还可与其他不同类型的传感器结合使用，以生成合成图像。光电摄像机大多在昼间使用，以便最大可能提高视频质量。

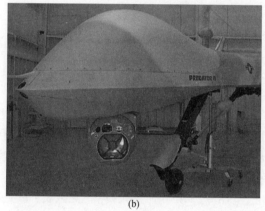

图2.6 MQ-9"死神"无人机的光电/红外任务载荷
(a) 雷锡恩公司的多光谱瞄准系统(MTS-B)光电/红外任务载荷；
(b) 任务载荷通过万向节安装在通用原子公司无人机上。

2.5.2 红外

红外摄像机在红外电磁频谱范围内工作(约1~400THz)。红外(IR)传感器也称为前视红外(Forward-Looking IR, FLIR)传感器，利用红外或热辐射成像。无人机采用的红外摄像机分为两类，即制冷式和非制冷式。现代制冷式摄像机由低温制冷器制冷，可降低传感器温度到低温区域(零下150℃)。这种系统可利用热对比度较高的中波红外(Midwave Infrared, MWIR)光谱波段生成图像，还可设计成用长波红外(Longwave Infrared, LWIR)波段工作。制冷式摄像机的探头通常装在真空密封盒内，需要额外功率进行制冷。总体而言，制冷式摄像机生成的图像质量比非制冷式摄像机的质量要高。

非制冷式摄像机传感器的工作温度与环境温度持平或略低于环境温度,当受到探测到的红外辐射加热时,通过所产生的电阻、电压或电流的变化工作。非制冷式传感器的设计工作波段为波长 7~14μm 的长波红外波段。在此波段上,地面温度目标辐射的红外能量最大。

2.5.3 激光

激光测距仪(Laser Range Finder)利用激光束确定到目标的距离。激光指示器利用激光束照射目标。激光指示器发射不可视编码脉冲,脉冲从目标反射回来后,由接收机接收。然而,利用激光指示器照射目标的这种方法存在一定的缺点。如果大气不够透明(如下雨、有云、尘土或烟雾),则会导致激光的精确度欠佳。此外,激光还可能被特殊涂层吸收,或不能正确反射,或根本无法反射(例如,照射在玻璃上)。

2.6 发射与回收

无人机系统的发射与回收单元(Launch and Recovery Element,LRE)通常是无人机使用过程中"劳动力最为密集"的单元之一。有些无人机系统设有非常详细的发射与回收程序,而有些则基本上没有。较大的无人机系统有专门的程序和工作人员负责无人机的准备、发射和回收。这些无人机系统可能需要长达 10000 英尺(3050m)的跑道和诸如地面拖车、加油车、地面电源等支持设备。小型垂直起降无人机系统所需的发射与回收程序和设备一般比较简单,大多数情况下只需要一个适合起降的区域。也有一些无人机(如航空环境公司制造的"大乌鸦"无人机)的发射与回收单元非常小,因为这种无人机可以通过手抛发射,通过失速硬着陆回收(图 2.7)。

图 2.7　单兵手抛发射的"大乌鸦"RQ－11 无人机
(图片版权归航空环境公司所有)

目前无人机的发射与回收方法很多。最常用的发射方法是利用弹射系统使无人机在非常短的距离内获得飞行速度。波音下属公司因斯图（Isitu）制造的"扫描鹰"（Scan Eagle）利用弹射器起飞，并利用被称为"天钩"（Skyhook）的设备进行回收（图2.8）。这个系统中，无人机的翼尖上安装有一个钩子，利用精度极高的双全球定位系统引导其飞到悬挂的绳索上进行回收。

(a)

(b)

图2.8 "扫描鹰"无人机利用"天钩"回收到美海军两栖攻击舰
"塞班"（Saipan）号飞行甲板上
(a)弹射起飞；(b)回收系统。

　　航空探测仪公司（AAI Aerosonde）制造的"马克"4.7（Mark）无人机则可采用不同的方式进行发射和回收。它既可放置在车顶发射器上，利用车辆的速度使无人机达到飞行速度进行发射，也可用弹射器进行发射（图2.9）。在着陆阶段，它既可以在草地或硬地上"机腹着陆"，也可用移动挂网进行回收。

图 2.9　航空探测仪公司的车顶发射装置
（图片版权归航空探测仪公司所有）

2.7　人 的 因 素

  人是无人机系统组成中最重要的因素。当前无人机的操作都需要人的参与。无人机操作员包括飞行员、传感器操作员和地面支持人员等。正如前文所述,有些位置可以根据系统的复杂程度进行合并。未来随着技术能力的提升,无人机使用中人的因素会越来越少。与过去的民航系统一样,随着自动化的提高,对人为干预的需要会越来越少。处于指挥控制位置的无人机飞行员负责无人机的飞行安全。关于这一部分内容将在后续章节详细讨论。

第3章 无人机航空监管体系——以美国为例

3.1 美国航空监管体系

3.1.1 引言

在美国,航空条例与技术监管几乎是同时诞生的。文明国家的各级政府都会对所辖公民及其活动以不同方式进行监管。

在任何技术环境中(如航空界),推动条例发展的主体通常都是原始设备制造商(Original Equipment Manufacturers,OEM)和使用者。用户在实践中遇到的意外事件、问题或异常情况会通过适当程序报告给美国联邦航空管理局(Federal Aviation Administration,FAA)。当这些报告的数量达到一定临界值,或事件结果严重到一定程度时(造成人员伤亡或财产损失),就可能需要对相关条例进行修订。

FAA在向国家空域系统(National Airspace System,NAS)引进某项新技术或新规程之前,需要进行全面的安全分析,包括对相关法规、辅助性咨询通告(Advisory Circulars,AC)或特殊联邦航空条例(Special Federal Aviation Regulation,SFAR)的回顾,其目的是判断新提议的技术或规程是否符合现行条例的规定。在处理可能不会再发生的独特事件或者经审查已明确不可能再次发生的事件时,FAA在进行安全审查之后,可能准予特殊情况下存在例外。

如果发生上述情况,可能需要制定相关规则,从而为FAA提供履行其法定职责的机制,确保航空环境的安全。本章主要介绍的内容包括:美国联邦航空条例以及国际航空条例的历史,法规和条例的结构,规则的目的和意图,规则的制定、变更和执行方法,航空监管体系影响无人机系统(UAS)技术发展与使用的方式,以及未来无人机管理条例的初探。

3.1.2 美国航空条例历史

航空条例在美国有着悠久灿烂的历史。它始于1918年美国邮政总局在航空邮递业务领域内初试牛刀之时,此时距首次载人有动力飞行仅15年。在此之前3年,美国总统威尔逊(President Wilson)签署了一项法案,设立了国家航空咨询委员会(National Advisory Committee on Aeronautics),其职能是对有关飞行中"问题"的科学研究进行监管。此后,美国制定了至少6部联邦法规,对特定航空领域进行规范。大多数法规的制定是出于对安全的考虑,以及对规范商业航空的必要性的认识。当时最受关注的问题是坠机事件的数量、建设规范民用机场网络的需求、统一或通用的空中导航系统的缺失,以及能够支持军用或民用工业增长和稳定发展的民航基础设施的建设需求等。

3.1.3 美国联邦航空管理局

美国联邦航空管理局是依据1958年颁布的《联邦航空法》[①]依法创建的。该法规是为了应对当时发生的一系列涉及商用客机的致命性事故和空中碰撞事件而制定的。它属于美国交通运输部(Department of Transportation),其规则制定和管制权力的来源依据是《美国法典》(United States Code)第49章第106节。《美国宪法》的"商业条款"(第8节第1款)赋予国会广泛的权力,以"规范与外国及多个州之间的商业活动"。因此,美国政府对规范美国领空拥有专属权力[②],美国公民拥有通过通航空域的公共权力[③]。除其他权力外,法律还赋予FAA的行政主官一项职责,即制定通航空域的使用计划和政策,按照规章制度分配空域或下达空域使用命令,以确保飞机的飞行安全和空域的有效利用[④]。管理人员还可以在公共利益需要时,修改或撤销某项法规、法令或指导性文件。管理人员应明确飞机飞行时应遵守的空中交通管制条例(包括安全高度规定,以便航行并对其进行导航、保护和识别),保护地面的人员和财产安全,有效使用通航空域并防止飞机之间,飞机与地面或水上交通工具之间,或飞机与空中物体之间发生碰撞[⑤]。

根据其规则制定权,FAA提出了飞机在美国领空内的运行标准——《联邦航空条例》(Federal Aviation Regulations, FAR)[⑥]。它事实上是一项"道路规则",涵盖所有民用航空器[⑦]/空勤人员[⑧]/空域[⑨]认证、所有以补偿或租赁[⑩]方式运营的航空公司及运营机构的认证与运营、空中交通、一般运营规则[⑪],以及学校及其他经认

---

① 《公法》第85-726部分,第85届国会第2次会议;《美国法令全书》第72章第731部分;《美国宪法》第49条第1301节(修订版)。
② 《美国宪法》第49条第40103(a)(1)节。
③ 《美国宪法》第49条第40103(a)(2)节。
④ 《美国宪法》第49条第40103(b)(1)节。
⑤ 《美国宪法》第49条第40103(b)(2)节。
⑥ 《美国联邦法规》第14章第1.1部分等。
⑦ 《美国联邦法规》第14章第21~49部分。
⑧ 《美国联邦法规》第14章第61~67部分。
⑨ 《美国联邦法规》第14章第71~77部分。
⑩ 《美国联邦法规》第14章第119~135部分。
⑪ 《美国联邦法规》第14章第91~105部分。

证的机构①、机场②、设备和导航设施等③。

《美国联邦法规》(Code of Federal Regulations, CFR)第14章第1.1部分第一节列出的定义和缩写在后续《联邦航空条例》的各章节中均被采用。这对无人机群体造成了巨大影响:"无人机"(UAV)、"无人机系统"(UAS)、"无人系统"(Unmanned System, US)、"无人飞行器"(Unmanned Aircraft, UA)乃至任何其他指代遥控驾驶飞行器(RPA)的术语,均出自《联邦航空条例》以及其他联邦法例或法规。"飞行器"(aircraft)被定义为"用于或拟用于空中飞行的设备"④。"飞机"(airplane)是指由发动机驱动、比空气重的固定翼飞机,依靠机翼对空气的动态反应进行飞行的飞行器⑤。"空中交通"(air traffic)则是指飞机在空中或机场的地面(不包括装载区和停放区)使用⑥。

FAA对飞机、飞行员、航空公司及商业部门或公共交通运营部门的特定类别的员工、机场以及国家领空进行监管。FAA的"工具箱"(toolbox)是由规章、规则制定流程、认证、咨询通告、特别授权和指令等组成的体系。该机构使用这些手段来执行其规则制定、监控、制度落实和执行的监管职能。

FAA用于管理联邦航空条例的三种工具分别是咨询通告(AC)、适航性指令Airworthiness Directives, AD)和政策声明。在对与安全相关的事件或系统异常做出反应时,可以发布咨询通告或适航性指令,而技术标准规范(Technical Standards Order, TSO)的制定则是为了整治特定的技术问题。咨询通告为飞机或系统的所有人或运营机构提供指导,以便他们遵守相关的法规。适航性指令则是向已经认证的飞机的所有人或运营机构发出通知,告知某种特定型号的飞机、发动机、航空电子设备或其他系统存在已知的不足,必须予以纠正。技术标准规范是特定材料、零部件和民用航空器设备的最低性能标准。按照技术标准规范设定的标准对材料、零部件或设备进行生产授权,则被称为TSO授权。TSO授权包括设计和生产许可两个部分。它并不是指对该物品在飞机上的安装和使用进行批准,而仅仅意味着该物品符合特定的技术标准规范,申请人获得了生产授权。

咨询通告的目的是向航空界就该法规涉及的事务进行建议,但不具备公共约束力。当某项法规中明确引用某份咨询通告时,则为例外情况⑦。发布咨询通告

---

① 《美国联邦法规》第14章第141~147部分。
② 《美国联邦法规》第14章第150~161部分。
③ 《美国联邦法规》第14章第170~171部分。
④ 《美国联邦法规》第14章第1.1部分。
⑤ 《美国联邦法规》第14章第1.1部分。
⑥ 《美国联邦法规》第14章第1.1部分。
⑦ 00-2号咨询通告,11(1997)。

时所使用的是一个与《联邦航空条例》中有关领域相对应的编号体系①。在无人机航空界引起争议最多的咨询通告是91-57号通告,后文将对此进行详细阐述。该通告沿用的是《美国联邦法规》第14章第91部分——《空中交通和一般操作规则》,该部分提出了相关空域法规。

另一个咨询工具是政策声明。在美国国会赋予该机构制定具有法律效力的规则的权力,且该机构在行使该权力的过程中宣布应对某项法律条文予以尊重时,各级法院应按照已发布政策声明中的声明或记录,对该法律条文的行政执行给予尊重。这种权力的赋予可有多种表现形式,包括机构参与裁决或"通知与评论"规则制定过程的权力,或是以其他方式传达国会的类似意图②。FAA已发布三份针对无人机的政策声明,分别是AFS 400 UAS的05-01号政策声明、2007年2月6日在《联邦纪事》(Federal Register)上刊登的《无人机在国家空域系统中的运行》,以及同样援引《美国联邦法规》第14章第91部分的《运行批准暂行指导意见08-01》。

3.1.4 执法和制裁

如果缺乏执行的手段,任何规章制度都可能无法发挥其效力,《联邦航空条例》也不例外。美国国会赋予FAA权力,要求其对航空活动进行监督、检查航空系统、调查违反航空法规的情况,并在发现有违规现象时采取适当的措施。该机构的调查权力涵盖1958年的《美国联邦航空法》《有害物品运输法》,1970年的《机场和航线开发法案》,1982年的《机场和航线改进法案》和1987年的《机场和空运安全及吞吐量扩充法案》中的所有条款,以及由FAA颁布的所有法规、指令或规章。根据其发布的2150.3 A号指令——《合规性和执行计划》,FAA的中心任务是促进安全标准的落实,但该机构也认识到,由于航空业本身的性质,必须在很大程度上依赖对监管准则的自觉遵守。《美国宪法》第五号和第十四号修正案规定,FAA的执法过程应为确保遵守法规提供"正当程序"。这就意味着在未经正当法律程序的情况下,不得剥夺任何人的"生命、自由或财产"③。因此,FAA在执法过程中不得独断专行或标准不一。

由FAA建立的执法程序,其目的是保证公正、合理以及受法规约束各方的公平。这是一个复杂的程序,其中包含大量决策点,以便FAA和被调查方能达成非正式的解决方案,而不必采取诉讼审判的渠道。执法程序可能会出现不同的结果,FAA在对涉嫌违规的情况进行调查后可以选择决定终止执法,进行审判、处理,向

---

① 00-2号咨询通告,11(1997)。
② 《联邦纪事》第72章第6689部分,第72卷,第29期,2007年2月13日(运行批准暂行指导意见08-01)。
③ 《美国宪法》,第5次修订版和第14次修订版。

美国上诉法院或是美国最高法院提起上诉(概率极低)等。此类审判和其他民事审判方式相同。为了确认违规事实,通常由FAA承担举证责任。如不足以处以民事罚款、撤销或暂扣证书,FAA可以发出警告函或修正函,其目的是针对未严重到应给予更严厉制裁的违规情况,使被指控的违规方遵守有关法规。对于初次违规的当事人来说,如证书持有人抱有建设性的合作态度,通常在解决由疏忽导致的违规问题或非恶性违规问题时会很有帮助。如案件中没有证书可暂扣或吊销,或吊销证书将导致不必要的困难,或案件中不涉及资质问题,或违规情况的严重程度不适用采取补救措施的行政手段,则可对每项违规处以最高5万美元的民事罚款。必须注意的是,若未持有飞行员证书或由FAA颁发的其他许可证,并不能使个人或实体免受FAA含民事罚款在内的执法行动的约束。

后文将讨论FAA针对无人机究竟应该如何执行《联邦航空条例》的问题。据本书所知,FAA尚未对任何无人机系统/遥控飞机操作员、飞行员、所有人、制造商或服务方采取过任何正式的执法行动。

3.2 国际航空条例

早在1919年,航空和平会议委员会(Aeronautical Commission of the Peace Conference)就制定了《空中导航监管公约》(Convention for the Regulation of Aerial Navigation)(也被称为《凡尔赛条约》,Versailles Treaty)。该项国际协议确认,公海的空域自由度比其中水域的自由度要低。在公约中,各缔约国均承认国家领土和领海上空空域的专属管辖权,但也同意在和平时期,只需遵守公约的其他规定,允许其他国家的民用航空器在不导致损害的情况下通过。各国仍然保留出于军事需要或国家安全利益考虑而设立禁飞区的权利。20世纪40年代,在全球国际关系紧张的情况下,美国以1919年公约为基础,就进一步统一国际空域规则发起了多项研究,后又与其主要盟国进行了商讨。美国政府最终邀请了55个国家或当局参加会议,就这些问题进行了讨论,并于1944年11月在芝加哥举行了国际民用航空会议(International Civil Aviation Conference)。54个国家参加了此次会议,会议结束时,共有52个与会国签署了《国际民用航空公约》(Convention on International Civil Aviation)。此公约建立了常设国际民航组织(International Civil Aviation Organization, ICAO),以确保国际合作和最大程度地统一各种法规、标准、程序以及涉及民航事务的组织。芝加哥会议为将空中航行作为整体制定成套规章制度奠定了基础,这些规章制度的目的是保障飞行安全,并在全世界使用共同的空中导航系统构建基础。

国际民航组织(ICAO)的章程便是由芝加哥会议制定的《国际民用航空公约》,每个国际民航组织的成员国都是缔约国。根据该公约的条款规定,该组织由一个成员大会、一个由有限成员组成并拥有下属机构的理事会和一个秘书处,其主要官员是理事会理事长和秘书长。国际民航组织与联合国的其他成员密切合作,包括世界气象组织(World Meteorological Organization,WMO)、国际电信联盟(International Telecommunication Union,ITU)、万国邮政联盟(Universal Postal Union,UPU)、世界卫生组织(World Health Organization,WHO)和国际海事组织(International Maritime Organization,IMO)。参与国际民航组织工作的非政府组织包括国际航空运输协会(International Air Transport Association)、国际机场协会(Airports Council International)、航空公司飞行员协会国际联合会(International Federation of Airline Pilots' Associations)、国际飞机机主与飞行员协会(International Council of Aircraft Owner and Pilot Associations)等①。

国际民航组织的工作目标很多。《国际民用航空公约》的 96 个条款和 18 个附件对其工作目标进行了明确规定。《国际民用航空公约》的诸多补充条款(标准和建议规程(Standards and Recommended Practices,SARPS)中还确定了其他标准和准则。《空中航行服务程序》(Procedures for Air Navigation Services)也处于不断地审查和修订当中。各缔约国可自由地对附件中的任何内容设定例外情况。设定的例外情况也已出版公布。缔约国还负责制定自己的航行资料汇编(Aeronautical Information Publication,AIP),该汇编向国际民航组织和其他国家提供有关空域、空中交通、机场、助航设备(导航设备)、特殊用途空域、气象等方面的信息和其他相关数据,供机组人员进入或通过该国领空时使用。此外,航行资料汇编还应包含该国对附件内容规定的例外情况,以及与国际民航组织的规章及该国规章制度存在显著差异的信息。

附件的内容涵盖空中规则、国际航空气象服务、航图、在空中和地面操作时使用的计量单位、飞机运营、飞机的国籍标志和登记标志、航空器适航性、便利条件的提供(过境)、航空通信、空中交通服务、搜索和救援、飞机事故调查、机场、航空信息服务、环境保护、使国际民用航空活动免遭非法行为干扰的安全保卫工作,以及危险品航空安全运输的安全保障。国际民航组织所有文件中唯一涉及无人机的是该公约的第 8 条,其中规定:

> 具备无飞行员飞行能力的飞机,在没有飞行员驾驶时,不得在未经缔约国特别授权或不遵守该授权条款规定的情况下,飞越该缔约国的领土。各缔约国承诺,此种无飞行员的飞机在向民用航空器开放的区域内飞行时,应对其进行控制,以避免对民用航空器造成危险。

国际民航组织的规则适用于国际空域。国际空域通常涵盖距某一国家(政

---

① 国际民航组织:http://www.icao.int/。

权)领土超过12英里(19.3km)的公海上空的空域,以及部分归于某缔约国自行监管的国内空域。本规则适用于所有缔约国(共188个),因此任何一个选择不加入国际民航组织的国家都不受到国际民航组织规则的保护。但是,国际民航组织是一个自愿性的组织,并不包含任何诸如《联邦航空条例》那样需要强制执行的法规或标准。作为国际民航组织的创始成员国和一个主张维护国际商业航空环境的国家,美国向全国的运营机构严格实施国际民航组织的规则,将国际民航组织的规则纳入到《联邦航空条例》中,杜绝国内法规与其发生任何冲突。

其他位于欧洲、具有一定监管权力的国际航空组织包括欧洲空中航行安全组织(European Organization for the Safety of Air Navigation, ENROCONTROL)、欧洲航空安全局(European Aviation SafetyAgency, EASA)和欧洲民用航空设备组织(European Organization for Civil Aviation Equipment, EUROCAE)。

欧洲空中航行安全组织是一个政府间组织,在整个欧洲的空中交通管制服务中发挥着核心作用,致力于欧洲航空导航服务的和谐和一体化,以及为民间和军队用户建立统一的空中交通管理(Air Traffic Management, ATM)系统。为此,该机构协调各个空中交通管制部门及航空服务供应商,以提高整体性能和安全性。该组织总部设在布鲁塞尔,共有38个成员国。欧盟委员会于2001年开始实施《单一欧洲天空空中交通管理研究计划》(Single European Sky ATM Research, SESAR),并向欧洲空中航行安全组织授予了部分监管责任。

欧洲航空安全局于2003年成立,是欧盟的一个下属机构,在民用航空安全领域负有监管职责,并承担此前由联合航空局(Joint Aviation Authorities, JAA)执行的功能。欧洲航空安全局的职能与联合航空局不同。欧洲航空安全局拥有合法的监管权力,其中包括执法权。欧洲航空安全局负责对由处于欧盟成员国监管之下的人员制造、维护或使用的航空产品进行适航性认证和环保认证。尽管欧洲民用航空设备组织的成立时间远远早于欧洲航空安全局,专门参照空中/地面系统及设备处理航空标准化事务,但该组织职权却在欧洲航空安全局之下。该组织主要成员是设备和飞机制造商、监管机构、欧洲和国际民用航空当局、空中导航服务供应商、航空公司、机场及其他用户。

欧洲民用航空设备组织第73号工作组专门从事产品研发,其产品主要功能是确保无人机在非隔离空域中能够安全、高效地飞行,并与同空域中其他飞行器相协调。凡由第73号工作组向欧洲民用航空设备组织提出的建议,欧洲民用航空设备组织均可将这些建议上报给欧洲航空安全局。

除国际民航组织和上文中介绍的三个欧洲组织外,任何国家的民用航空局(Civil Aviation Authority, CAA)都有权就其主权领空内的飞行活动颁布自己的航空规章制度。在国际民航组织对其成员国明确总体性的无人机系统操作规则之前,无人机系统的操作员必须掌握在国际空域中为其提供空中交通服务的缔约国的法规制度。

3.3 标准和条例

FAA通过制定规章制度来行使其法定职权。这些规章制度通常由经行业组织起草、FAA批准的各类标准进行补充或改进。标准制定方与工程人员、科研人员及其他行业人员共同合作,制定公平公正的标准或规范性文件,为行业服务,保护公共利益。这些标准制定者可以是私营机构、行业组织或专业协会。标准由法规、标准和规章的发行人提供。除此以外,发行人也可提供标准数据库的访问权限。数据库的供应方并不一定是所发行标准的制定方。

这些组织主要是由行业代表、工程人员和有关领域的专家组成的专业团体,专为FAA等联邦机构提供建议支持。他们所提出的建议可以作为正式规则采纳或作为参考。工程规范、标准和规定的目的都是确保设备、工艺、材料的质量和安全。此类咨询组织中,在无人机发展过程中发挥最突出作用的三个组织是汽车工程协会(Society of Automotive Engineers,SAE)、航空无线电技术委员会(Radio Technical Commission for Aeronautics,RTCA)和美国国际试验与材料协会(American Society of Testing and Material International,ASTMI,原美国试验与材料协会)。

航空工程法规由FAA执行。这些法规对行业惯例的树立至关重要。工程制度(例如《联邦航空条例》中提出的制度)是由政府明确的操作规程,其目的是在保护公共利益的同时,为专业工程人员树立一定的道德标准,并为确保组织与公司遵守公认的专业操作规程设立工程标准,包括施工技术、设备维护、人员安全和文件制作等方面的规程。这些法规、标准和规定也涵盖了认证、人员资质和执法方面的事宜。

之所以需要制定制造规范、标准和规定,通常是为了确保生产工艺和设备的质量与安全,航空条例也是如此。制造标准的作用是确保制造商和工厂所采用的设备和工艺安全、可靠、高效。此类标准常常是自愿性的指导方针,但也可以在《联邦航空条例》中列为强制性标准。生产法规由政府制定,通常以立法方式对制造商影响环境、公共健康或工人安全的行为进行控制。美国和欧盟成员国的飞机制造商必须按照法律规定,生产满足一定适航性和环保排放标准的飞机。

FAA所支持和赞助的四家国内委员会均致力于发展无人机制造和运营的标准与法规。2004年,航空无线电技术委员(RTCA)会下设的203号无人机系统特别委员会(Special Committee 203 Unmanned Aircraft Systems,SC-203)开始制定无人机系统的最低工作性能标准(Minimum Operational Performance Standards,MOPS)和最低航空系统性能标准(Minimum Aviation System Performance Standards,MASPS)。该标准规定,"SC-203产品应协助确保无人机系统与其他飞行器共同在国家空域飞行时的安全性、高效性以及兼容性。SC-203中所提出的建议的前提是,无人机系统及其使用不会对已有的国家空域用户造成负面影响"。

美国国际试验与材料协会(ASTMI)下设的F-38无人机系统委员会(Unmanned Air Vehicle Systems Committee)负责处理与无人机系统的设计、性能、质量验收测试和安全监测相关的事务。利益相关方包括无人机及其组件的制造商、联邦机构、专业设计人员、专业团体、专业维护人员、行业协会、金融机构以及学术界等。

汽车工程协会(SAE)之所以设立G-10U无人机航空活动工程技术委员会(Unmanned Aircraft Aerospace Behavioral Engineering Technology Committee),是为了就民用无人机系统飞行员的培训提出相关建议。该组织已有建议发布。

通过2008年4月10日签署的1110.150号指令,FAA依据《美国法典》第49章(49 USC)第106部分第(5)条赋予FAA局长的权力,创建了小型无人机系统(sUAS)航空规则制定委员会(Aviation Rulemaking Committee,ARC)。该委员会的任期为20个月,是由航空协会、行业运营机构、制造商、雇员团体或工会、FAA和其他政府实体、包括学术界在内的其他航空业参与者的代表共同构成的。委员会于2009年3月向FAA副局长递交了正式建议。FAA的空中交通组织(Air Traffic Organization)同期组织了安全风险管理(Safety Risk Management,SRM)委员会,该委员会负责对受审查的无人机进行说明、危害识别、分析、风险评估并进行相应处理,以便形成该无人机系统的安全管理系统(Safety Management System,SMS),并将此系统与航空规则制定委员会的建议进行协调或整合。这个过程要遵守FAA的政策,这些政策要求对可能影响国家空域系统安全的航空系统进行监管和规范,包括:FAA 8000.369指令,《安全管理体系指南》(Safety Management System Guidance);FAA 1100.161指令,《空中交通安全监督》(Air Traffic Safety Oversight);FAA 8000.36指令,《空中交通安全的合规性程序》(Air Traffic Safety Compliance Process);FAA 1000.37指令,《空中交通组织安全管理系统指令》(Air Traffic Organization Safety Management System Order);ATO-SMS执行计划1.0版,2007年;FAA SMS手册2.1版,2008年6月;08-1号安全及标准指导函;150/5200-37号咨询通告,《机场运营中安全管理系统的引入》(Introduction to SMS for Airport Operations)等。

截至本书出版时,航空规则制定委员会(ARC)提出的关于小型无人机管理的建议尚在进行审查,但最终其提出的规则制定过程(后文将进行详细阐述)将形成公告并予以发布。这将是FAA提出的第一套专门针对无人机系统的规定。

有关方曾在1981年针对遥控飞机这个小类别发布了"91-57号咨询通告"(AC 91-57)。实际上,这份咨询通告是为了通过非管理手段,对以娱乐为目的的航空模型进行规范,倡导并鼓励其自觉遵守模型飞机操作的安全标准。FAA的网站虽然删除了该文件的内容,但它并未被撤销,因此在某些指定领域内以及在非官方组织"航空模型学会"(Academy of Model Aeronautics,AMA)的职权范围内,它一直是模型飞机飞行的操作标准。航空模型学会(AMA)对学会成员创建了一套标准及限制规定,遵守这些标准及限制规定是其成员有资格获得团体保险的先决条件。

虽然"91-57号咨询通告"针对的是娱乐性航模爱好者,但商业无人机系统运营机构和开发机构在某些情况下也会以该通报为依据,称其小型无人机有权在离地高度400英尺(122m)以下飞行,而无需与FAA进行沟通,也不会与联邦航空条例发生冲突。"05-01号政策声明"和"08-01号指导文件"都将"91-57号咨询通告"视为娱乐性和业余爱好者所从事的航模活动的官方政策,即这些活动不属于《联邦航空条例》的范畴,因此不受其制约。然而,FAA通过推理认为,由于娱乐性模型飞机也符合《美国联邦法规》第14章第1.1条对"飞机"(airplane)的定义,因此FAA对其也拥有法定权力,但出于政策方向的考虑,不对其进行执法。

3.4 规则制定的过程

前文介绍过的小型无人机系统航空规则制定委员会(ARC)为我们了解FAA制定规则、规章、通告、指令和法令的过程提供了一个实例。FAA依靠这些手段规范航空业的秩序,而航空业在美国和其他国家都是受管制程度最深的行业。FAA的规则制定权力来自由总统办公室下达的行政命令或美国国会的特定授权或《美国宪法》第8部分第1条规定的立法权的授予。除这两个权力来源以外,FAA还依赖于来自美国国家运输安全委员会、公共和FAA自身的建议来启动规则制定过程,最终制定出的规则以服务公共利益和履行增强航空环境安全性的使命为目的。

规则制定过程受1946年的《行政程序法》(Administrative Procedures Act)和1935年的《联邦注册法》(Federal Register Act)的约束。将这两个法规相结合的目的,是为了确保该过程公开接受公共的监督。联邦机构不得秘密地或不完全透明地制定或实施规则。程序正当的立法过程及法规颁布要求保证了上述目标的实现。这种"非正式规则制定"是一个分为四个步骤的过程,往往需要行业规则制定委员会付出数月甚至数年的努力,经过FAA内部审查和分析以及机构间谈判才能完成。一旦拟议的规则达到足够的成熟度,就会被作为"法规制定提案通知"(Notice of Proposed Rulemaking)刊登在《联邦纪事》上,公共可在一定时间期限内对拟议的规则发表意见。在最终的法规文件发布前,应采取一定的方式对公共的意见予以回应并进行处理,对法规的目的和基础进行阐释,并对公共意见的处理方式进行说明。最后一个步骤是实施。生效日期必须是在最终规则公布日至少30天之后,除非所制定的是解释性的规则、直接规则、一般性政策声明、紧急规则,或针对现有法规或规定授出豁免的实质性规则。某些由航空局制定的法规或政策，或可免受此过程的约束，例如解释性规则或一般性政策声明。如果航空局能够证明发布通知和处理反馈意见的过程是不切实际、不必要或违反公共利益的，且有"充足理由"，也可不受此约束。

凡已通过该等非正式规则制定流程的法规，与由国会法案所规定的规章制度具有同等效力和作用。因此，在执行过程中，FAA可以将这些法规视同为国会制定的法律。这些规则通常被编入《美国联邦法规》(CFR)。然而，任何事情都有例外。直接最终规则是在发布最终法规之后实施的，但同时还要留出一段时间来发布通知和收集意见。如果没有反对意见，该规则在规定期限后生效。在此过程中，与法规制定提案的通知程序不同的是，在最终规则公布之前，没有讨论稿的公布程序。该等程序适用于预计不会引起意见或争议的常规法规或条例。暂行规定通常立即生效，发出前不另行通知，通常用于应对紧急情况。临时规则经过一段时间的意见收集后，可为最终规则的形成提供根据，其状态（最终/修订/撤回）一般在《联邦纪事》中公布。除此以外，还可发行解释性规则，对现行条例、或解释现有法令或法规的条例进行解释。FAA通常不采用这一工具，但在出现某项规则反复被曲解、导致合规性问题长期存在的现象时，该工具可发挥极大作用。

制定规则的过程十分复杂，有时甚至可称为繁琐，而且还十分费时。这样设计的目的是提高安全性和统一性，使航空环境的所有用户及受航空环境影响的有关方都能受到保护，免受不必要的风险危害。此外，它还要保证所有实体都在同一套规章制度下运营，并有充足的机会参与这个过程，使所有参与人共同对结果造成影响。这个过程的每一步骤都要求联邦政府的其他机构进行一系列的审查，如交通运输部秘书办公室、管理和预算办公室、审计总署和《联邦纪事》办公室等。如将航空监管过程以流程图表示，图中将展示出至少12个步骤，还会有更广泛类别的多种临时步骤交织其中。如果某项拟议的规则需要经过所有的审查步骤，那么这份清单将包含至少35个节点。例如，鉴于许多具有相同影响力的利益相关方的参与，国防部正筹划设立一个新的限飞区，供无人机系统飞行、测试和培训使用。按照普遍预计，这个目标将花费5年时间才能达成。试举一例：供航空运输飞机使用的名为TCAS(Traffic Alert and Collision Avoidance System，交通预警和避撞系统)的航空安全装置，从构思到落实历时超过15年，并且是通过国会法案，TCAS才最终成为商用客机的强制使用设备。

除了正式的规章和条例之外，FAA还发布法令、政策、指令和指导性文件。FAA定期发布政策声明和指导文件，以澄清或解释FAA诠释和执行各项规定的方式。政策声明为如何遵守《美国联邦法规》的特定章节或条款提供指导或可接受的做法。这些文件是解释性的，不具备强制性，也不针对具体项目。在实践当中，这些文件不能在正式的合规程序中强制执行，但它们为用户和公共提供指导，使他们能很好地遵守《联邦航空条例》(FAR)。指导文件在本质上与政策声明相似,都是解释性而非强制性的文件。

FAA 的网站上提供了所有历史/现行政策声明、指导性文件、法令、指令、通告和规定的链接。具有约束力的法令和规章在《联邦纪事》中有公布,并可通过电子《美国联邦法规》(e–CFR)政府网站访问①。

3.5 有关无人机的现行规定

如前文所述,无人机、无人机飞行员/操作员或无人机在国家领空内的飞行在《联邦航空条例》中均未提及。按照《美国联邦法规》第 14 章第 1.1 条的规定,"飞行器"(aircraft)应包含所有无人机。目前既无权威案例,也无法规条例足以支持各种尺寸和性能不一的无人机不受监管,其中自然也包括无线电遥控的模型飞机。无线电遥控的飞机也是飞机,但不是 FAA 倾向于管理的飞机类型。基于对这样一个现实的认识,美国在 1981 年发布了"91–57 号咨询通告"。这份通报鼓励模型飞机操作员自觉遵守安全标准。该通告也承认,模型飞机可能给飞行中的全尺寸飞机和地面上的人员及财产带来安全隐患②。鼓励模型飞机操作员选择距离人口密集地区较远的场地飞行,避免危及人员或财产和在避开噪声敏感区(如学校、医院等)。飞机应进行适航性测试和评估,且不应在超过地面以上 400 英尺(122m)的高度飞行。如果飞机要在距机场 3 英里(4.8km)的范围内飞行,应与当地的航管部门联系。而且,最重要的是,模型飞机应始终让全尺寸飞机优先通行,或主动避让全尺寸飞机,并且安排观察员来协助完成此项工作③。

FAA 的政策声明——05–01 号 AFS–400 无人机系统政策于 2005 年 9 月 16 日发布,旨在应对急剧增加的公共/私营部门的无人机系统飞行活动④。这项政策的目的是为 FAA 提供指导,以确定是否允许无人机系统在美国国家空域系统(NAS)内进行飞行活动。AFS–400 的工作人员在对每一项授权认证(Certificate Of Authorization, COA)或豁免申请进行评估时,应采用该政策作为指导。由于无人机系统技术的迅速发展,这项政策必须不断适时进行审查和更新⑤。其出台并不是为了替代任何监管程序。它由以下部门共同制定,并反映了这些部门的共同意

---

① 《联邦航空条例》电子版:http://ecfr.gpoaccess.gov/cgi/t/text/text–idx? &c=ecfr&tpl=/ecfrbrowse/Title14/14tab_02.tpl。
② 91–57 号咨询通告。
③ 91–57 号咨询通告。
④ 联邦航空管理局 05–01 号 AFS–400 无人机系统政策,2005 年 9 月 16 日。
⑤ 联邦航空管理局 05–01 号 AFS–400 无人机系统政策,2005 年 9 月 16 日。

见。即:AFS-400,飞行技术和程序司和 FAA 飞行标准处(Flight Standards Service,FSS);AIR 130,航空电子系统部(Avionics Systems Branch)和 FAA 航空器认证司(Aircraft Certification Service);ATO-R,系统运营和安全办公室(Office of System Operationsand Safety)和 FAA 空中交通组织(Air Traffic Organization,ATO)[①]。

05-01 号政策承认,如果要求无人机系统的操作员严格遵守《美国联邦法规》第 14 章第 91.113 条"路权规则"(Right-of-Way Rules)中所规定的"看见与规避"(See and Avoid)的要求,民用空域中将没有无人机飞行[②]。

> 路权规则规定:"……在天气条件允许的情况下,无论所进行的飞行是仪表飞行还是目视飞行,操纵飞机的所有人员都应保持警惕,确保能够看见并规避其他飞机。如按照本节中的规定,其他飞机拥有路权,则飞行员应为拥有路权的飞机让路,而不能从其下方、上方或前方通过,除非保持充足的间距。"[③]对于能够表明拟进行的具有可接受安全水平的无人机飞行活动,FAA 的政策予以支持。[④]

另一条有关碰撞规避的规则规定,"任何人在操纵飞机时,不得使其与另一架飞机相距过近而导致碰撞危险"[⑤]。FAA 也认识到,要具备可认证的"检测、感知与规避"(detect,sense and avoid)系统,为无人机的"看见与规避"问题提供可接受的解决方案,未来还有很长的路要走[⑥]。

通过实施这一政策,FAA 为民用无人机的开发机构和运营机构提供了两个选择:①开发机构和运营机构可将其系统作为公共飞机使用,并申请批准特定飞机在特定飞行环境中按特定飞行参数运营的授权证书,每次授权期限不超过 1 年;或者②开发机构和运营机构可按照《美国联邦法规》中规定的正常程序,为其飞机领取特殊适航证,在飞机运营时严格遵守《美国联邦法规》第 14 章第 9 部分中的所有空域法规,并由通过认证的飞行员操作飞机。由于 1981 年发布的"91-57 号咨询通告"《模型飞机运行标准》(Model Aircraft Operating Standards)适用于模型飞机,此政策也援引了该通报,称"符合'91-57 号咨询通告'中指导标准的无人机视作模型飞机,不按照本政策中的无人机标准进行评估"。

FAA 还进一步在此项政策中明确不接受民用授权认证申请。这意味着只有军队或公共飞机(Public Aircraft)有申请资格。《美国联邦法规》第 14 章第 1.1 部

---

① 联邦航空管理局 05-01 号 AFS-400 无人机系统政策,2005 年 9 月 16 日。
② 《美国联邦法规》第 14 章第 91.113 部分。
③ 《美国联邦法规》第 14 章第 91.113(b)部分。
④ 联邦航空管理局 05-01 号 AFS-400 无人机系统政策,前注。
⑤ 《美国联邦法规》第 14 章第 91.111 部分。
⑥ 联邦航空管理局 05-01 号 AFS-400 无人机系统政策,前注。

分将"公共飞机"定义如下：

"公共飞机"指以下几种飞机，在未用于商业用途，或者除搭载除机组成员或符合条件的非机组成员以外的人员时，即为"公共飞机"：

1. 仅供美国政府使用的飞机；由政府所有，其他人员出于与机组培训、设备研发或演示相关的目的而使用的飞机；由州/哥伦比亚特区/美国某一保留区或属地的政府，或这些政府的某一分支机构所有和使用的飞机；或由哥伦比亚特区、美国某一保留区或属地，或这些政府的某一分支机构连续单独租赁至少90天的飞机。

（1）当（且仅当）确定公共飞机的状态时，"商业用途"是指以补偿或租赁的方式运输人员或财物，但自1999年11月1日起，应当排除按照联邦法令、法规或指令的规定，由军用飞机作为补偿而进行的飞行，还应当排除由一个政府代表另一个政府根据成本补偿协议进行的飞行，前提是飞行活动的发起政府向FAA局长证明，该飞行活动是在无法获得能合理使用的私营飞行服务的前提下，对重大且迫切的生命或财产（包括自然资源）威胁的必要响应。

（2）当（且仅当）确定公共飞机的状态时，"政府职能"是指由政府开展的某项工作，如国防、情报任务、消防、搜索和救援、执法（包括运输囚犯、被拘留人员和非法居留的外国人）、航空研究、生物或地质资源管理。

（3）当（且仅当）确定公共飞机的状态时，"符合条件的非机组成员"是指除机组成员以外，搭乘由部队或美国政府的情报机构使用的飞机的人员，或为执行政府职能或因与政府职能的执行相关而必须乘机的人员。

2. 由军队所有、使用或租用，从而为部队提供运输，并符合以下条件的飞机：

（1）依据《美国法典》(USC)第10章的规定使用；

（2）依据《美国法典》(USC)第14、31、32、50章的规定，在政府职能的执行过程中使用，且不用于商业用途；

（3）为军队租用于运输，且飞行活动是由国防部长（或海岸警卫队所服务部门的部长）出于国家利益需要而要求进行的。

3. 由某个州、哥伦比亚特区或美国的任一保留区或属地的国民警卫队所拥有或使用，符合本定义第2条标准，且仅在国防部直接控制下使用的飞机具备公共飞机的资格①。

---

① 《美国宪法》第49章第1.1部分。

总之，FAA规定，如要在国家空域中操纵无人机飞行，必须首先获得授权认证（COA）的许可（仅适用于公共实体，包括执法机构和其他政府实体），或取得按《美国联邦法规》第14章相关部分规定颁发的试验性适航证。严禁在未取得授权证书的情况下，仅表面上按照"91-57号咨询通告"中的指导方针进行商业性质的飞行活动。

FAA由于意识到部分商业租用无人机系统的运营机构按"91-57号咨询通告"的指导方针在国家空域中飞行，因此于2007年2月13日发布了第二份政策声明①。当时，美国执法机构和一些小型无人机制造商借助模型飞机规定的出台，大力推动无人机系统进入运营服务，此通知正是对这一情况所做出的直接反应。这项政策规定，FAA只允许无人机在现有的授权证书和实验性飞机安排下进行运营。该政策规定：

> 按照目前美国联邦航空管理局（FAA）对于无人机系统飞行的政策，在没有特别授权的情况下，任何人不得操作无人机在国家空域系统中飞行。对于作为公共飞机使用的无人机系统来说，其授权即为"授权证书"；对于作为民用航空器使用的无人机系统来说，其授权为"特殊适航证"；模型飞机的授权则是"91-57号咨询通告"。
>
> 美国联邦航空管理局认识到，除航模从业者以外的个人和公司可能会由于误认为已得到"91-57号咨询通告"的合法授权而进行无人机系统飞行活动。"91-57号咨询通告"仅适用于航模从业者，因此，任何个人或公司不得出于商业目的而使用无人机。
>
> 美国联邦航空管理局已开展安全审查，考虑确立另一无人"平台"种类的可行性，该种类或将通过操作员的视距（LOS）进行定义，其尺寸小、飞行速度缓慢，能够充分减少对地面上其他飞机和人员造成危险。这项分析工作的最终产物可能是一个类似于"91-57号咨询通告"的新型飞行许可，但其关注对象是可能无需适航证的非体育/娱乐性飞行活动。然而，该等活动必须遵守联邦航空管理局针对这一类型所制定的相关规章和指导意见。

这些政策对"模型飞机"（Model Aircraft）的定义并不统一。如前文所述，部分个人/机构恰好利用了这一漏洞，在未取得授权证书或特殊适航证的情况下，出于商业目的或执法目的而操纵携带摄像头和其他传感设备的小型（及较小型）无人机进行飞行活动②。

---

① 《联邦纪事》第72章第6689部分，前注。
② 参见遥控空中摄影协会网址：hhttp://www.rcapa.net。

3.6 FAA 对无人机系统的执法权

在对无人机系统飞行活动的执法权方面,美国联邦航空管理局(FAA)面临着两个问题。首先,监管的职权范围;其次,监管的对象。针对后者,其答案在很大程度上取决于第一个问题究竟如何解决。

联邦航空管理局颁布的规定共有六种类型:强制性规定、禁止性规定、有条件强制性规定、有条件禁止性规定、权力或责任、以及定义/解释①。强制性规定和禁止性规定都是强制执行的,其他四种类型均有例外情况或前提条件。在针对某项规定是否适用于特定具体情况进行全面分析时,应回答以下问题②:

(1) 该规定适用对象是谁?
(2) 规定的整体含义是什么?
(3) 在哪些情况下必须遵守该规定?
(4) 必须在什么时间完成?
(5) 如何确定其在特定情境下的适用性?
(6) 是否有特殊条件、例外情况或可排除情况?

由于无人机也是飞机,且尚未发现有将无人机排除在该飞机定义之外的规定,因此,FAA 对于能够在全国通航空域中飞行的所有飞机均具有监管权。"通航空域是指本章规定的不低于最低飞行高度的空域,包括安全起降所需的空域。"③拥挤区域的最低安全高度规定为地面以上 1000 英尺(305m),距其他物体的横向间隔为 2000 英尺(610m),距地面物体 500 英尺(152.5m)以上,但在开放水域或人烟稀少地区除外。因此,飞机不得在距离任何人员、船只、飞行器或建筑 500 英尺(152.5m)以内飞行④。唯一允许例外的是起降时有必要超过此距离限制,在这种情况下,通航空域以地表(以指定进近路径或机场降落模式为基准)为界限⑤。"91-57 号咨询通告"中针对模型飞机做出的"离地高度 400 英尺"(122m)的高度限制,可能是遵循了除 G 类(不受控制)空域外⑥,有人机的最低安全高度为 500 英尺(152.5m)的规定,同时留出了 100 英尺(30.5m)作为"缓冲",并增加了不在机

---

① Anthony J. Adamski 和 Timothy J. Doyle,《航空监管流程导论》,第 5 版(Plymouth, MI: Hayden-McNeil, 2005),62。

② Adamski 和 Timothy J. Doyle,《导论》。

③ 《美国联邦法规》第 14 章第 1.1 部分。

④ 《美国联邦法规》第 14 章第 91.119 部分。

⑤ 《美国联邦法规》第 14 章第 91.119 部分。

⑥ 《美国联邦法规》第 14 章第 71 部分。

场附近区域飞行的建议。虽然"91-57号咨询通告"所含FAA政策的历史沿袭情况无从确认,但它却是熟悉航模历史的FAA官员及个人的普遍共识[①]。

从广义上讲,飞行器(aircraft)包括无人机和模型飞机。如果按照这种定义,那么FAA的管理对象就可包括在通航空域内操纵或驾驶飞行器的所有物体和个人。《联邦航空条例》中绝大多数规定都是以保障载人飞机的飞行安全为目的,包括保护机组成员和乘客,以及地面、人员与财产。虽然无人机出现在航空舞台上已经超过90年,但在各项法规的序文中以及目前可供查阅的其他历史文献中,均没有任何证据可显示各项规定的编订人员曾考虑过专门针对无人的遥控驾驶飞行器(RPA)制定规定。系留气球和风筝[②]、无人火箭[③]和无人自由气球[④]等要占用一定空域且不搭乘人员的物体或飞行物,都已涵盖在现有的专项法规中,但其他类型的无人飞行器却没有类似规章。

我们有理由认为,根据现有的空域法规《美国联邦法规》第14章第91.111条和第91.113条,FAA具有一定的执法权。这两条法规要求飞机操作员能够安全地在其他飞机附近飞行并遵守路权规则。然而,一个更为棘手的问题是,必须确认这种飞机是否必须满足系统的认证要求和资质标准,及其飞行员、传感器操作员、机械师、维修人员、设计师和制造商是否应持有相应的证书。

本书中没有就FAA对无人机及其运营的执法权力提出正式的合法性质疑。在大多数情况下,政府承包商、海关和边境保护局、美国军事机构及其他公共飞机运营机构均遵循了05-01号AFS-400无人机政策、《中期运营批准指导意见08-01》和"91-57号咨询通告"中的准则。同样,就目前所知,FAA也未对(据称)违背这些准则使用无人机系统的任何人采取执法行动。除非具体针对无人机的独特性制定一套完善的规定,否则始终有可能会有人以公然而恶劣的方式使用商用无人机系统,迫使FAA做出比"友好"警告函或电联更加强硬的反应。

如2007年2月13日发布在《联邦纪事》中的政策声明所述,根据FAA对这个问题的公共意见,任何要在国家空域中飞行的无人机(除无线电控制的模型飞机外),如为公共飞机,都必须满足授权证书的要求;如为民用飞机,则应满足特殊适航证的要求。因此,FAA已通过宽泛的政策声明暂时解答了第二个问题(即监管的对象),说明FAA是空域和航空的主管部门。

那么,接下来的问题是,即使FAA行使其声明的空域/航空管理权,在可证明某些运营机构将"小型"(相当于模型飞机的尺寸)无人机系统用于商业目的,且无

---

① Benjamin Trapnell,副教授,北达科他大学,美国航空模型学会终身会员。
② 《美国联邦法规》第14章第101.11部分等。
③ 《美国联邦法规》第14章第101.21部分等。
④ 《美国联邦法规》第14章第101.31部分等。

适航证或未由持有执照的飞行员控制飞机的情况下,倘若FAA欲对这些运营机构进行打击,应该适用哪些规定;又应该运用何种制裁措施,以杜绝进一步的违规行为。

世界各地都有企业家和开发人员存在并活跃于民用小型无人机市场中("小型"是指无人机系统尺寸,而非市场规模),这给FAA带来了压力,促使其在无人机系统的规则制定过程中发挥带头作用。如果某个农民或其他商/农业组织要采购一个小型系统,并操纵系统在田野中堪称"人烟稀少"的区域飞行,或在可能与载人飞机发生冲突的高度上飞行,是否存在能够制止这种活动的监管机制?或者说,如果某个商业摄影师要使用配备了摄像头的小型无人机系统,在此类区域中飞行,出于广告或其他类似目的对地面进行拍摄,FAA又能否有效阻止该等行为?

在上述情况下,FAA面临着一个问题,即在其所拥有的"工具箱"中,究竟应当选用何种可执行的执法手段? 这些系统没有适航性证书,而FAA的中心任务则是促进安全标准的落实①。FAA2150.3A号指令承认,民用航空主要依靠对管理规定的自觉遵守,且只有在这些努力均告无效时,该机构才应采取正式的执法行动。

未经正当程序,任何人不得剥夺证书持有人的"所有物"(即证书)②。国会不仅赋予了FAA制定规则的权力③,还赋予了FAA通过一系列方法执行规定的权力,包括在公共利益需要时,下达对飞行员的证书进行"修正、改进、暂扣或吊销"的指令④。由FAA颁发的任何其他证书均可以同种方式进行"修正、改进、暂扣或吊销"。然而,该政策存在一个问题,即所涉及飞行员很可能不是经FAA认证的飞行员,且涉及的飞机及其系统也没有适航性认证,因为二者均不是此类飞行所必须具备的条件。只要操作员/飞行员不干扰载人飞机的飞行安全,或不在未经允许的情况下进入受控空域(如机场环境),就很可能并未违反任何现有的法规。

再进一步设想,如果飞行员/操作员无意中使无人机系统靠近载人飞机,距离近到后者不得不采取规避动作(即使是在人烟稀少的农业区,也并不是不可能发生的),则可能会违反《美国联邦法规》第14章第91.111条("在其他飞机附近飞行")的规定。在这种情况下,FAA并无证书可撤销,因此,无法依据《美国法典》第49章第44709(b)条的规定,通过正式的执法程序实施法定权力或监管权力。

只有一种机制可以解决这个问题,即由管理人员对"发挥飞行员、空中机械师、机械师或修理工职能"的个人处以民事罚款⑤。FAA拥有对违反某些规定的行

---

① 美国联邦航空管理局指令2150.3A。
② Coppenbarger v. FAA案,588 F,2d 836,839(第7次通告,1977)。
③ 《美国宪法》第49条第44701(a)节。
④ 《美国宪法》第49条第44701(b)节;Garvey v. NTSB/Merrell案,190 F,3d 571(1999)。
⑤ 《美国宪法》第49条第46301(d)(5)(A)节。

为处以民事罚款的权力,对大型实体或公司的处罚上限为40万美元,对个人和小企业的处罚上限为5万美元①。《美国法典》中的相关部分将"飞行员"定义为"依据《美国联邦法规》第14章第61部分的规定,被授予飞行员证书的个人"。②同样,我们在一定程度上也有理由认为,非证书持有人不应受到《美国法典》的条款所规定的民事处罚。于是,FAA对"未经批准"的民用无人机飞行便没有有效或实际的执法权了。

3.7 前进之路:无人机系统管理条例的未来

以上阐述表明,FAA的执法工具箱在应对不了解FAA当前政策、不合作或公然违规的无人机系统运营机构时,可能缺少实质性手段。我们可以预见,FAA未来终有一天会不得不对那些敢于试探FAA的执法权力、在司法处置的边缘游走的无人机系统操作员、飞行员、制造商或企业实体进行处理。随着市场力量创造出更多机会,开发机构和企业家将投资转向更为成熟的系统,产业界所面临的"感知与规避"问题也更加紧迫,FAA面临的压力将不断增大,促使其形成监管体系,从而收回对空域的"所有权"。这必然包括通过立法程序实行合理的运营和工程标准。这些标准应给予行业发展的空间,且不得给航空环境的整体安全性带来负面影响。

第一个任务便是确定FAA能够而且应该监管的范围。我们应对模型飞机进行准确定义,确保公众能够了解将继续不受管制的飞机的确切性质。这个定义应涵盖大小、重量、速度、性能能力和动能等因素,并对飞机及其系统的物理属性进行说明。此外,还应对模型飞机可以飞行的地点和高度进行明确规定。如果航模爱好者想要制作尺寸更大、速度更快的模型飞机,可以轻松超过甚至可能撞毁小型通用飞机,那么,爱好者们就必须了解此类模型飞机的合法飞行地点及条件。

我们必须为民用无人机设立空域准入评估与批准标准,并对"商用"无人机系统的飞行活动进行定义,以避免将商业无人机系统的飞行任务与模型飞机混淆。部分商用无人机系统租赁经营商认为自己不受任何认证要求的约束,并且了解咨询通告既不具备监管性,也不是规章,且FAA的政策声明对除FAA自身之外的任何人都不具约束力。在试图处理这样的运营机构时,不可强制执行的咨询通告(如91-57号通报等)对FAA几乎没有任何帮助。

对于FAA而言,唯一现实的选择是积极地参与规则制定过程,这个过程不可

---

① 《美国宪法》第49条第46301节等。
② 《美国宪法》第49条第46301(d)(1)(C)节。

避免地包含漫长的意见收集和审核步骤。这一点已然明确。不明确的是,这一过程应当如何进行。一种方法是简单地修改现有规章,规定不论用于何种用途,无人机都是"飞行器",其操作人员即为飞行员。然而也有例外情况:《美国联邦法规》第14章则将航模从业人员排除在外,将除航模从业人员以外的所有人均纳入管辖范畴。这种方法要求所有无人机系统都取得充分适航认证,要求其飞行员和操作员取得适当的认证和评级,并完全遵守所有空域法规。FAA已经建立了完善的认证制度,只是缺少适用于各个监管类别的标准和指导方针。

第二种方法是系统地剖析《美国联邦法规》第14章的每一个部分和每一小节,并进行必要的修改,再根据需要制定规则,把无人机的所有已知特征汇入其中。许多规定显然不适用于无人机(例如:第121部分中的有关乘客座位安全带或乘务员的要求),而其余很大一部分都可能需要通过解释才能加以应用,正是这一部分被视为可供修订的条款。预计这个过程需要数年时间,但一旦着手,《美国联邦法规》第14章的第91部分(空中交通和一般操作规则)、第71部分(空域)、第61部分(飞行员和机组人员证书)、以及第21~49部分中有关飞机设计标准的内容将是最合理的起点。

第三种方法是在《美国联邦法规》第14章中,专门针对无人机编写一篇,并纳入"感知与规避"技术、空域准入、飞行员资质、制造标准和适航性认证等所有事宜。

与此同时,鉴于无人机系统还有待充分融入航空世界,FAA亟需一种工具来执行对空权力和履行职责,以促进公共安全,避免由于缺乏监管或监管不当而伤及已有的体系。实现以上目的的最佳方式是制定一项适当的法规,加强FAA对空域的主管权威,并对无证书可供吊销或暂扣,或原本可免于民事罚款的违法者予以充分制裁。

3.8 结 论

航空环境是复杂、动态的、杂乱的,其间布满了陷阱、地雷和死胡同。无人机系统的设计人员、开发机构、运营机构或用户在寻求国家空域系统或国际空域准入时,必须谨慎行事,确保已充分理解参与规则。无人机立法和标准拟定过程正在进行,且必将在可预见的未来实现。在这个过程中,产业界和用户团体的积极参与不仅受到鼓励,而且对行业的成长和有序发展举足轻重。无人系统技术的发展机会几乎是无限的,其中许多技术都将对航空界的安全与效率产生积极影响。FAA和遍布世界各地的其他民航局所面临的最大挑战,是制定出一套一致、合理且可强制执行的政策、程序、法规和规定,对部署在世界各地的军/民用遥控驾驶飞行器的飞行活动进行有效监管。

思 考 题

3.1 讨论1958年的联邦航空法案。

3.2 美国联邦航空管理局的"工具箱"是什么?

3.3 列举并讨论联邦航空管理局的三种《联邦航空条例》管理工具。

3.4 美国联邦航空管理局支持并赞助了四家国内委员会,致力于发展无人机制造和运营的标准与法规。试列举和讨论各个委员会。

3.5 "91-57号咨询通告"最初的目的是什么?

第4章 无人机授权认证的过程

4.1 引 言

4.1.1 背景

无人机系统的倡议者十分希望使用国家空域系统(NAS)能够常态化。美国国防部作为当前无人机的主要用户,在其最新的无人系统综合路线图(国防部,2011)、此前版本的路线图以及新的各军种路线图中,都阐述了进入国家空域系统以及空域集成的需求。尽管美国国防部拥有相当数量的特殊用途空域,但预计未来几年里对国家空域的访问需求仍将从现在的 20 万小时增长到 110 万小时(Weatherington,2008)。其他联邦机构(如国土安全部、内政部、能源部和农业部)、美国国家航空航天局(NASA)、执法部门以及其他多个组织,都希望无人机系统能够进入国家空域系统,以满足其自身的需求。

目前,进入除特殊用途空域以外的国家空域系统,需要通过授权认证(CAO)过程或试验性适航过程。本章主要关注航空倡议者所需的民用空域、国家空域系统的无人机准入历史以及目前的授权认证过程。

4.1.2 常规国家空域系统

全球范围内的飞行安全,依赖于包括无人机用户在内的所有空域用户遵从既定的规章标准来实现。适用的法规包括由各个国家创立、用于管理其国内领空(国家领土及距海岸 12 海里(22km)之内的领海之上的空域)的法规,和由国际民航组织(ICAO)制定,用于管理国际空域(各国领土边界之间的公海之上的空域)的规定。美国制定的飞行操作规则被收入在《美国联邦法规》第 14 章第 91 条("一般性操作及飞行规则",2010)。国际民航组织的有关规定收入在国际民航组织附件2("空中规则",2010)。国际民航组织的标准适用于所有飞机,但国家航空器以及执行与 ICAO 标准不相符的军事、海关或警事任务中使用的飞机除外。在这些情况下,国家航空器有责任充分考虑其他飞机的安全(《国际民用航空公约》第 3 条,2006)。

国家空域系统准入和空域集成涉及以下因素之间的相互关系:①不同的联邦航空条例;②空域分类、划分、结构和排列;③空中导航设施和航路、喷气机航线与区域导航(Area Navigation,RNAV)程序;④机场及着陆区域;⑤空中交通管制(ATC)系统的组织结构和相关的空管操作及程序;⑥领航图和飞行信息发布;⑦气象信息。

《联邦航空条例》是建立安全的国家空域系统的基础。有若干《联邦航空条例》是专门针对国家空域系统中的飞行安全和适航性问题而制定。另外一些《联邦航空条例》在飞行员资格、认证和生理要求方面建立了标准。此外,还有独立的《联邦航空条例》为所有类型的飞机确定了运行准则。这些条例有效地相互交织,确保了国家空域系统中的飞行安全。

知晓并理解空域分类和特殊用途空域(Special – Use Airspace,SUA)的划分,对于进行安全的飞行以及遵守相关管理标准是非常重要的。美国对其国内空域的分类(《美国联邦法规》第14章第71条——"空域",2010)是按照国际民航组织的字母标准编号的(例如:A、B、C、D、E类为管制空域,G类为非管制空域,国际民航组织附件11,附录4,2010)(见图4.1)。在这两个空域系统中,空域的分类都视情规定了以下因素:目视飞行规则(Visual Flight Rules,VFRs)下和仪表飞行规则(Instrument Flight Rules,IFRs)下的飞行、基本能见度和最低云层间隙、依从机场既定的起落航线和进近程序、与空管的通信、设备要求及允许偏差。特殊用途空域(SUA)是按照地表面积确定范围的一块空域,飞行活动必须包含在其中或受限。美国国家空域系统共有六类特殊用途空域:警戒区(Alert Aera)、射击控制区(Controlled Firing Area)、军事作战区(Military Operations Area,MOA)、拒止区(Prohibited area)、限飞区(Restricteda Area)和告警区(Warning Area)。在某些情况下,如发生森林火灾、自然灾害等时,可通过美国航空情报(Notice to Airmen,NOTAM)系统在很短时间内发布通告,实施临时飞行限制(Temporary Flight Restrictions,TFR)。TFR也可应用于指定的无人机使用上。

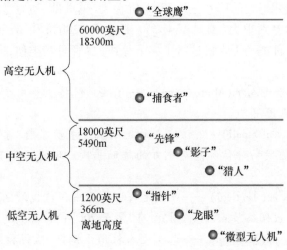

图4.1 随飞行高度不同,无人机的差异越来越大

空中导航设施的位置和航路、喷气机航线与区域导航(RNAV)程序的设计目的是为了辅助飞行操作员实现高效飞行。机场和着陆区域也是国家空域系统的重要组成部分。机场和着陆区域的类型多种多样,要求飞机操作员具备有效的操作能力。

空中交通管制(ATC)系统包括空管服务提供者(指挥塔台、航线交通控制中心及飞行服务站),以及空中交通管制规程的应用,设计的目的都是提供服务,确保国家空域系统内飞行活动安全、有序、迅速地进行。空中交通管制系统的效果反映在飞机的飞行安全记录中。

未来,无人机用户需要能够在所有类别的空域中开展无人机的飞行活动,并最终建立在"备案与飞行"(File and Fly)的基础上(和有人机一样,飞行员上报飞行计划,与联邦航空管理局进行协调,之后不久便获准飞行)。无人机的训练操作、边界保护"飞行"、军事战备要求及科学研究将影响国家空域系统中所有类型的空域以及国际空域。无人机的用户可能不必全面掌握每一类空域的专门知识及其相关的规定,却必须完整了解适用于当前无人机将要飞行空域类型的法规。这包括特殊用途空域(SUA)的位置,军事训练路线,启用特殊用途空域的通告程序,以及对已发布空域类型、特殊用途空域(SUA)和其他国家空域系统数据进行变动的通告程序。

4.1.3 无人机系统分类

并不是所有的无人机在所有类型的空域中飞行。例如,小型无人机由于性能特点所限通常不会在 A 类空域中飞行,因此必须明确一个更加受限的国家空域系统(NAS)飞行环境。然而,高空长航时无人机可能在低于 A 类空域的多个类型空域中飞行。除刚才提到的因素之外,无人机在大小、重量、动力、复杂性、自主性和实用升限方面的差别很大(参见图 4.2)。Deptula(2008)和 Weatherington(2008)从军事角度对各种类型无人机进行了如下综述(尽管只是类似,但民用平台/任务也可能存在):

● 微型/纳米无人机(Micro/nano)——这些系统将主要用于超近距侦察或作为通信/网络节点使用。

● 小类无人机(Small)——该级别的无人机是手动发射、背负式的快速侦察设备,主要用于作战场评估和态势感知的辅助手段。现有机型有"大乌鸦"(Raven)等。

● 战术无人机(Tactical)——此类无人机作为中程监视增强系统使用。也可以用作通信中继或网络节点。现有机型有"影子 200"(Shadow)等。

● 中程无人机(Medium)——此类无人机用于情报、监视和侦察(ISR)任务,作为投放致命性弹药的系统使用;能承担猎手/杀手的职责。现有机型包括"天空勇士"(Sky Warrior)等。

• 战略无人机(Strategic)——此类无人机作为战略装备使用,具备近乎全球到达能力。通常将其用于长航时监视任务,可实现典型轨道卫星的能力。现有机型包括"全球鹰"(Global Hawk)等。

• 特殊无人机(Special)——此类无人机将成为下一代机型,充当战斗机/攻击机的替代设备部署,还可具备空运能力。

图 4.2 无人机系统示例

各种无人机系统及其后续的使用表明其对空域情况的要求并不相同。操纵无人机在地面以上数百英尺高度内飞行,相比于在更高的空域内操作更大、更强的无人机系统与其他无人和有人平台共同飞行,所需的知识、技能与能力(Knowledge, Skills, and Ability, KSA)要少一些。

4.2 无人机系统空域准入历史

自首次确立了授权标准(Hottman, Gutman 与 Witt, 2000)之后,美国联邦航空管理局批准无人机在国家空域系统(NAS)中飞行的方法经历了不少变化。由于美国国防部过去和现在一直是无人机的主要用户,联邦航空管理局最早的标准和无人机在国家空域系统中的飞行许可,针对的便是国防部的需求。这一标准于20世纪80年代初制定,并载入 FAA 和国防部联合发布的 7610.4 指令,"特别军事行动"(Special Military Operations, 2001)。当时,FAA 将无人机归类为遥控驾驶平台(RPV)。那时鲜有无人机飞行活动,实际存在的无人机数量少之又少。

在美国联邦航空管理局为国防部的无人机飞行活动制定标准时,并没有针对其他公共或民间组织的无人机飞行活动制定和公布具体要求(Hottman 和 Copeland,2005)。当国防部之外的这些机构开始要求 FAA 批准其在国家空域系统内使用无人机时,航空局总部指示其各区域办公室按照国防部无人机的标准办理。

联邦航空管理局最初为国防部制定的标准允许国防部的无人机在限飞区、警报区和主动控制区(Positive Control Areas,PCA)内无限制地进入国家空域系统(NAS)。当时的主动控制区大致相当于现在的 A 类空域。在主动控制区及后来的 A 类空域中飞行的所有飞机,包括无人机,都必须在仪表飞行条件下飞行并得到航管许可。这一条件创造了一个强制管制环境,由航管部门保持所有飞机之间的距离,包括在此空域内进行仪表飞行的无人机,从而得以确保该空域的安全。

联邦航空管理局的这项标准还授权国防部的无人机可以在国家空域系统的限飞区、告警区以外,及主动控制区/A 类空域以下级别的空域内飞行,而无需额外申请 FAA 的许可,前提是飞行过程中有护航飞机伴随无人机。FAA 的早期标准还规定,在某些情况下,如不使用护航飞机,FAA 可单独批准国防部的无人机进入国家空域系统飞行,包括限飞区、告警区和主动控制区/A 类空域之外。在后一种情况下,要求国防部提供护航飞机之外的另一种无人机观察方法(如巡逻机、雷达监测、地面观察员,或使用控制射击区概念等)。如国防部计划使用这些替代方法中的任一种,都要由 FAA 针对每次无人机飞行进行具体评估,以确定选用的替代方法是否可以提供与护航飞机相同的安全水平,之后再进行批准。

无人机在国家空域系统内的某些飞行需要 FAA 另行批准,为了给所有这些飞行设立一个主管单位,联邦航空管理局的 FAA 7610.4 指令("特别军事行动",2001)将审批权授予了航空局的九个地区办公室。决策责任的确定,由 FAA 负责管理飞行起飞空域的地区决定。如果无人机所飞行的空域跨越了 FAA 的地区界限,则在批准此次无人机飞行活动之前,负责决策的 FAA 地区应与其他有关地区进行协调。

4.2.1 联邦航空管理局备忘录的指示

美国联邦航空管理局最初向申请在国家空域系统内飞行的无人机倡议者(主要是美国国防部)施行的标准,直到 1992 年(Witt 和 Hottman,2006)之前都没有改变。到1992 年,国家空域系统内的无人机飞行申请数量已有所增加。在 1992 年 9 月,发给其区域空中交通和飞行标准部门经理的备忘录中,FAA 总部发布了一份有关如何应对无人机飞行的政策声明。在这份联合政策声明中,主管空中交通的副局长,及主管法规及认证的副局长表示,FAA 收到的无人机倡议者的申请正日益增多。航空局有关副局长还表示,这些要求涵盖方方面面,从测试正在开发的无人机,到禁毒、高空采样、空中摄影、边境巡逻等实际应用,不一而足。

在 1992 年,就无人机在国家空域系统中飞行事宜,联邦航空管理局最大的关注是,除了《美国联邦法规》第14章第91部分("空中规则",2010)之外,并没有对无人机飞行进行监管的具体联邦航空法规。FAA认为,由于《联邦航空条例》第91部中存在的不确定性,国家空域系统有未知的、非国防部的机构在操纵无人机飞行。因此,这份联合备忘录的目的是明确FAA地区办公室如何处理无人机倡议者的请求,包括美国国防部及非国防部机构。

1992年的FAA政策声明重申,将继续根据FAA 7610.4指令("特别军事行动",2001)的程序受理国防部在国家空域系统中进行无人机飞行的请求。然而,这项新政策明确,FAA华盛顿总部的空中交通规则及程序司(Air Traffic Rules and Procedures Service)为所有国防部以外的无人机飞行的主要负责部门(Office of Primary Interest,OPI)。该政策声明澄清,为确保这一政策的严格落实,在一个禁飞区、限飞区或告警区内,各地区办可只批准一次非国防部的无人机飞行。政策声明还指出,所有的其他请求要首先由相关地区办进行研究,形成处理意见后,再转发至主要负责部门作进一步处理。虽然1992年的政策声明澄清,FAA各机构负责处理和审批国防部及国防部以外的无人机飞行请求,但对于无人机的倡议者要向FAA提交什么样的材料,并未给出指导方针。对于FAA在批准无人机飞行及在批准中提出相应要求时应使用何种文件,政策声明中也未给予指导。

4.2.2 改变空域准入的新力量

科技已成为改变空域准入的新力量。1995年,随着美国空军的"捕食者"A型无人机及其增强的指挥控制技术的到来,无人机的飞行能力从本地飞行提高到了活动范围飞行。同样,美国空军在1998年装备了"全球鹰"无人机,这种机型具备的卫星通信指挥与控制能力,使无人机首次实现了国际飞行。在"捕食者"和"全球鹰"无人机的发展过程中,联邦航空管理局(FAA)内部就将通过何种程序将这些无人机的飞行活动安全融入国家空域系统(NAS),进行了诸多讨论。

关于在确保安全的同时,在国家空域系统内容纳更多国防部无人机的飞行活动所应使用的程序,联邦航空管理局讨论的初步结果是,改变FAA批准国防部无人机在国家空域系统内飞行的标准。1999年3月,FAA通过其内部通知程序发布通知(N7610.71号):

> 主题:国防部遥操作飞行器(Remotely Operated Aircraft,ROA)的飞行(1999)。本通知的内容是修改美国联邦航空管理局第7610.4指令,"特别军事行动"第12章第9节"遥控驾驶平台"(Remotely Piloted Vehicle,RPV)(《特别军事行动》,2001)。

在这次修改中,联邦航空管理局重新对无人机进行了分类,把"遥控驾驶平台"(RPV)改为"遥操作飞行器"(ROA)。最显著的变化是,除了在限飞区和告警区内的无人机飞行外,国防部所有的其他无人机都需要在进入国家空域飞行之前获得 FAA 的特定授权。在未获得 FAA 的特定批准之前,国防部的无人机部门将不再有权让其无人机在 A 类空域中或在其他类型空域中使用护航飞机。此外,FAA 第一次公布了国防部的无人机倡议者向 FAA 提出申请时所必须提交的信息和数据的详情。

4.3 授权认证(COA)或豁免的启用

美国联邦航空管理局在 1999 年所做的改变中,也明确了国防部各部门在要求进入限飞区或告警区以外的国家空域进行无人机飞行时,应使用 FAA 的授权认证或豁免程序。授权认证或豁免程序的准则写入了 FAA 7210.3 指令,"设施运营和管理"第 6 部分第 18 章,"豁免、授权、免除和飞行限制"(2010)。这一针对无人机的办理过程被称为授权认证(Certificate of Authorization)或 COA 程序。在此之前,FAA 并未就国防部以外的无人机倡议者公布任何具体的指导方针,因此各类组织不过是在使用以往针对国防部确立的标准。

1999 年的联邦航空管理局标准要求,国防部的所有无人机倡议者如要在除限飞区和告警区之外的国家空域系统内进行无人机飞行,必须在所计划的无人机飞行开始日期前至少 60 天提交授权认证申请。对授权认证的申请要交至相关 FAA 地区办公室的空中交通科。这是 FAA 首次明确规定作为授权认证(COA)申请的一个步骤,无人机倡议者应向 FAA 提交何种信息和数据。要求提交的数据和信息如下:

1. 预定飞行的详细说明,包括使用空域的类型
2. 无人机的物理特性(构型、长度、翼展、总重、推进方式、燃料容量、颜色、照明等)
3. 飞行性能特征(最高速度、巡航速度、最大高度、爬升率、航程/航时、回收方式等)
4. 飞行操纵方法和计划使用的避让其他空中交通的方法
5. 协调程序
6. 通信程序
7. 航路和高度程序
8. 链路丢失/任务中止程序
9. 国防部倡议者关于该无人机具备适航性的声明

空中交通组织(Air Traffic Organization)是联邦航空管理局的一个单位,一直负责审批无人机在国家空域系统内的飞行。空中交通组织与 FAA 的某些监管与安全机构进行协调。然而,对于美国国防部的无人机飞行活动,由 FAA 空中交通司

(Air Traffic Division)的九个地区办公室中的其中之一负责审批,且并无有关无人机设备和飞行能力要求的已公布标准。因此,地区之间关于可批准怎样的飞行存在不一致。2004年2月,FAA改革了其空中交通部门的组织结构,从九个地区办公室改为三个服务区域。这三个服务区域负责根据其判断,决定是否允许国防部的无人机在限飞区或告警区之外的国家空域系统内飞行。这些服务区域的各级部门对无人机的技术和飞行能力有更好的掌握。随着各服务区域之间交流的增强,国防部无人机飞行的批准程序变得更加规范。

美国空军的"全球鹰"无人机展示了无人机的水平和能力。在美国空军研发这种无人机技术的过程中,作为研发手段,"全球鹰"于2001年4月飞往澳大利亚,于2003年飞往德国,进行了国际飞行(Hottman 和 Witt,2006)。在此期间,联邦航空管理局继续努力制定流程和程序,以确保无人机在限飞区和告警区外的每次飞行的安全。FAA首要关注的是,这些飞行不得对载人飞机空域用户的飞行造成不利影响。此外,"牵牛星"(Altair)无人机于2004年从加利福尼亚飞至阿拉斯加,这次飞行说明了国防部之外的无人高空长航时(High – Altitude Long Endurance,HALE)无人机进行飞行时所需的协调工作。"牵牛星"的飞行穿越了国内空域、近海空域和海洋空域、特殊用途空域(警报区)以及两个国家的防空识别区(Air Defense Identification Zone,ADIZ)边界(共有14个独立的空域所有者或管理者需要协调)。这次飞行所需的较高协调水平,说明了在规划和实施更长航时或距离的任务时所需付出的努力(Hottman 和 Witt,2006;Witt 和 Hottman,2006)。

4.4 联邦航空管理局的指南文件

为确保无人机能够在国家空域系统内安全地飞行,美国联邦航空管理局(FAA)所做出的下一项改进,是由FAA的飞行技术与程序司(Flight Technologies and Procedures Division,AFS – 400)于2005年9月印发的一份备忘录。这份备忘录明确了FAA的"中期运营批准指南"(Interim Operational Approval Guidance),并规定了无人机的新术语,即"无人机系统"(Unmanned Aircraft System,UAS),以取代以往所用的"遥操作飞行器"(ROA)。该备忘录规定,AFS – 400人员在对每份授权认证(COA)申请进行评估时,应以此政策作为指导方针。此外,航空局第一次明确,"民用"无人机的倡议者不得按照COA程序办理,而应办理FAA的适航性认证。AFS – 400的政策声明中还规定,公共无人机的倡议者在提交授权认证申请时,必须提交下列文件之一:

- 由联邦航空管理局颁发的民用适航性证书
- 飞机认证遵照国防部手册《适航性认证标准》声明(《军事手册》,516)
- 有关适航性判定情况的具体资料

AFS-400 的这份备忘录还首次明确了在国家空域系统中飞行的无人机的具体设备、操作和人员要求。这些要求包括以下标准：
- 护航飞机飞行
- 机组人员之间的通信
- 飞行操作
  - 在 A 类空域内
  - 在 C、D、E、G 类空域内
  - 在拥堵或人口密集地区上空飞行
  - 链路丢失
- 观察员资格
- 飞行员资格
- 飞行员/观察员的生理标准
- 飞行员的责任
- 雷达/传感器观察员
- 目视观察员的责任

4.5 无人机项目办公室的创建

在解决无人机飞行中存在的某些不确定性时，联邦航空管理局迈出了重要的一步，于 2006 年 2 月创建了无人机项目办公室（Unmanned Aircraft Program Office，UAPO）。无人机项目办公室的职能是制定政策和调节关系，以确保无人机在国家空域系统（NAS）内的安全运行。该办公室由 FAA 内有安全、管理、工程、空中交通服务等方面工作经验的人员组成。

4.5.1 授权认证的焦点

无人机项目办公室（UAPO）的首要任务之一，是制定一个全面的授权认证申请程序，以确保联邦航空管理局能从公共无人机的倡议者那里获得足够的信息和数据。通过全面的授权认证申请过程，确定无人机具备适航性，且其飞行不会对其他空域用户或地面人员构成危险。最初，UAPO 要求公共无人机的倡议者提供的数据，与 2005 年颁布的 AFS-400 政策相同。不过，UAPO 很快对公共倡议者在申请授权认证时应提供何种数据进行了修改。修改授权认证申请要求的目的，是为了让联邦航空管理局获得更详细的信息和数据，以便其更好地了解无人机飞行倡议者所使用的无人机系统技术、计划进行的飞行操作、和参与无人机飞行的人员资质与航空生理状态。改进后的授权认证申请程序的另一个特点，是 FAA 能够获得信息和数据，用于建立全面的无人机技术、能力、人员资质数据库，并在未来制定法规时加以利用。

4.5.2 授权认证申请的数据和步骤

改进后的授权认证申请程序要求公共无人机飞行倡议者提供表4.1中所述的详细情况。最初的授权认证申请程序是人工进行的,但在2007年,无人机项目办公室的空中交通组织(Air Traffic Organization,ATO)经过努力,创建了一个基于网络的授权认证申请系统。2007年11月底,美国新墨西哥州立大学(New Mexico State University,NMSU)的无人机项目成为首个通过授权认证在线申请系统提交申请的公共无人机组织。现在,这个在线申请系统可供所有公共无人机飞行的倡议者使用。授权认证在线申请系统大大减少了公共无人机飞行倡议者制作申请,并提交给联邦航空管理局的工作量和时间。有了授权认证在线申请系统,申请人可以建立一个账户,提交授权认证草案,并按照网上的流程办理。

表4.1 申请授权认证所需的信息

项目	说明
倡议者信息	明确申请组织及组织中的个人
联络人信息	明确联邦航空管理局和申请人之间的联络人员
操作说明	说明计划中的开始日期和结束日期,简要介绍总体方案的目的;说明飞行是否在关闭灯光的条件、目视飞行条件和/或仪表飞行条件下进行;是否日间和/或夜间飞行;明确飞行位置(州、县、最近的机场);说明飞行活动将要使用的空域类型(A、B、C、D、E和/或G类空域);还应包括一份飞行摘要,列出申请程序未要求提供的其他信息
系统说明	对无人机、控制站(站点数量、远程控制等)和通信系统的说明;此方面信息通常通过附件提供,包括照片
经认证的技术标准规定	组件或其他系统信息
性能特点	爬升率(英尺/min(fpm)、下降率(fpm)、转弯速率(°/s)、巡航速度(以海里为单位的指示空速,最大/最小)、飞行高度(最大/最小平均海平面(MSL)或飞行高度层)、进场速度、起飞总重(磅)、发射/回收(说明、类型/程序)
适航性	联邦航空管理局颁发的型号合格证,或带有官方组织信头的声明,说明倡议者已进行过验证无人机适航性的有关工作
程序	明确将用于链路丢失、通信中断和紧急情况的程序
航空电子/设备	列出应答机后缀,并明确无人机的设备中是否包括GPS、移动地图指示器、跟踪能力、航站管制区域(Terminal Control Area,TCA)、空中防撞系统(Midair Collision Avoidance System,MCAS)、应急定位发射机(Emergency Locator Transmitter,ELT)及应答机。此外,倡议者还应说明应答机具备的功能(开/关、待机、身份、S模式、C模式、应答机飞行中可调谐)

(续)

项目	说明
灯光	说明该无人机灯光系统是否包括着陆灯、位置/航行灯、防撞灯和红外(IR)灯
频谱分析的批准	说明所使用数据链和控制链路(等)的频谱分析是否进行并获批,还要提供批准文件;另外说明在飞行中是否将使用《美国联邦法规》第47章第95条中所列的无线电控制(RC)频率
空中交通管制(ATC)通信	说明所使用的双向语音功能是否是甚高频VHF、超高频UHF、高频HF发射器和接收器,以及保护(应急)频率;此外,倡议者还应说明是否具备通过无人机直接联系飞行员、卫星通信或中继的即时双向通信能力
电子监视/探测功能	说明机载设备中是否包括光电/红外设备、地形探测装置、天气/结冰探测装置、雷达、电子探测系统等;如机上装有电子探测系统,在对系统进行描述之外,倡议者还应说明是否将进行雷达观测(ATC等)
飞机性能记录	说明是否可进行飞行数据记录、控制站记录、录音等
飞行操作区域/计划	可通过定义纬度/经度点或以单个纬度/经度点为中心,以海里为单位确定半径等方法,明确飞行操作区域面积(一个或多个)。明确每个已定义区域的最低及最高高度,以及无人机将要使用的最小和最大速度;此外,还必须提供一份示出各个计划飞行区域的地图
机组人员资质	明确所有飞行员和观察员的联邦航空管理局或国防部同等部门认证情况:私人(书面)、私人(认证)、仪表、商业、空运、特训飞行员,并分别进行说明;如有机组成员为国防部认证/培训,应提供记录;说明所有机组成员的生理评定、描述其技术保持水平和值班时间限制;说明是只操纵一架无人机,并提供对如何控制无人机的说明。如果计划同时控制的无人机数量在一架以上,倡议者必须说明同时控制飞机的具体数量,以及每个机组成员的航空生理评定(FAA或国防部同等部门评定)情况
特殊情况	可包括倡议者认为是重要的,但在本授权认证申请中尚未提供的信息或数据

提交授权认证的在线申请过程分为几个步骤,可以逐步添加完成。首先,申请人需要通过联系联邦航空管理局无人机项目办公室的空中交通组织建立一个账户。账户建立后,申请人可上网启动草案,该草案将被分配一个无人机授权认证案例号。从此时起,申请人就可以开始在申请的各个部分中填写必要的信息和数据。该草案不必一次填完。申请人可保存信息,并在稍后返回补充信息和数据。所有必要的信息和数据都填入草案中后,申请人可使用"提交"功能提交此次授权认证申请。系统自动执行审核功能,确认草案的各个部分都已填写。如系统识别出所有需要填写的区域都已填入信息或数据,则申请人会收到一条"接受"信息。

在申请人提交草案的电子版之后,该草案将分几个步骤接受审查。首先,联邦航空管理局无人机项目办公室的空中交通组织判断是否已有充足的信息和数据,可供下一步的全面分析使用。如果预审表明提交的信息和数据充足,申请人会收到来自 FAA 的消息,说明所提交的授权认证申请已受理。如预审发现还需要提供其他信息或数据,申请人将收到一条消息,说明授权认证申请已"发还"给申请人。FAA 需要补充信息的区域将被标明,在重新提交申请前,该案例由申请人自行控制。一旦授权认证申请被受理,60 天的审批时间即开始。

授权认证申请受理后,联邦航空管理局的全面审查和分析过程就开始了。FAA 可能与申请人联络,了解更多信息或数据。如 FAA 可能批准该项申请,便会与无人机项目办公室的空中交通组织联系。无人机项目办公室的空中交通组织启动与相关 FAA 服务区域办公室的协调程序,区域办公室与控制将飞行空域的空管机构进行协调。FAA 无人机项目办公室各部门一致认为拟进行的无人机飞行可在国家空域系统中安全实施后,向申请机构发给授权证书。

授权证书通常对一年以内的飞行活动有效。公共无人机组织可能需要其无人机飞行时段超过规定的一年期限。无人机组织开始计划在超出现有证书有效时间后继续飞行时,申请人可复制已在前面的申请中提交过的所有信息和数据(复制本案例),并拟定新的草案。申请人可以修改申请内容,更新其中的信息。做出适当的修改,并提交了新的授权认证申请后,FAA 的受理程序再次启动。随着授权认证申请量的增加,FAA 一直在努力简化这一在线申请程序。

4.6　无人机准入国家空域系统的未来发展

美国联邦航空管理局处理国家空域系统无人机准入事宜已几十年,处理方法也几经变化。各种倡议组织,例如国防部和国土安全部(Department of Homeland Security,DHS),都在努力倡导更多地进入国家空域系统。其他组织机构如航空无线电技术委员会(RTCA)、国际无人飞行系统协会(AUVSI)、五年准入项目(ACCESS 5)、无人机系统技术分析与应用中心(UAS Technical Analysis and Applications Center,TAAC)等,都在做出建设性的努力,通过寻求 FAA 的支持和与其他倡议者的协调,促进空域的开放(Hottman,Hansen,Sortland 和 Wernle,2004;Timmerman,2005)。

联邦航空管理局(FAA)和其他组织已经认识到缺少一个针对或适用于无人机系统的监管框架(Hickey,2007)。早期进行过的一次与无人机系统监管相关的努力,是"高空长航时路线图"(HALE Roadmap)(Nakagawa 等,2001),属于环境研究飞机和传感器技术项目(Environmental Research Aircraft and Sensor Technology,ERAST)的一部分。在 2008 年,通用航空研究中心(Center for General Aviation Research)通过北达科他州大学(University of North Dakota)的努力,完成了对《联邦航空条例》对无人机适用性的调研。要推动国家空域系统(NAS)的无人机系统准入,有必要建立一个各方接受的监管机构(Hottman,2008)。FAA 近期已与新墨西哥州立大学(NMSU)签署一项合作研究和开发协议,在国家空域系统中建立一个无人机系统飞行试验中心(UAS Flight Test Center),FAA 可由此获得所有的经验数据,从而进一步支持无人机监管体系的发展(GAO,2008)(见图 4.3)。近年来,FAA 已成立了一个小型无人机系统规则制定委员会(Small UAS Rule–making Committee),针对这些飞机提出立法建议。有关方面已收到该委员会提出的建议,而立法过程自 2011 年已启动。

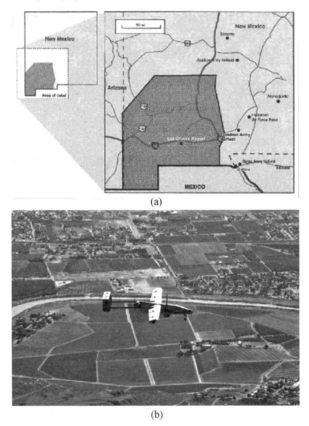

图 4.3　NMSU 飞行测试中心的无人机空域使用示例
(a)无人机所属空域;(b)飞行中的无人机。

美国国防部一直是无人机最大的国内和国际用户,同时国土安全部有大量的国内飞行业务,国家航空航天局(NASA)也越来越多地使用"全球鹰"无人机完成科研任务。2009 年,有关方出台了一项新举措,促进和倡导无人机进入国家空域系统。这一举措的具体形式是由联邦航空管理局、国防部、国土安全部(DHS)和国家航空航天局的高层领导组成一个执行委员会(执委会,ExCom)。该执行委员会积极为既定目标努力，其工作方向主要涉及无人机系统的空域进入问题，及与国家空域系统的集成。

最后，与无人机的发展密切相关的系统和技术问题也不容忽视。为所有无人机用户的安全着想，空中交通管理（ATM）也在不断发展。无人机的授权认证申请程序是国家空域系统中空中交通管理和控制工作的一部分。无人机技术也正在开发和进步，包括探测、感知与规避、自动化、通信等；同时，下一代技术有望对无人机产生积极的影响。随着 FAA 不断完善其无人机数据库，以及无人机技术的不断成熟，未来的授权认证申请程序将能使无人机在国家空域系统（NAS）中受限更少，创造出许多倡议者所期望的"备案与飞行"的环境。

4.7 结　论

联邦航空管理局审批公共和民用无人机进入国家空域系统飞行的流程，在过去的三十年中不断发展。FAA 在持续改进这些程序，使无人机组织能更便捷地上报进入国家空域系统飞行的请求。一些无人机飞行倡议者可能认为，FAA 的无人机授权认证和适航性认证过程过于繁琐和复杂。然而，如果要求无人机严格遵循《联邦航空条例》中载人飞机的标准，国家空域系统的禁飞区、限飞区和告警区之外，将没有无人机飞行。无人机授权认证和适航性认证过程是保障航空安全的机制，对此必须端正认识。

无人机授权认证和适航性认证是 FAA 不可或缺的工作手段，这些手段使公共和民用无人机能够在国家空域系统中安全飞行，从而进一步促进这种相对较新的航空技术的发展。目前，绝大多数无人机都由公共机构拥有和使用，因此，无人机授权认证比适航性认证的应用范围要广得多。授权认证办理过程大致由三个主要步骤组成：

1. 公共无人机飞行倡议者制作并提交授权认证申请。

2. 联邦航空管理局对授权认证申请中提交的信息和数据进行全面审查和分析，以实现以下目的：

（1）确认该无人机和设备组件的适航性状态，确认相关技术水平足够且可靠，能够保障飞行安全。

（2）与相关联邦航空管理局服务区域及将受到影响的空管机构进行协调，确保拟进行的飞行不会对其他空域用户的飞行活动产生不利影响，不在有人居住的区域上空飞行，且实际飞行操作与当地的空管系统兼容。

（3）制定需要在授权认证中明确的特别规定，明确给出飞行中使用的操作限制及程序。

3. 颁发有效期限不超过一年的授权证书。

参 考 文 献

[1] Airspace. 2010. 14 CFR Pt. 71 (June 10,2010).

[2] Convention on International Civil Aviation. 2006. Article 3, International Civil Aviation Organization. Doc 7300/9,9th Ed. Montreal, Quebec, Canada.

[3] Department of Defense. 2009. Unmanned Systems Integrated Roadmap FY 2009 – 2034. Washington, D. C.: DoD.

[4] Department of Defense. 2011. Unmanned Systems Integrated Roadmap FY 2011 – 2036. Washington, D. C.: DoD.

[5] Deptula, D. 2008, December. The indivisibility of intelligence, surveillance, & reconnaissance (ISR). UAS TAAC 2008 Conference, Albuquerque, NM.

[6] FAA. 2008. Unmanned aircraft systems operations in the U. S. national airspace system. Interim Operational Approval Guidance 08 – 01.

[7] FAA Notice (N7610.71), Subject: Department of Defense (DOD) Remotely Operated Aircraft (ROA) Operations, 1999.

[8] Facility Operation and Administration, Part 6, Chapter 18, Waivers, Authorizations, Exemptions, and Flight Restrictions. FAA Order 7210.3, February 11, 2010.

[9] Government Accountability Office. 2008. Unmanned aircraft systems: Federal actions needed to ensure safety and expand their potential uses with the national airspace system (Technical report GAO – 08 – 511).

[10] Hickey, J. 2007. FAA's program plan for unmanned aircraft: Impact of shifting priorities. Presented to the AIA Subcommittee on UAS.

[11] Hottman, S. 2008, February 28. RDT&E to advance UAS access to the NAS. Briefing for NDIA, Palm Springs, CA.

[12] Hottman, S. B., and Witt, G. 2006. Creation of special use airspace for unmanned aircraft activity: A concept for creating greater opportunities for unmanned aircraft flight operations. Presented at the AUVSI Conference, August 30, 2006.

[13] Hottman, S. B., and Copeland, P. A. 2005. A Systems Approach to Introducing UAVs into Civil Airspace Operations. UAVNET.

[14] Hottman, S., Hansen, K., Sortland, K., and Wernle, K. 2004. UAV Operating Procedures in the National Airspace System: Preliminary Findings from a New DOD Program. Proceedings for the Association for Unmanned Vehicle Systems International.

[15] Hottman, S., Gutman, W., and Witt, G. 2000. Research and validation of requirements for UAV operations in the USA. Paris, France: UAV.

[16] ICAO. 2010. ICAO Annex 2, Rules of the Air. March 2010.

[17] ICAO. 2010. ICAO Annex 11, Air Traffic Services. March 2010.

[18] Nakagawa, G., Witt, G., Hansen, K., & Hottman, S. B. 2001. HALE UAV Certification and Regulatory Roadmap. TAAC Document C020 – 01.

[19] Rules of the Air. 2010. 14 CFR Pt. 91 June 10, 2010.

[20] Special Military Operations. 2001. FAA and DoD Order 7610.4. July 12,2001.
[21] Timmerman,J. 2005. Authorizing operations in the National Airspace System. UAS TAAC 2005 Conference, Albuquerque,New Mexico.
[22] Weatherington, D. 2008, December. Unmanned aircraft systems. UAS TAAC 2008 Conference, Albuquerque, NM.
[23] Witt,G. ,& Hottman,S. B. 2006,March 29 – 30. Human and airspace factors affecting UAV Operations. UV Asia – Pacific 2006 Conference,Sydney,Australia.

第5章 无人机系统的空域运行

5.1 无人机系统空域运行障碍

到20世纪90年代中期为止,无人机系统的使用大部分局限于军事行动。飞机在战场上的使用与和平时期(平时)相比有着显著不同。战场上对风险的承受能力大大高于平时。在战场上,几乎所有飞机都是用于军事用途。因此,就防止飞机碰撞以及避免对地面人员与目标造成威胁而言,战场飞行相关的规定与程序和平时飞行相比存在着本质的区别。

在20世纪90年代中期之前,几乎所有"无人机"都是模型飞机(model aircraft)。"模型"这个术语非常具有欺骗性。其中一些模型其实很大,能以200海里(368.4km)每小时以上的速度飞行。1981年6月6日,美国联邦航空管理局发布了"91-57号咨询通告"。该通告提出了"模型飞机"的定义和使用标准。该通告规定,"模型飞机"不得在超过地面400英尺(122m)以上的高度,或距离机场3英里(4.8km)范围内飞行,除非已得到机场内有人机管理机构的授权。此外,"模型飞机"的飞行地点应远离学校、医院、教堂等噪音敏感区。提出这一限制条件的目的是消除"模型飞机"与有人机碰撞的可能性,保护人员免受"模型飞机"坠毁的伤害。

从20世纪90年代中期开始,无人机的价值在中东的军事作战区开始逐渐彰显。战争伊始,无人机成功地执行了一系列侦察任务。许多非军事机构注意到了这一成功后,开始大力开发无人机的应用潜能,用无人机替代有人机,执行有人机的任务,其成本远低于后者。此外,由于无人机体积小,能够承担较大型有人机无法执行的一些任务。近年来,确定如何将无人机(无人机仅指空中平台)融入到国家空域系统中的任务逐渐交给了联邦航空管理局等几个机构。联邦航空管理局的基本目标是监督和管理美国民航的各种活动,工作重点是保障安全性。

避免飞机相撞的关键是每一位飞行员都能通过目视观察,及时发现并规避其他飞机。当气象条件太差,不能采用目视规避时,可以应用仪表飞行规则(IFR)。IFR飞行期间,由联邦航空管理局通过空中交通管制(ATC)提供避撞信息。由于无人机上没有飞行员,所以其发现和规避有人机的能力会大打折扣。

有人机必须严格按标准制造和认证。《美国联邦法规》(CFR)第23章和第25章针对这些标准提出了规定。实质上,这些规章制度是为驾驶飞机飞行的飞行员以及飞机飞越的地面人员提供保障,使飞机保持完好无损,并按认证要求保障飞行安全。政府关于无人机系统的规定则非常少。无人机飞行期间,操作员虽然不在飞机上,却可以轻松地操控无人机进行机动动作,而这个动作则可能会损害飞机的结构完整性,甚至有可能导致飞机解体。这将对下方的地面人员造成巨大危害。

无人机的地面操作员有可能与飞行中的无人机失去联络。如果出现这种情况,无人机将飞向何方? 为此,我们必须开发出绝对可靠的程序,在发生上述情况时使无人机免于危害。

5.2 无人机系统空域运行指南

联邦航空管理局在认识到无人机在国家空域系统中运行时可能产生新问题之后,制定了指导文件《运行批准暂行指导意见08-01》。虽然这份文件不是管理性文件,但它对当前FAA允许无人机进入国家空域体系所应采取的程序作出了规定。这是一份动态文件,随时根据FAA的政策变更而修改。该文件提出了在评估提议的无人机系统运行时的条例实施备选方法。之所以制定这份文件,是为了消除前文所提到的障碍,并提供一份蓝图,将来可以在此基础上采取进一步的调整措施。文件中所提及的领域包括无人机系统运行中所用术语的定义、无人机飞入国家空域系统的许可标准、无人机与ATC之间的通信要求、通信链中断后的程序、飞行员的职责、飞行员与观察员的执照要求等。

FAA目前正在制定无人机规则。规则制定从小型无人机开始。在小型无人机系统航空规则制定委员会(Small UAS Aviation Rulemaking Committee)的领导下,由产业界主导的顾问组已经完成了他们的工作。第一份适用于小型无人机的规则制定建议通报可在2010年底至2011年初公布。到2011年底、2012年初,FAA应该已经制定出适用于所有无人机的规则与规程。

5.3 空域定义

管理无人机的规程目前是根据对应的空域类型而定。空域分类以字母为名称,不同类别的运行规则都各不相同。美国的空域分为A类、B类、C类、D类、E类与G类(图5.1)。

A类空域从平均海平面(MSL)以上18000英尺(5490m)开始,至MSL以上60000英尺(18300m)。在A类空域飞行的飞机主要是高速飞行的喷气式飞机,也有部分是小飞机。它们体积小、速度快,难以被发现和规避,因此,不论气象条件如何,A类空域中的所有飞机都必须按照仪表飞行规则(IFR)运行,由空中交通管制(ATC)进行隔离。尽管如此,但

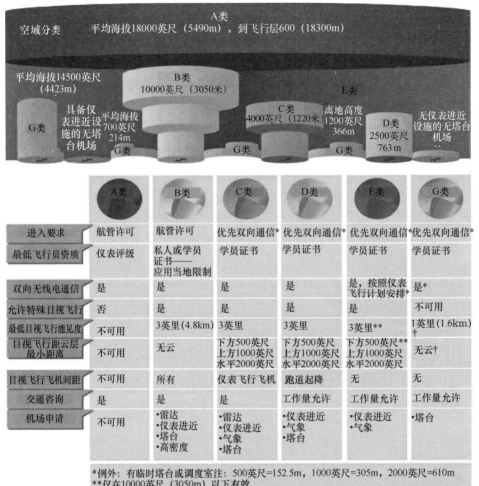

图5.1 空域可分为6个不同的类别

只要存在目视气象条件,仍然必须采用目视隔离。该空域称为被动管制空域。所有在A类空域运行的无人机都要求无人机飞行员持有通用仪表飞行执照。无人机观察员不要求持有执照。

B类空域位于航次量非常大的航站地区,通常以较大城市为中心,如美国纽约、洛杉矶、芝加哥等。由于飞机拥挤在相对较小的区域内,在进入B类空域之前,所有飞机都必须获得空中交通管制的批准,且不论气象条件如何,所有飞机都由ATC进行隔离。无人机禁止在B类空域运行。

66

C 类空域位于航次量较大的机场周边,其航次量小于 B 类空域。在进入 C 类空域之前,飞机必须与 ATC 联络,且不论气象条件如何,在 C 类空域运行期间必须遵循 ATC 指令。C 类空域中的所有飞机都必须装备雷达信标应答机(radar beacon transponder)。

D 类空域位于设有指挥调度塔台的机场。一般从机场地面开始,至地面以上 2500 英尺(763m)。在进入 D 类空域之前,飞机必须与 ATC 联络,且不论气象条件如何,必须遵循 ATC 指令。

E 类空域指管制空域。飞机无需与 ATC 联络,飞行期间可以利用目视观察气象条件(称目视飞行规则,VFR)。如果计划采用 IFR 飞行,必须事先获得 ATC 批准。

G 类空域被视为非管制空域。ATC 不向在 G 类空域运行的飞机提供服务。经过 ATC 批准,或与 ATC 取得联络后,飞机在 G 类空域中可在按任何气象条件下飞行。

所有飞机都必须规避空域的特定地段,除非事先已获得管制机构的批准。这些特殊用途空域(SUA)通常由国防部控制。某些 SUA 是禁飞区、限飞区、临时限飞区,或国际空域中的告警区。如果经管制机构允许,无人机可以在 SUA 运行,且无需授权证书或专门的适航性/试验性证书。

5.4 公共用户:授权证书

FAA 有两类无人机用户:一类是公共用户,另一类是民间用户。他们都要遵循各自不同的无人机飞行程序。本节主要讨论公共用户。

公共用户有哪些?主要指政府机构,如警察、军队、国土安全部(DHS)、国家高等教育院校等。这些用户每次进行无人机飞行都要求获得授权证书(COA)。唯一例外的是完全在限飞区、禁飞区或告警区内进行、经相应专用空域管理部门批准的飞行。只要无人机在 COA 所列的约束条件之内运行,那么 COA 的有效期通常为一年。授权认证申请表递交给 FAA,FAA 在受理申请后,一般至少需要 60 天才能获得批复。申请表应至少提前 60 天递交,通常采用 7711-2 号 FAA 表格。在无人机飞行之前必须收到 COA。

5.5 民间用户:专用适航性/试验性证书

在无人机每次飞行之前,民间用户必须持有本次飞行的特殊适航(Special Airworthiness,SAW)试验性证书。民间用户涵盖了不包含在公共用户类别之内的所有操作员,如公民、私营公司和组织机构、私人教育机构等,唯一例外的就是飞机经相应专用空域管理部门批准,完全在限飞区、禁飞区或告警区内进行的飞行。SAW 的有效期通常为一年。SAW 申请表应递交给 FAA 适航局,并遵循 FAR21.191 规定,等待批复需要几个月的时间。FAA 要求操作员具备适合所有飞机的连续适航性方案和维护培训方案。

5.6 飞行操作

根据无人机的大小及其所承担的任务,无人机飞行有很大区别。像诺斯罗普·格鲁曼公司的"全球鹰"(图5.2)那样大小的无人机需要跑道;而航空环境(AeroViroment)公司的"龙眼"(图5.3)则可以从手中发射。其他无人机,如波音英西图(Insitu)公司的"扫描鹰"(图5.4),则要求利用弹射器发射起飞。

图 5.2 诺斯罗普·格鲁曼公司的"全球鹰"无人机

图 5.3 航空环境公司的"龙眼"无人机

图 5.4 波音公司的"扫描鹰"无人机

需要跑道的无人机通常在机场操作使用。较之斜轨发射或手动发射的无人机,避撞问题对从机场起飞的无人机的意义更为关键,因为前者可以不从机场起飞,所以对其授权证书(COA)或专用适航性(SAW)证书的要求更宽泛。

无人机飞行的任务各不相同。像"龙眼"这样的小型无人机执行的飞行任务时长通常不超过 1h。"龙眼"无人机重 5 磅(2.3kg),由电动机驱动,采用机载小型摄像机控制,所拍摄的图像可显示在飞行员(即操作员)的笔记本电脑屏幕上。它在飞行员目视联络范围内飞行。飞行结束时,"龙眼"可以降落在飞行员身边的草地上。每次飞行结束后,其存放方法也很简单,可以将机翼摘下来,将无人机装在背包中带走。

"扫描鹰"无人机通常用于执行更为复杂的任务。它有一个自动驾驶仪,能够进行自主飞行,也能用计算机进行人工控制飞行。"扫描鹰"通过卫星中继通信,能够进行"跨地平线"(over-the-horizon)飞行,可以飞到离飞行员数百英里以外的地方。它由一台小型的 2 马力汽油发动机驱动,升限为 20000 英尺(6100m),续航时间 24h。"扫描鹰"通常通过小型便携式地面控制站(GCS)进行操控。GCS 中有计算机显示屏与无人机操控装置,可用于各种飞行操控。它带有 GPS 以及一系列不同的可见光/电子传感器套件和应答机,可以装备 ADS-B(Automatic Dependent Surveillance Broadcast,广播式自动相关监视)系统。这样一来,只要在地面控制站的航图上显示 GPS 下行线路向地面传输的位置,不论"扫描鹰"飞到哪里,飞行员都能看见它。"扫描鹰"回收采用的方法是让飞机飞到挂在杆子上的拉绳上,机翼上的钩子会钩住绳子(图 5.5)。

目前在役的无人机中最大的一种是"全球鹰"无人机。其翼展为 130 英尺(39.7m),由劳斯莱斯(Rolls Royce)涡扇喷气发动机驱动,能飞到 60000 英尺(18300m)以上的高空,巡航速度为 310 海里/h(571km/h),续航时间为 36h,装有

图 5.5 "扫描鹰"无人机现场回收

一组卫星及光电传感器。"全球鹰"可以携带 3000 磅(1363kg)重的有效载荷,航程达 12000 英里(19308km),能在世界上任何地方的上空飞行,也能在 A 类空域飞行,起降需要跑道,尺寸接近波音 -737,每次飞行之后通常存放在机库中。

无人机系统操作员面临的最大的挑战是相应的授权证书(COA)或专用适航性(SAW)证书对飞行施加的限制。在计划进行任何一次飞行之前,操作员都应参考《运行批准暂行指导意见 08-01》第 8.2.14 节。在同一类空域中飞行的无人机和有人机要求装备相同的航电设备。

若飞机在 A 类空域下方飞行,必须遵照目视飞行规则(VFR)条件日间飞行标准(例外情况下,经批准也可允许夜间飞行),通常要求有一名观察员站在地面观察无人机或坐在跟踪飞机中,以避免无人机与有人机相撞。

在 FAA 管制的空域内运行/飞越海洋上空时,也应遵守相同的要求。即使无人机在美国领土之外飞行,也不例外。这些区域称为飞行信息区(Flight Information Regions,FIR)。

5.7 人员资质

《运行批准暂行指导意见 08-01》提出了对参与无人机飞行操作的工作人员的资质条件与要求(见表 5.1),其中提到了三类工作人员:飞行员、观察员、维护人员。

飞行员(Pilots)——无人机按照仪表飞行规则(IFR)飞行、以及在 A、C、D、E 类空域飞行时,要求飞行员持有有人机执照。IFR 及 A 类空域飞行还要求持有仪表飞行执照。要求飞行员执照的还有夜间飞行、在军民两用机场或公用机场飞行,以及在飞行员视距外(LOS)执行的飞行。若要求持有有人机执照,那么飞行员必须是《联邦航空条例》61.57 所规定的人员。机长(即 PIC)负责无人机的安全运行。PIC 必须持有近期二级医疗证明。所有无人机系统的飞行员都必须接受所操作的无人机的相关培训,包括正常/异常/紧急情况处置程序,要求精通所操作的无人机,并通过相应测试。PIC 在无人机飞行期间不得兼任观察员。

观察员(Observers)——观察员不要求持有飞行执照,必须持有近期二级医疗证明,并了解无人机飞行空域相应的《联邦航空条例》。此外,观察员还应参加《联邦航空条例》涉及避撞的有关规定的培训、空中右侧避让程序培训、基本目视飞行规则(VFR)最低气象条件培训、以及 ATC 用语培训。

维护人员(Maintenance personnel)——目前,无人机维护人员不要求持有执照,也无健康要求。

表5.1 无人机系统在国家空域系统内的人员与设备要求

空域类别	无人机人员要求	无人机设备要求
A	飞行员:飞行执照、仪表飞行资格、近期二级医疗证明 观察员:不要求	遵守 FAR91.135 规定
B	不允许无人机运行	不允许无人机运行
C	飞行员:飞行执照、近期二级医疗证明 观察员:需要,近期二级医疗证明	C 或 S 模式应答机
D	飞行员:飞行执照、近期二级医疗证明 观察员:需要,近期二级医疗证明	遵守 FAR91.129 规定
E	飞行员:飞行执照、近期二级医疗证明 观察员:需要,近期二级医疗证明	遵守 FAR91.127 规定
G	飞行员:如果无人机在 FAA 政策 08-01 第 9.1.1 节所提到的条件下飞行,则不要求飞行员持有执照;必须持有近期二级医疗证明 观察员:需要,近期二级医疗证明	

本章结束之前需要指出的是,随着技术的迅速发展,无人机系统的空域运行正在不断改进,未来随着提议的规章制度逐渐纳入法律,行业发展趋于平稳,无人机系统运行变化的步伐必将稳定下来。因此,我们要紧密关注行业最新出版物,如国际无人平台系统协会(Association for Unmanned Vehicle Systems International, AUVSI)出版的《无人系统》(Unmanned Systems)月刊等。

思 考 题

5.1 对于无人机系统产业,政府的监管为什么非常重要?
5.2 无人机飞行员必须是有人机飞行员吗?
5.3 观察员必须操作无人机吗?
5.4 在非军事领域,无人机有哪些应用?

第6章 机载传感器与有效载荷

6.1 引 言

遥空驾驶飞行器(Remotely Piloted Aircraft, RPA)可分为两大类。第一类 RPA 主要用于在小型的航模专用机场或户外荒芜地带完成绕圈、滚转以及娱乐性特技表演。该类型 RPA 仅仅是为了满足爱好者的娱乐兴趣而飞行。爱好者们操控飞机,并观察飞机对操控指令的反应,进而完成载人飞机所不能完成或几乎难以完成的动作。第二类 RPA 指其他所有远程遥控或机上没有飞行员的飞机,如固定翼飞机、旋翼飞机或轻于空气的软式飞艇等,其飞行目的都是将具有除导航或飞行操作之外其他功能的设备载入高空。该功能对于飞行物理参数而言是次要的,但对于飞行目的而言却具有关键意义。除有效载荷以外,飞机上还载有其他一些仪表设备,为操作员提供飞机的健康或状态、飞行方向、飞行速度、飞行高度等信息,也可辅助操作员避免与其他飞机或地面的人、物相撞。

本章主要探讨上述机载设备的发展历史、类型和目的、操作员面临的规则挑战,以及影响设备选择的技术限制,并简要展望未来的发展趋势。

6.2 无人机系统:"采集平台"抑或飞行器?

科学家或研究人员为了开展自然现象研究,必须采集和分析有关数据。为了采集到这些数据,必须使用专用仪表或设备进行样本采集,如有关云微粒、大气湿度或污染、边界层温度等数据。所需数据集一旦确定,就必须制定出数据采集方法。这就可能需要发明或利用能够满足科学家需求的装置。如果获得必要样本的最可行办法(从技术能力、成本或可用资源等方面考虑)是将仪器送入空中,固定式或地基式方法却行不通,就必须在无人气球、固定翼或旋转翼飞机、火箭以及轻于空气的飞行器之中进行选择。而最近十年来,航空用户又增加了一项选择——飞机或飞行器平台是否需要载人?

纵观历史,无人机主要应用于军事领域,用以携带监视设备或投射武器。从历史中还可以发现,许多改变游戏规则的创新都来源于国防领域的研究和发展。无人机或遥操作系统(remotely operated systems)(海/陆/空)在军事领域的成功应用鼓舞了科学、执法、政府、学术以及商业等领域的兴趣,使这些领域的专业人员更有动力去探索用远程遥控系统(remotely piloted systems)提高执行传统任务或新任务的安全性和效率,并尽可能降低成本的方法。

遥控驾驶飞行器系统是在传感器载荷性能提升和配置改进的刺激下才得以投入应用的。它们能以更低的能量需求和更小的重量完成更多任务。载有这些设备的平台在尺寸和重量的要求都得以降低,从而缩小了必要的操作空间。这些系统的用户一直在寻找新的潜在应用领域,寻求提高系统性能、减少成本、重量以及动力需求的方法。由此带来的利害得失将在本章的其余部分进行探讨。

6.3　监管的挑战

无人机系统是否能在美国国家空域系统(NAS)中应用仍未有定论,还有待联邦航空管理局全面检查或修改(见第3章)。无人机开发人员和用户面临的最大挑战是《联邦航空条例》中的"路权规则"(Right-of-Way Rules)。该规则规定"在天气条件允许的情况下,无论是在仪表飞行规则(IFR)或目视飞行规则(VFR)下飞行,飞机操作员都应保持应有的警惕,应"看见与规避"(see and avoid)其他飞机。按本节中的规则,如果其他飞机拥有路权时,操作员应规避该飞机,除非收到许可指令,否则不能从其上空、下方或前方通行。"[1]"看见与规避"问题给发展供无人机操作员观察空中交通冲突或地面障碍物的机载传感器提出了技术挑战。目前正在研究解决这个技术问题的方法。

根据《美国联邦法规》(CFR)第91部分规定,推论得出的空域使用条例要求在国家空域系统(NAS)中飞行的任何民用航空器必须进行登记,并由合格的飞行员(空勤人员)驾驶[2]。第61部分规定,除非符合规章制度要求,否则,任何人不得担任美国民用航空器的机长、飞行员或空勤人员[3]。获得美国适航性认证的国家空域系统的飞机必须符合规定要求(实验飞机除外)[4]。《联邦航空条例》的很多其他章节都对无人机提出了具体的规定。这些规定将在另一章中进行探讨[5]。如果无人机上没有飞行员,传感器有效载荷可完成双重任务,提供远程遥感影像,具有一定程度的"感知与规避"(Sense-And-Avoid,SAA)能力,并提供符合第61部分和第91部分相关要求的其他方法。FAA还未对机载"看见与规避"或"感知与规避"系统做出认证,因此还无法免除操作员追踪飞机或地面观察员监视飞机以

---

① 《美国联邦法规》第14章第91.113(b)部分。
② 《美国联邦法规》第14章第91.1(a)部分。
③ 《美国联邦法规》第14章第61.3部分。
④ 《美国联邦法规》第14章第43.1部分。
⑤ 见第3章。

避免撞机的责任。但是,一旦研制成功并且得到认证,这种设备将成为无人机的导航和驾驶工具,但很有可能无法同时用作实现数据采集所需的有效载荷。然而,鉴于系统在尺寸、重量和动力等方面受到限制,目前正在研究使同一设备同时具备这两项功能的方法。考虑有效载荷和传感器时,必须特别注意将这两种技术和其目的区别开。

6.4 传感器和有效载荷:有区别吗?

　　无人机机载传感器有许多功能,可帮助无人机完成任务(采集平台)。娱乐型无人机(模型飞机)无机载传感器,而且根据当前的联邦航空管理局规定,不能在商业目的驱使下安装传感器(通常指摄像机)来采集影像或其他数据[①]。《联邦航空条例》中未对传感器(sensor)和有效载荷(payload)进行定义[②]。为了了解无人机或远程遥控系统的特点和需要执行的任务,我们应当一方面将有效载荷看作一整套描述符或传感器配置,另一方面将它看作携带和传输一次性负载(如灭火剂或农作物喷撒剂)的能力。在军事上,UAS 或 RPA 的有效载荷通常指某种武器。有效载荷可看作飞机飞行的原因。如果没有有效载荷,飞机就没有飞行的必要。在这个前提下,传感器可理解为不能脱离飞机而单独存在的数据采集器,而有效载荷指可以脱离飞机的被传输/投放的产品。但是这两个术语通常互换使用,传感器经常被描述为满足任务需要的设备。

　　操作员和授权认证或豁免支持者尤其要首先确定任务的范围或目标。究竟需要采集什么数据?在哪里采集?在什么大气条件下以及在什么环境下采集?执行此任务的最佳设备是什么?无人机设计人员将努力创建尽可能集多种功能于一身的采集平台,将多个传感器整合成一个能随时"插入"载荷舱的传感器套件。那么,究竟是应该先开发或认证传感器载荷,然后再在现有平台中应用传感器呢?还是应该根据传感器套件和任务进行平台设计?这是一个类似于"鸡生蛋还是蛋生鸡"(chicken or the egg)的问题。另一途径是从续航时间、高度均能满足要求,并且具备必要的大宗物品携带能力的平台着手,然后将满足任务要求的传感器收集起来,并在平台中应用这些传感器。然而,为了减少成本,用户通常会折衷考虑所有因素,在经济可承受范围内寻找可以实现任务目标的最佳方案。

　　传感器载荷共分为五大类:①导航和安全通行;②通信和控制;③遥感和成像;④情报、监视和侦察;⑤数据采集(空气采样、湿度、污染、颗粒物、温度)。

---

① 美国联邦航空管理局运行批准暂行指导意见 08-01。
② 《美国联邦法规》第 14 章第 1.1 部分。

6.5 感知与规避的动力学和系统

如前文所述,在国家空域系统中飞行要遵守《联邦航空条例》第91部分的相关规定,尤其是第91.111节——在其他飞机附近操作①和第91.113节——路权规则:水中作业除外②。在仪表条件下,由空中交通管制提供间距信息,但是在天气条件允许的情况下(无云层遮蔽时或白天),飞行员仍必须承担起警惕其他飞机的责任。尽管《航空信息手册》(Aeronautical Information Manual, AIM)中将"接近空中相撞"(near midair collision)解释为"因与其他飞机距离小于约500英尺(152.5m)可能相撞,或据飞行员或空勤人员报告,两架或两架以上飞机之间存在撞机危险的事件",但《联邦航空条例》并未对"看见与规避"和"无障碍物"二词进行定义。③

在国家空域系统中飞行的飞行员或操作员有责任避免飞机因与其他飞机过于接近而"产生撞机危险"(create a collision hazard)。"产生撞机危险"这一术语虽然尚未有明确定义,但据联邦航空管理局的报告,飞机与其他飞机的垂直距离或水平距离至少不小于500英尺(152.5m)④。"侥幸脱险"(near miss)是可向FAA报告的事故。⑤ 飞行员不但有责任和其他飞机保持距离,而且有保持警惕,"看见与规避"其他飞机的义务。"看见与规避"(See and avoid)这个术语虽然没有明确的定义和清楚的解释,但可合理地理解为,即使按仪表飞行规则,由塔台提供交通提示和间距信息,飞行员也有义务保持"态势感知"(situational awareness),并持续监视其他飞机。《航空信息手册》规定,"在气象条件允许的情况下,无论是什么类型的飞行计划,也不论是否提供雷达控制",飞行员都有责任"看见与规避"其他飞机、地形或障碍物⑥。当然,一般而言,飞行员是自愿承担这个责任的,因为这毕竟是生死攸关的事情,而且空中撞机几乎是致命的。

毫无疑问,UAS或RPA在非限制空域(军事限制或告警区之外)飞行面临的最大挑战是"看见与规避"问题。尽管人类通过飞机显示屏准确和安全看见和确

---

① 《美国联邦法规》第14章第91.111(a)部分规定:"任何人不得使飞机过于接近其他飞机,避免产生撞机危险。"
② 《美国联邦法规》第14章第91.113(a)部分规定:"总则:在天气条件允许的情况下,无论所进行的飞行是仪表飞行还是目视飞行,操纵飞机的所有人员都应保持警惕,确保能够看见并规避其他飞机。如按照本节中的规定,其他飞机拥有路权,则飞行员应为拥有路权的飞机让路,而不能从其下方、上方或前方通过,除非保持充足的间距。"
③ 《航空信息手册》第7-6-3节。
④ 美国联邦航空管理局《飞行员信息手册》第7-6-3节:接近空中相撞事件报告。
⑤ 《飞行员信息手册》,前注。
⑥ 《飞行员信息手册》第5-5-8节。

定空中活动目标的能力问题还没有解决,RPA如果不借助于机载传感器或目视系统,也无法解决这个问题。联邦航空管理局(FAA)对已经认证的"感知与规避"(SAA)系统的目标和标准是"目标级安全"(target level of safety)相当于 1×10^{-9},或每10亿飞行小时(系统范围内)一个致命事故,这个标准是商业飞行标准[①]。

为此,产业界一直在探索如何给无人机系统操作员或驾驶员提供一套目视能力相当于或比人眼更好的传感器。比"电子眼"(electronic eyeball)更重要的是要认识到,人不仅能看见目标,而且能对收到的信息进行加工,对目标的相关方位、方位角、高度、速度和物理特性迅速实时做出判断,决定是否规避。

目前正在研究和实验有关越山监视和城市侦察的操作技术,即机载传感器生成影像或数据包,给在战场环境中导航的操作员提供情报。问题是:该技术是否能满足"看见并规避"要求?

无人机开发和研究人员面临的挑战是,创建能够确保RPA能在管制空域以外在其他飞机附近安全飞行的系统。一旦RPA传感器发现与其他飞机有可能相撞的危险,RPA飞行员几乎来不及做出反应。在"看见与规避"系统得到认证许可前,联邦航空管理局要求用最安全的解决办法,确保规避。建议将雷达和光电传感器的功能结合起来,生成相当于人类视野的目视图像。这也包括系统回路内的飞行员(pilot-in-the-loop)利用机载避撞系统(Airborne Collision Avoidance System, ACAS)对机动认知做出决策。

除上述方案,研究人员试图创建更加自主的系统,使无人机在不超过结构或空气动力限制的情况下能进行更有效的机动,避免近距离接触。最佳解决方案是解决全部阻碍RPA集成到民用空域的作战、政策、规则、公共认知和技术问题。问题是没有一个传感器能够给RPA操作员提供所有避撞信息。视频数据能提供有关高度、方位角等的角坐标数据,这样方便看见飞机或目标(如鸟),但不能提供RPA和目标之间的距离信息或接近速率。

其他传感器,如激光测距仪,能提供更精确的距离信息,但不提供角坐标数据(高度和方向)。激光测距仪对大多数RPA来说太重了(国家空域系统中使用最通用的小型飞机或旋翼机的重量小于55磅(25kg),有效负载小于15磅(6.8kg))。

《联邦航空条例》第91部分的兼容式避撞系统的"感知与规避"功能在获得联邦航空管理局的资格认证时,需要模拟在国家空域系统的实际飞行中遇到的随机发生的近距离遭遇,对设备做出评估。自从20世纪80年代和90年代发展早期的相遇模型(encounter models)以来,美国空域的新相遇模型已经发生变化,而且正在不断改善和更新之中。这些模型不用空中交通管制(ATC),准确模拟出了普通

---

① 《美国联邦法规》第14章第23.1039(a)、23.1039(b)部分和美国联邦航空管理局23号咨询通告,1309-1D。

小型飞机的特性,与传送离散应答机代码的典型大型飞机一样。新的相遇模型考虑了空速、爬升速率和转弯速率方面的动力学变化(基于物理特性),而这在以前是不可能办到的。

为了满足联邦航空管理局的系统安全要求,无人机开发人员推出了多种不同的机载传感器,包括交通预警和防撞系统(TCAS)、广播式自动相关监视(ADS-B)、红外(IR)和光电(EO)系统、雷达、激光和声学系统,其中 TCAS 是要求载客量超过 19 名人员的所有商用飞机必须使用的。TCAS 和 ADS-B 能较好地感知安装有应答机的"协作式"飞机,但缺点是对没有安装相应航电设备(如伞兵、滑翔机、热气球和鸟群等"非协作式")的目标无能为力。光电、红外和雷达传感器能圆满解决这个问题,因为其无需其他飞机或潜在目标安装特殊设备就能很好探测飞机。与雷达系统相比,光电和红外系统的优势是所需的动力和有效载荷更小。

开发商对"感知与规避"策略的其他构想,包括光流传感器、激光测距仪、声学传感器,以及机载计算机或合成图像设备,这些设备在确保空中安全方面不亚于综合系统(通过综合运算法将每个设备的数据接合起来,形成人眼能看见和做出反应的图像或画面)。最终,在这些综合系统的基础上,形成了无需人员介入的自主系统,而且该系统能提供比人的认知能力更优越的"看见与规避"功能。

第 7 章对各种感知与规避系统进行了更加详细的描述,在此无需赘言。接下来重点比较一下面向导航的(navigation-oriented)技术和目标驱动型(purpose-driven)传感器的区别,二者除了共用电源并共用通信带宽外,都属于感知与规避系统的外围系统,而且完全相互独立。

6.6 目标驱动型传感器

目标驱动型传感器和导航相关设备的区别是,目标驱动型传感器对采集平台任务提供支撑。随着政府机构、研究和学术机构、科学家、执法和其他机构寻求现有工具的替代办法或辅助工具,无人系统的潜在应用也日益增长。载人航空器、卫星、气球或通过非航空领域的其他途径进行的所有活动或数据集采集工作都可由无人机完成。在军事和执法领域,最广泛的应用是能够生成静态和动态的影像,用于情报和监视任务的可见光或微光摄像机。热成像摄像机在红外波长频谱范围内工作,允许解译夜间和低能见度条件下的影像。但雨天会降低影像效果,因为雨会降低无生命物体的温度,从而降低热成像目标(如人、动物或内燃机)的对比度。

在民航领域,遥感摄像机,无论是红外的还是光电的或多谱的,都能提供农田、森林和草地影像,方便对湿度、害虫及其对植物的影响进行分析。光电和红外摄像机安装在万向稳定的平台上,给海洋或陆地哺乳动物科学家提供非侵入式影像,这个任务是载人飞机或地面观察员无法完成的。小型无人机能在相对较低的高度下长时间飞行,同时生成高分辨率影像,而且噪声很小,最大程度减少了动物因受惊吓逃入水中或逃出视场范围的可能性。无人机的其他用途(因第91.113部分的"看见与规避"问题,还有待联邦航空管理局的批准)包括用视频和多谱摄像机检查管道和电线,在执法时监视和拦截罪犯,在发生自然灾害、恶劣天气或人员失踪等情况下时进行搜救,安装在稳定的长航时平台上的高分辨率摄像机可作为载人航空设备的补充或替代。小型或微型合成孔径雷达套件已经在无人机上广泛应用,进行地面监视。在这种情况下,传感器和摄像机才真正被作为有效载荷,被采集平台载入空中,专门执行上述任务。

科学界已热切地利用无人机平台和多种专用传感器,在不断变换的环境中采集数据和进行其他作业。气候学家利用小型(小于50磅(22.7kg))和大型(大于1500磅(680.4kg))无人机上的遥感和数据采集技术,采集有关化学烟羽、大气污染、火山灰、边界层温度、飓风和龙卷风附近的风和湿度、冰融化速度和成分、陆上河流泛滥及污染监控等数据。此外,由于无人机可根据预设的飞行计划在高空作业数小时,减少了载人飞行器中一直无法避免的由于疲劳和倦怠导致的人为失误,所以可以利用无人机进行卫星校准和验证。携带传感器套件和有效载荷的无人机的应用范围还可进一步扩大,当然这有待科学家、研究人员和无人机开发商充分发挥想象力、创新能力,以及管理机构愿意允许其在国家空域系统使用。

6.7 技术和系统的限制

无人机系统的任务完成能力在很大程度上取决于无人机系统和地面控制站(GCS)之间的通信数据链。该数据链为双向高速链路,包括一个上行链和一个下行链,上行链供地面控制站的操作员或飞行员给飞机发送指令,下行链将数据传输回地面控制站。传回数据可能包括有效载荷采集的影像或其他信息、有效载荷和飞机的健康状况,以及与其他接收站的通信数据链。无人机的上行链和下行链,尤其是当无人机超视距(BLOS)飞行时,还可作为操作员和空管之间的通信链路。当前,无线电通信是无人机至地面控制站的唯一链接方式,采用的是直接视距内传输(4~8GHz范围内的C波段无线电)或通过卫星(12~18GHz范围内的Ku波段)进行的超视距飞行。采用的带宽是全球覆盖宽带,而且确保无人机系统工作频率的努力正在进行之中[1]。随着商业(主要是电视和无线电)、科研和利益相关组织要求介入无线电频谱的愿望日益强烈,无人机频率分配成为对无人机系统技术投入不菲的科研机构的首要问题。

---

[1] 世界无线电通信大会,由国际电信联盟每四年举办一次,网址:http://www.ituint/ITU-R/index.asp?category = information&rlink = rhome&lang – en。

对经济、技术、科研和工业利益的竞争,迫使世界无线电通信大会(World Radio Communication Conference)的代表和频率管理人员不得不从有限的可用频率中为无人机系统的运行保留一席之地。地区和国家之间的频率分配矛盾,使无人机系统开发商和出口商不得不努力研究美国之外的其他地方的频率的可用性。视距内操作不仅仅在技术上受限制,而且还存在法规条令上的限制。频率管理人员必须保证无人机系统能使用离散频率(discrete frequencies),距离从 60 英里(96.5km)至 100 英里(160.9km)不等,具体以无人机的高度和无线电发射机的天线高度为基础。目前,尽管用户一直要求在 5 英里(8.05km)目视范围之外飞行,但始终没有通过联邦航空管理局授权。

大型军用或科研型无人机(详见第 7 章)的所有有效载荷构型尺寸、重量和动力都相同。有些传感器要求大功率,而且如果属于电动型无人机,设计人员必须考虑到传感器和其他电动仪表或马达使用的是同一个电源。红外摄像机或激光可能需要制冷,这样会增加重量和动力负担。多数畅销型无人机,无论是军用还是民用,体积相对较小(小于 55 磅,25kg)而且携带的有效载荷不得超过 10~15 磅(4.5~6.8kg)。其目的是在最大续航能力下携带最有用的有效载荷,以满足任务要求。因此,传感器子系统一体化和小型化越来越重要,催生了可随时根据任务更换的独立传感器模块化有效载荷设计。其他操作员可能需要具有多种功能,而且即使任务变化时也无需卸载有效载荷的多用途传感器(见第 12 章的小型化)。

当然,除了技术上的难题之外,还存在认证和标准化等问题。当前,还没有一个有效载荷或模块化组件得到授权,允许其用于或作为国家空域系统飞行的无人机系统。尽管在探测、感知与规避技术方面做着最大的努力,以便从"备案与飞行"方面进入国家空域系统,但传感器套件还是常规应用于科技领域,完成前文中提到的那些研究目标。因上述原因进行的飞行受联邦航空管理局授权认证的支持或只能在受保护的、军事或政府管制空域内飞行。这些飞行活动进一步激发了设计上的更新,并为 FAA 全面安全事例提供数据,进一步扩大现有无人机系统活动的范围。

6.8 结　论

传感器和有效载荷通常可互换,但实际上二者略有区别。一套传感器(光电、红外和多光谱摄像机)可以纳入一个有效载荷中。很多商用和军用无人机带有方便互换传感器或摄像机的有效载荷舱。其他的大型无人机可能带有独立舱、传感器球,以及安装机载雷达或其他光学设备的接线,方便飞行员前视,提供驾驶、导航或监视。随着无人机的性能和续航能力更强及升限更高,操作员将继续寻求更广泛地进入国家空域系统,尤其是一旦发射后就需要极少或无需操作员介入,由自主系统实现超视距飞行与操作。研究人员和商业领域的操作员所寻求的数据采集，或更高分辨率的大型传感器或光学设备正在向小型化发展，而且在不影响有效载荷能力的情况下需要更小的动力。其他有效载荷，如分散剂和杀虫剂等可忽略不计，整体上对无人机系统设计和使用概念构成不同的挑战。从战略角度讲，无人机系统任务设计人员或计划着试图先确定要采集什么信息，再确定用哪个传感器来完成目标，然后再寻找适合完成任务的平台、尺寸、重量、动力和续航性限制。与执行同种任务的载人飞机相比，传感器有效载荷和平台的选择，最终将在管理者监督下，受在国家空域系统安全运行的集成系统的成本和能力的影响。

思 考 题

6.1 描述两类 RPA。
6.2 简要讨论传感器和有效载荷的区别。
6.3 在感知与规避的问题上，无人机面临了哪些挑战？
6.4 请给出目标驱动型传感器的定义。

第7章 无人机系统感知与规避

7.1 引　言

7.1.1 检测、看见与规避：有人机

尽管已经出现了应答机或雷达系统，美国联邦航空管理局依然长期依赖于飞行员的视力，以此作为避免空中相撞的主要方法。无人机系统由于没有飞行员，不具备这一机载感知与规避的安全特性。随着军用、民用和商用无人机应用数量的不断增加，空域将会变得越来越拥挤。

联邦航空管理局承担着制订国家空域规则的职责，也参与研究无人机系统检测、看见与规避（Detect，See，and Avoid，DSA）的解决方案。根据技术报告《美国联邦法规》的 14CFR 91.113 和航空无线电技术委员会的 RTCA DO-304（关于无人机系统导航材料及考虑的指南），当无人机系统与有人机共享空域时，自动"感知与规避"（Sense and Avoid）系统必须提供与有人机水平相当或更高的安全性。美国材料与试验协会（American Society for Testing and Materials，ASTM）于 2004 年 7 月发布的 F2411-04 号标准文件（后改为 F2411-04e1）《机载感知与规避系统的设计与性能标准规范》（Standard Specification for Design and Performance of an Airborne Sense-and-Avoid System）提出了"同等安全水平"（equivalent level of safety）的要求。该文件发布后，随即成为无人机系统开发与研究人员的指导方针。

然而，该文件并没有涵盖无人机系统在国家空域系统中的使用。直到最近，联邦航空条例才纲要性地提出了系留气球、装备、无人火箭以及无人自由气球（14CFR 第 101 部分）的使用规则，但仍未提及无人机系统。为此，联邦航空管理局在 2005 年 9 月 16 日发布了一份标题为《ASF-400 UAS 政策 05-01》的备忘录，更新了以前的指南。FAA 使用这一最新政策确定无人机能否在国家空域系统中使用的条件，并明确提出无人机应履行"感知与规避"其他飞机方面的职责。国家空域系统中达不到这一要求的飞行活动将无法得到授权，包括无人机系统。

7.1.2 飞行员的看见与规避职责：有人机

联邦航空条例和航行资料手册中规定了飞行员负有若干职责，其中之一就是检测、看见与规避。对于无人机系统而言，这一职责需要通过技术方法或由无人机

系统之外的人员观察方能得以履行(RTCA DO-304)。"看见与规避"其他飞机对于普通航空飞行员也是一项艰巨的任务(FAA,2006)。普通航空飞行员必须能够监视仪表、调整无线电并实施通信、调整导航设备、阅读航图、导航以及操作飞机。许多飞行员使用便携式全球定位系统(GPS)。它能提高态势感知能力,并把飞行员的注意力从飞机外面转移到飞机内部。大多数飞行员都已认识到了自身在"看见与规避"飞机方面的局限性,因此依赖于规定程序(如着陆进近模式),以保持与其他飞机的距离。

7.1.3 检测、感知与规避:无人机系统

如前文所述,授权证书(COA)由联邦航空管理局颁发,用以确保无人机系统具有与有人机"同等安全水平"。FAA声明:无人机系统(机上没有飞行员)需要遵从在限飞区、禁飞区或告警区之外使用的特别规定。这一规定可以通过地基或机载视觉观察员予以执行。观察员必须像机载飞行员一样,履行同样的职责,检查是否有可能冲突的航线,评估飞行路径,决定交通路权,并实施机动规避。

在国家空域系统中,检测和感知的目标是确定所属空域中是否出现目标,而不必要识别目标。这是一个感知与判断的双重任务。飞行员或视觉观察员必须首先确定目标是否确实存在,然后确定检测到的目标是否为威胁或靶标,在正确判断后再决定执行何种程序。这三个环节,定义了自主系统在模仿人类观察员进行检测、看见与规避(DSA)时所必须完成的步骤。

7.2 检测、看见与规避的信号检测方法

信号检测理论(Signal Detection Theory,SDT)长期以来一直是刻画人类在目标识别过程中的表现的手段。它伴生于20世纪早期的雷达和通信设备的开发工作,其模型描述了人类的感觉和感知系统对模糊刺激的检测过程。由Green和Swets(1966)撰写的《信号检测理论与心理物理学》(Signal Detection Theory and Psychophysics)对该模式和历史基础进行了完整阐述。

SDT假设决策者主动工作,与持续变化的环境互动。例如,观察员在特定目标(引导飞行)的引导下,会做出许多新的决策。检测、看见与规避便是其中之一。观察员在观察一个物体时,许多因素会对其感知造成影响。可能同时出现许多其他物体,包括内部的、外部的。这些非目标的物体一般被视为噪声。外部出现的干扰检测的物体称为外部噪声(如雾或闪电)。内部出现的干扰检测的物体称为内部噪声(如疲劳或用药)。在DSA过程中,观察员必须首先判定物体是否存在。表7.1列出了这一决策的四种结果。

表7.1　信号检测决策的四种结果

决策		信号出现	信号未出现
	可见	命中(Hit)(例如:观察员报告天空中有星星,事实上也确实有)	虚警(False Alarm)(例如:观察员报告天空中有星星,其实并没有)
	不可见	漏警(Miss)(例如:观察员报告天空中没有星星,事实上有)	正确拒绝(Correct Rejection,CR)(例如:观察员报告天空中没有星星,事实上也没有)

7.2.1 响应偏差与响应准则

人类对于是否接受或拒绝感知信息的响应决策取决于偏差。获取相同感知信息的人会根据偏差(β)做出不同的决策。偏差存在很大区别,具体取决于态势和决策的推理。如果感知输入大于β,人会接受肯定识别的结果(目标出现)。如果感知输入小于β,人会接受否定识别的结果(目标没有出现)。

偏差可以绘制成分布图,如图7.1所示。中性偏差(neutral bias)在1.0左右有一个β级。当否定识别和肯定识别势均力敌时,则有可能出现这种情况。

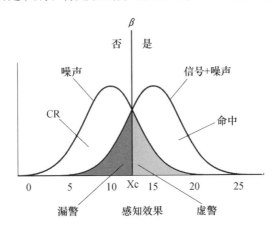

图7.1　中性偏差:肯定响应或否定响应的机会均等

保守偏差(conservative bias)的β级大于1.0。在这种情况下,人更倾向于否定识别(未检测到物体)(图7.2)。当虚警(报告发现目标,而事实上并无目标出现)带来的后果超过命中(报告发现目标,事实上也确实有目标出现)的利好条件时,则有可能出现这种情况。

开明偏差(liberal bias)的β级小于1.0。在这种情况下,人更倾向于肯定识别(检测到物体)(图7.3)。当漏警(报告未发现目标,而事实上有目标出现)的后果超过虚警(报告发现目标,而事实上并无目标出现)的后果时,则有可能出现这种情况。

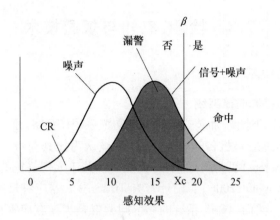

图 7.2 保守偏差：否定响应的机会更大

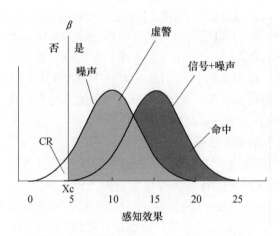

图 7.3 开明偏差：肯定响应的机会更大

7.2.2 可辨性

噪声(内部、外部)的量可用分布图表示,偏差也可用信号分布图表示。噪声与信号分布均值之间的距离则为可辨性(Discriminability)测量(d')。可辨性可通过标准偏差或通过命中与虚警率进行评估。d'越大,检测信号的灵敏度越高。但随着灵敏度的升高,误差概率也会上升。在这个问题上,信号检测理论(SDT)非常有助于量化和比较不同系统之间的灵敏度。自主系统的可辨性与系统的灵敏度(用d'测定)之间必须实现平衡。许多正在开发或已投入使用的有人机飞行员辅助技术,都在开发无人机系统的自动 DSA 系统方面取得了重大进步。

7.3 检测、感知与规避技术

7.3.1 协作式技术

7.3.1.1 交通预警和防撞系统

对多种空域用户来说,加装交通预警和防撞系统(TCAS)是一种首选的协作式防撞系统,可以通过应答机传送信息。TCAS 被认为比其前身——交通咨询系统(traffic advisory system)更为优越,后者只能提供关于入侵飞机的有限信息和一个可能碰撞的时间(Wolfe,2006)。设计带有 TCAS 发射器应答机的飞机,允许进行通信以避免碰撞。然而,TCAS 系统的一个问题就是当没有应答机的飞机靠近时,可能无法识别,从而导致冲突。

TCAS 会使无人机系统重量增加,因此是一项富有挑战性的设计方案。根据 RTCA DO-304,小型无人机系统由于尺寸较小,会使 TCAS 的功能受限,或导致完全不能加装 TCAS。TCAS 的听觉指令也存在一个问题。操作员、地面飞行员和空管之间的语音通信,在无人机系统中就变成一个复杂问题,引入四维(空间加时间)的概念会使问题更加复杂。此外,由于不可靠的系统自动化,导致其复杂性进一步上升(参考 Doyle 和 Bruno,2006)。

7.3.1.2 广播式自动相关监视

广播式自动相关监视(ADS-B)是一项相对较新的技术。利用这项技术,地面站和飞行员能检测空域中其他有类似装备的飞机。以卫星为基础的 GPS 能计算出飞机的位置、高度、速度、飞行编号、类型,判断是否转弯、爬升或下滑。这一信息每秒更新若干次,然后通过广播发送给通用接收机,大约 150 英里(241.4km)半径内的飞机可以在驾驶舱交通信息显示器上的看到这些信号所包含的信息,地面站也可以在常规交通显示屏上看到相关信息。

佳明国际公司(Garmin International Inc)(2007)(自 1989 年起,该公司一直在全球定位与导航系统领域居领先地位)(Hidley,2006)以及森西斯公司(Sensis Corp.)(2006a、2006b)详细列述了将 ADS-B 用于无人机系统的检测、感知与规避的许多优点。其主要优点就是 ADS-B 能近实时地向操作员提供准确而可靠的信息,以及额外的导航参数(如速度、航向等)。ADS-B 提供的服务距离更大,预留出的时间更多,从而达到避免相撞的目的。卫星的应用意味着在雷达无效或没有雷达的地方仍能获取信息。ADS-B 能通过其自动特性提供更深层次的安全,例如相撞警告。由于使用经过验证的技术,ADS-B 比其他系统更快、成本更低。ADS-B 允许安装灵活的软件架构,因而具备适应未来技术的能力。走在 ADS-B 技术最前沿的是产业部门与美国联邦航空管理局在阿拉斯加(Alaska)联合制定的顶层计划(Capstone)。该计划成功降低了无人机系统在阿拉斯加的事故率,验证了 ADS – B 在 UAS 中的效能。

7.3.1.3　UAS 应用协作式技术的推论

协作式技术在降低有人机空中相撞的概率方面有可靠而公认的记录,但用在无人机系统的感知与规避(SAA)系统中却有若干缺点。感知与规避系统成本过高,而且只有当空域中的所有飞机都装有该系统时才能发挥作用,与地面障碍物(如高地或高塔)可能相撞时则无法发挥作用。开发感知与规避系统时,假设系统运行的每一步都有人类操作员参与(即人在回路),由人识别警告和采取相应措施。这些技术经改进后如若用于无人机系统,则需要重新获取合格证,才能确保达到"同等安全水平"。

7.3.2　非协作式技术

在调查可能用于无人机系统感知与规避系统的技术当中,有一部分是大有前景的非协作式技术,例如雷达、激光、运动检测、光电(EO)以及红外(IR)等。非协作式技术指无需其他飞机拥有相同技术的系统,可用于检测包括飞机在内的地面、空中的障碍物。

非协作式技术可分为两类:主动系统和被动系统。主动系统(例如雷达和激光)能发射信号来检测障碍物,而被动系统(例如运动检测和红外)则用于检测从障碍物散发的信号。

7.3.2.1　主动系统

7.3.2.1.1　雷达

雷达是主动检测系统。它利用反射的电磁波的到达时间差生成物体的图像。对无人机系统有价值的是合成孔径雷达(SAR)。SAR 通过综合若干雷达脉冲来生成图像,对于飞机来说是特有的,因为它所依赖的是飞机的运动记录数据,因此无需大型天线。平台的移动距离起着合成孔径的作用,其生成的分辨率高于普通雷达(Sandia 国家实验室,2005)。目前,SAR 技术正在改进中,包括三维(3 – D)SAR。三维 SAR 利用若干天线生成三维图像进行变化检测,通过对比同一区域的新旧图像查找地面物体的变化(Sandia 国家实验室,2005)。SAR 的应用领域包括运动检测、确定地面移动目标的位置、速度和大小。

雷达用于检测、感知与规避(DSA)既有优点也有缺点。光学视力受阻时(如恶劣天气),雷达系统是理想的设备。雷达脉冲能穿透风暴和其他天气条件。但雷达也有缺点,例如:传统雷达系统尺寸偏大、成本偏高、不能提供与光电系统同样程度的实时影像等。

规避地面障碍物是无人机系统感知与规避应用中关系最密切的部分。从这个意义上来看,特别是考虑到大部分空中碰撞事件的发生地点均在距离机场 3 英里

(4.8km)以内,50%在高度1000英尺(305m)以下,雷达在所有飞行阶段都是有用的(Narinder 和 Wiegmann,2001)。

声纳设备使用声波的方法与雷达使用电磁波的方法非常类似。但由于声波的速度低于飞机的速度,声纳技术在无人机系统感知与规避系统中的应用并不理想(Lee 等,2004),但仍可在小范围内或局部使用。

7.3.2.1.2 激光

激光系统(例如:SELEX 通信公司的激光障碍物规避与监视系统,Laser Obstacle Avoidance and Monitoring,LOAM),利用对眼睛安全的激光,按一定的时间间隔扫描周围的空域,然后再利用回波分析软件对扫描图进行分析。在飞机飞行航线上出现障碍物时会发出警告,以提醒操作员(SELEX Communications,2006)。目前,自动导引平台(Automated Guided Vehicles,AGV)使用了激光系统。这些系统用红外激光扫描特定区域,靠反射光检测障碍物,并向 AGV 发出避碰的减速或停止信号。系统虽然增加了 AGV 的最初成本,但降低了维护成本,提高了生产效率,同时降低了事故率(Iversen,2006)。

以激光为基础的感知与规避系统有很多优点,例如能以高分辨率检测非垂直面、区分直径小到 5mm 或大如建筑物的物体(SELEX Communications,2006)。激光系统还具有高度的可配置性,可补偿变化的大气条件,有助于消除错误信号检测的可能性。

7.3.2.2 被动系统

7.3.2.2.1 运动检测

飞机可以利用运动检测器来感知物体的方向和速度。在不同的角度安装摄像机,生成若干视图,然后将各视图联合起来可计算物体的运动矢量(Shah 等,2006)。经过图像比较,如果满足像素阈值的偏差,就可计算出一个运动矢量。在此期间,无人机系统自身也在移动。许多公司已经独立开发出了公式和算法,以应对这一挑战(Lee 等,2004;Netter 和 Franceschini,2004;Nordberg 等,2002;Shah 等,2006)。利用这些算法,可消除无人机系统的运动噪声以及无人机自身的振动噪声。传感器能以物理特性和矢量为基础,来识别物体,并处理碰撞冲突。

7.3.2.2.2 小透镜模型(昆虫模式)

小透镜模型(Lenslet Model)是一项新兴的技术。它利用生物技术,以飞行昆虫的眼睛为感知模式,复制飞行昆虫所使用的光流(Netter 和 Franceschini,2004)。昆虫眼睛里的光流利用多个眼睛传感器(即所谓的小透镜),可对照地检测出相对运动。这些对照的组合就生成了可辨别的运动模式。昆虫的骨髓(medulla)细胞,被称为基本运动检测器,已被研究人员所复制,可用于计算对照物的速度。

7.3.2.2.3 光电

光电(EO)系统是一种要利用光线来检测物体的传感器。光电系统受光线需求的限制,同时无法检测目标的亮度(intensity)或亮度的变化速率。红外类型传感器可以克服这一问题。能同时使用雷达和光电系统的未来雷达系统被称为基于主动电子扫描阵列(Active Electronically Scanned Array,AESA)雷达的系统(Kopp,2007)。利用光电系统,可以进行 AESA 扫描,记录图像,切换雷达模式。AESA 还配备了监视传感器。在改变代码后,监视传感器可转为侦察传感器。然而,系统需要大型的天线阵,无人机系统必须额外携带 3000 磅(1363kg)的负载,加之最低空速高达 200 海里/h(368.4km/h),因而使无人机系统变成了低高度飞行的卫星。

7.3.2.2.4 红外

红外(IR)技术主要检测两种形式的热量:白热物体(White – Hot Objects,WHO)和黑热物体(Black – Hot Objects,BHO)。IR 需要物体发出的热量,但不需要光,因此是夜间使用的最佳手段。在 WHO 或 BHO 视野中,不发热的物体是黑色或灰色的。这种机载传感器已经具备应用于检测、感知与规避的可能性。

7.3.2.2.5 声音

科学应用与研究协会(Scientific Applications and Research Associates,Inc,SARA)开发了一种可用于小型无人机的紧凑型声学传感器系统。被动声学非协作式碰撞告警系统(Passive Acoustic Non – Cooperative Collision Alert System,PANCAS)配备了一列麦克风,通过检测和跟踪发动机、螺旋桨或转子的声音来检测冲突航线上的飞机。PANCAS 必须应对大气效应、风况和信号处理错误等导致的误差。利用相关算法,可以确定冲突航线上的决策阈值,并减少虚警。由于系统能够通过方位和高度等来检测潜在的碰撞事故,因此,即使在有人机的盲区(例如:当一架飞机被后面的另一架飞机追上时),也能避免碰撞(Milkie,2007)。

7.3.2.3 被动系统与测距

一般来说,被动系统在简易应用过程中可能不会考虑到重要的测距能力。然而,为解决这个问题,研究人员提出了若干个概念。例如,空军研究实验室(Air Force Research Laboratory,AFRL)提出了一个在被动光电传感器中检测距离的方法,即通过使无人机机动,建立一个物体的基线,然后用光电传感器计算角度,通过三角测量确定距离。所需基线机动(baseline maneuver)的类别(Grilley,2005),以及避免无人机系统与非协作目标突然相撞所需的能力(Kim 等,2007)仍在进一步的研究过程中。

7.3.3 改造性技术

在原本不是为无人机系统开发的技术当中,有一部分技术经改造之后,也可以用来解决无人机检测、感知与规避问题。瑞士实验室研究人员利用苍蝇的复眼概念,制造了一种光学传感器,可使非常小的无人机避免与固定障碍物相撞(Zufferey 和 Floreano,2006)。生物传感器的这种改造量很小、很简单、处理需求也很小。

2005年的美国国防高级研究计划局(Defense Advanced Research Projects Agency, DARPA)挑战赛汽车(Challenge Vehicle)(斯坦福大学,Stanford University,2006)是由斯坦福智能实验室生产的,其提供的技术和处理算法也适用于无人机系统近地飞行,通过若干传感器实现自主检测、感知与规避功能。此外,杨百翰大学(Brigham Young University)的 MAGICC 无人机系统(McLain,2006;Saunders 等,2005)也掀起了一场技术变革。该大学改装了一台光学计算机鼠标传感器,能为小型自主无人机上提供避撞能力。杨百翰大学的团队还把摄像机传感器和测距激光形成一个融合系统。这些案例充分说明,大量商用传感器和技术也可用于无人机系统的检测、感知与规避。

7.3.3.1 检测、感知与规避的演示验证与测试

近年来已经演示验证或测试了大量用于 DSA(检测、感知与规避)的传感器、技术和概念,这说明学术界和产业界已经开发了大量的相关应用项目。德国先进技术试验飞机系统(Advanced Technologies Testing Aircraft System, ATTAS, Friehmelt,2003)是一架全尺寸的商用喷气机,可在"伪无人机"(pseudo – UAV)模式下使用,可用于测试、分析系统和程序。该飞机能携带各种系统,面向无人机飞行应用和 DSA 应用,实施无人机系统的性能测试评估和练习。"普罗透斯"(Proteus,希腊神话中一个能任意改变自己外形的海神)(见图 7.4)是一架与前者具有类似大小的可选有人驾驶飞机,在美国用于 Skywatch 测试(Hottman,2004;Wolfe,2002a,2002b)。在无人机型谱另一端与之相对应的是重 30g 的复眼瑞士无人机(Zufferey 和 Floreano,2006)。它主要用于测试简易光学传感器规避障碍物的能力。

图 7.4 在罗莎蒙德(Rosamoand)干涸湖床上空飞行的"普罗透斯"

(C. Thomas 摄于 2003 年)

在声学 DSA 系统的测试过程中,美国科学应用与研究协会(SARA)吸收了许多普通航空活塞发动机和典型涡轮动力直升机的信号,用于测试在最差条件下检测所需的时间。当两架飞机以最大速度相对飞行时,采集出声音延时和程序计算等数据,然后由研究人员根据所采集的数据,计算实施规避机动所需的时间(Milkie,2007)。除了 SARA 在研究领域取得了进步,空军研究实验室(AFRL)的光电系统已经完成了整个研发过程,在传感器系统上所取得的成果在不久的将来能够在空军的高海拔、长航时(HALE)的无人机系统中应用。虽然它并不完全符合在国家空域系统(NAS)中飞行对无人机在检测、感知与规避(DSA)的要求,却能有效降低碰撞的风险。

多家研究院所参与了新技术的测试。杨百翰大学开发并成功试飞了装有创新型商用传感器的小型无人机(Saunders 等,2005;Theunissen 等,2005)。斯坦福人工智能实验室的 DARPA 挑战赛汽车在地面成功演示了检测、感知与规避(DSA)的能力,有可能应用于无人机系统(Stanford University,2006)。卡内基梅隆大学(Carnegie MellonUniversity)通过使用以 TI – C40 为基础的视觉系统,演示了 DSA(检测、感知与规避)在自主直升机中的应用(Carnegie Mellon University,2010)。

有些系统正在开发、测试过程中,并正在准备投入使用,例如"感知与规避显示系统"(Sense – and – Avoid Display System,SAVDS)主动地基雷达系统(Zajkowski 等,2006)。此类系统可以有效增强态势感知,并且适用于特定的小型无人机,可用于监视和检测限定范围与高度内的飞机。该系统主要面向地面操作员,尚不适用于自主无人机系统。

到现在为止,用来演示无人机的检测、感知与规避系统只涉及了单一类型的传感器。有几篇论文(Flint 等,2004;Suwal 等,2005;Taylor,2005)已经提出了多传感器系统,以及协作式与非协作式系统混合的概念,其目的是为了提高全方位的 DSA 能力。为了使大型自主无人机系统从起飞到 60000 英尺(18300m)再到着陆的整个过程中,都能在国家空域系统中运行,需要应用多传感器系统。在完成一套完整 DSA 系统的开发之前,无人机 DSA 系统的性能标准以及全面测试设施也需要优先开发。

7.3.4 能见度替代方案

利用非机载的其他程序性或技术性方法,也可以增强无人机系统在国家空域系统中的能见度(visibility)或感知力(awareness)。目前,美国国防部(DoD)所开展的许多能见度研究项目都聚焦在军用无人机系统的应用上。这些研究项目致力于降低飞机在雷达系统和人类视觉中的能见度。而从无人机的操作准则,以及无人机与有人机在国家空域系统中编队的安全性而言(特别是在执行民用任务时),无人机的理想状态应具有高度的可观测性。研发人员必须注意当前能见度研究的起源和目标。

7.3.4.1 电磁能见度增强

2004年之前，美国联邦航空管理局允许将地基雷达作为在国家空域系统中飞行的无人机系统感知与规避的手段。国家雷达测试中心(National Radar Test Facility,NRTF)受命用不同电磁测试设备在几个不同的距离上描绘飞机雷达能见度特性。国防部军用无人机的目标是最大程度地缩小雷达上所看到的飞机散射截面积(cross-section)或降低它的可探测性，对于民用无人机,目标则是尽量减少使用雷达吸收材料,增加平台内部的反射边缘,在不影响气动性能的前提下采纳雷达可探测性最高的设计方案。

7.3.4.2 增强能见度的其他方法

为对飞机进行伪装、降低飞机的可探测性,国防部已采用喷涂方案。但与此同时,喷涂方案也可用于提高飞机的可探测性。喷涂方案经优化,可以适应不同的地势和其他环境因素。此外,也可以通过优化照明,提高其他空域用户对无人机的感知力。虽然联邦航空管理局并不要求无人机运行时,平台必须有机载灯光,但视野中最佳或最亮的照明将有助于人类或特定类型的DSA(检测、感知与规避)传感器在视觉上检测到无人机。

7.3.4.3 增强能见度的流程和程序

无人机的特定程序由于只适用于特定飞机的运行(例如:高速或军事训练航线),因此可能无法检测或感知到低速或非协作式飞机。这些程序主要是基于隔离空域的(segregation),为空域用户提供一种隔离机制。这就意味着无人机必须在机场之间高密度交通流量中,按照预定航线上飞行。这些无人机航线(与喷气机航线类似)将是隔离无人机的可行程序。

如何告知空中交通管制人员其空域内的某架飞机是无人机,也是一个值得研究的课题。Hottman和Sortland(2006)更改了数据块和飞行进度条,其目的是增加发送给ATC人员的信息,使他们理解(在仿真中)特定飞机(无人机)的独到之处。这种方法等同于把传统飞机的信息提供给ATC人员。

7.4 结 论

为了在美国国家空域系统中操作使用无人机、减小空中相撞的风险,无人机系统操作员必须能够检测并跟踪空中交通,其安全的程度应等同于或优于联邦航空管理局的要求。大多数普通有人机是按照目视飞行规则操作,并未配备避撞系统,这就完全依赖于飞行员的视力和空中交通管制人员的无线电联系,来跟踪接近的空中飞行器。

给无人机加装TCAS(交通预警和防撞系统)的无线电发射机应答器,并使装有发射机应答器的飞机彼此进行通信,可以降低空中相撞的概率。但TCAS只能降低与协作式飞机相撞的概率。没有安装用于避撞的发射机应答器的非协作式飞机在目视飞行规则下飞行时仍有极大的风险。因此,无人机系统操作员必须配备"感知与规避"系统,对协作式和非协作式空中飞行器实施定位,并在一定的距离上进行跟踪,保持安全的空域间隔距离。

表7.2给出了前文中讨论过的技术方法(Hottman等,2007)。DSA系统的协作式技术已经完成开发与测试,目前已经投入使用。协作式技术的最佳范例就是TCAS和ADS－B。这些技术虽然原本面向有人机开发,可直接用于DSA,但具有应用于无人机系统的潜力。

表7.2 DSA技术属性

技术	检测				检测				常量		支援		
	非协作目标	察觉距离	仪表气象条件	昼/夜	多目标	全时长	多空域	测距/海里	方位角	同高度	应有的注意	非对称隐蔽性	对称隐蔽性
搜索													
光电	是	否	否	否	??	是	是	4?	是	否	否	是	是
人类视觉	是	否	否	否	否	否	否	2	是	是	是	是	是
红外搜索与跟踪	是	是	是	是	是	是	是	22+	否	是	??	是	是
被动红外	是	否	否	是	是	是	是	22+	是	是	是	是	是
雷达	是	是	是	是	是	是	是	22+	是	是	是	是	是
协作监视													
TCAS/ACAS	否	是	是	是	是	是	是	22+	否	是	否	是	否
ADS－B	否	是	是	是	是	是	是	22+	是	否	否	是	否

资料来源:Hottman,S. B. K. R. Hansen,and M. Berry. 2007. Review of detect, sense and avoid technologies for unmanned aircraft systems(DOT/FAA/AR 08－41). Washinton,DC,U. S. Department of Transportation.

注意:机载处理、搜寻技术能够在C2链路上传送分辨的目标。TCAS是与之相关却相对独立的设备。ADS－B尚在开发演示阶段。(2海里＝3.7km,4海里＝7.4km,22海里＝40.5km)

有些空域用户(如飞机、伞兵、气球)可能并没有配备机载协作式系统或系统不能发挥作用。而且对于飞机而言,地基威胁对于飞机而言始终存在。在这种情况下,需要有非协作式技术来实施检测、感知与规避其他空域用户,并利用现代GPS提供地形规避的信息。适用于无人机的协作式系统有固定的尺寸、重量和功耗(Size,Weight,and Power,SWaP)。鉴于协作式系统运行对SWaP的需求,这项技术可能并不适用于小型无人机系统。

非协作式系统有许多局限,包括环境、SWaP和操作约束等,这就限制了对无人机的尺寸或种类有特殊要求的技术的应用。例如,仪表气象条件(Instrument Meteorological Conditions,IMC)对光电技术有操作限制,而昼间或夜间却并没有这种限制。雷达系统上的SWaP通常比基于摄像机的系统要高得多。现有的无人机设计存在一定的局限性,因为就空间或配置而言,可能无法容纳其他系统。重量上升会影响气动重心,或导致无法满足过高的功率要求。

此外,通过喷涂、提供照明、增强平台的雷达可观测性等方法,也可以在实际无人机平台不需应用其他技术的前提下,提高系统的能见度。此外,空域中对无人机进行隔离具有重大价值。通过数据块和飞行进度条通知空中交通管制人员,也有助于空域用户类型的感知能力。

如果只采用上述方法中的一种方法,则有可能无法满足无人机对DSA的要求。操作无人机时,为了确定DSA方案,必须综合考虑无人机的尺寸、技术SWaP、以及技术能力等因素。

思 考 题

7.1 比较光学检测系统和声学检测系统的优点。

7.2 当小型无人机的设计方案采纳了传感器系统时,工程师必须考虑哪些局限性?

7.3 协作式传感器技术与非协作式传感器技术有什么区别?两者分别有什么优点和缺点?

7.4 选用或开发某个传感器系统时,必须考虑什么因素?

7.5 基于昆虫眼睛生物特性的小透镜是一种实现多传感器系统的新方法。除此以外,是否还有其他类型的基于生物模型的多传感器方法?

参 考 文 献

[1] Carnegie Mellon University. 2010. The Robotics Institute. http://www ri cmu edu (accessed December 10, 2010).

[2] Doyle,J. M. ,and M. Bruno. 2006. Predator down:NTSB and U S Homeland Security Department look into crash of border‐patrolling UAV. Aviation Week & Space Technology. 164:35‐37.

[3] FAA. 2006. Aeronautical information manual:Offcial guide to basic fight information and ATC procedures. http://www. faa. gov/airports_airtraffc/air_traffc/publications/ATpubs/AIM/.

[4] Flint,M. ,E Fernández,and M. Polycarpou. 2004,December. Effcient Bayesian methods for updating and storing uncertain search information for UAVs. 43rd IEEE Conference on Decision and Control,Bahamas.

[5] Friehmelt,H. 2003. Integrated UAV technologies demonstration in controlled airspace using ATTAS. Ameri-

can Institute of Aeronautics and Astronautics. AIAA 2003 – 5706.

[6] Garmin International Inc. 2007. ADS – B creates a new standard of aviation safety. http://www8 garmin com/aviation/adsb html (accessed May 21,2007).

[7] Green,D. M. ,and J. A. Swets. 1966. Signal Detection Theory and Psychophysics. New York: Wiley.

[8] Grilley,D. E. 2005. Resolution Requirements for Passive Sense & Avoid. Morgantown,WV: Alion Science and Technology.

[9] Hidley,R. W. 2006,Fall. ADS – B advantages. Flightline,no. 3.

[10] Hottman,S. B. 2004. Detect,see and avoid systems for unmanned aerial vehicles. Presentation at New Mexico State University.

[11] Hottman,S. B. ,K. R. Hansen,and M. Berry. 2007. Review of detect,sense and avoid technologies for unmanned aircraft systems (DOT/FAA/AR 08 – 41). Washington,DC: U S Department of Transportation.

[12] Hottman,S. B. ,and K. Sortland. 2006. UAV operators and air traffc controllers: Two critical components of an uninhabited system. In Advances in Human Performance and Cognitive Engineering Research,ed. N. J. Cooke,71 – 88. Bingley,UK: Emerald Group Publishing Limited.

[13] Iversen,W. 2006. Laser scanners for obstacle avoidance. Automation World. http://www automationworld com/view – 1646 (accessed May 21,2007).

[14] Kim,D. J. ,K. H. Park,and Z. Bien. 2007. Hierarchical longitudinal controller for rear – end collision avoidance. IEEE Transactions on Industrial Electronics 54: 805 – 817.

[15] Kopp,C. 2007. Active electronically steered arrays. Air Power Australia. http://www. ausairpower net/aesa – intro html (accessed May 30,2007).

[16] Lee,D. J. ,R. W. Beard,P. C. Merrell,and P. Zhan. 2004. See and avoidance behaviors for autonomous navigation. SPIE Optics East, Robotics Technologies and Architectures, Mobile Robot XVII 5609 – 05: 23 – 34.

[17] McLain,T. W. 2006,December. Autonomy and cooperation for small unmanned aircraft. Proceedings of TA-AC Conference in Santa Ana Pueblo,NM.

[18] Milkie,T. 2007. Passive Acoustic Non – Cooperative Collision Alert System (PANCAS) for UAV Sense and Avoid. Unpublished white paper by SARA,Inc.

[19] Narinder,T. ,and D. Wiegmann. 2001. Analysis of mid – air collisions in civil aviation. Proceedings of the 45th annual meeting of the Human Factors and Ergonomics Society.

[20] Netter,T. ,and N. Franceschini. 2004. Neuromorphic motion detection for robotic fight guidance. The Neuromorphic Engineer 1: 8.

[21] Nordberg, K. , P. Doherty, G. Farneback, P. Erick – Forssén, G. Granlund, A. Moe, and J. Wiklund. 2002. Vision for a UAV helicopter. Proceedings of IROS'02,Worksho Pon Aerial Robotics.

[22] Sandia National Laboratories. 2005. Synthetic aperture radar applications. http://www. sandia gov/RA-DAR/sarapps html (accessed May 21,2007).

[23] Saunders,J. B. ,Call,B. ,Curtis,A. ,Beard,R. W. ,and McLain,T. W. 2005. Static and dynamic obstacle avoidance in miniature air vehicles. American Institute of Aeronautics and Astronautics. 2005 – 6950.

[24] SELEX Communications. 2006. LOAM ®—laser obstacle avoidance system.

[25] Sensis Corporation 2006a. Automatic Dependent Surveillance—Broadcast Ground – Based Transceivers.

[26] Sensis Corporation 2006b. Capstone: Sensis solutions at work.

[27] Shah, M. , A. Hakeem, and A. Basharat. 2006. Detection and tracking of objects from multiple airborne

cameras. The International Society of Optical Engineering,1 – 3.

[28] Stanford University. 2006. Stanford racing team's entry in the 2005 DARPA Grand Challenge. http://www stanfordracing org (accessed May 21,2007).

[29] Suwal,K. R. ,W. Z. Chen,and T. Molnar. 2005,September. SeFAR integration TestBed for see and avoid technologies American Institute of Aeronautics and Astronautics Infotech,Arlington,VA.

[30] Taylor,M. 2005,October. Multi – mode collision avoidance systems (M2CAS). Proceedings of TAAC Conference,Albuquerque,NM.

[31] Theunissen,E. ,A. A. H. E. Goossens,O. F. Bleeker,and G. J. M. Koeners. 2005,August. UAV mission management functions to support integration in a strategic and tactical ATC and C2 environment. AIAA 2005 – 6310 AIAA Modeling and Simulation Technologies Conference and Exhibit,San Francisco,CA.

[32] Wolfe,R. C. 2002a,October. Cooperative DSA & OTH communication fight test. Proceedings of TAAC Conference,Santa Fe,NM.

[33] Wolfe,R. C. 2002b,October. Non – cooperative DSA fight test. Proceedings of TAAC Conference,Santa Fe,NM.

[34] Wolfe,R. C. 2006. Sense and avoid technology trade – offs. UAV Systems,the Global Perspective,152 – 155.

[35] Zajkowski,T. ,S. Dunagan,and J. Eilers. 2006,April 24 – 28. Small UAS communications mission. Eleventh Biennial USDA Forest Service Remote Sensing Application Conference,Salt Lake City,UT.

[36] Zufferey,J. C. ,and D. Floreano. 2006. Fly – inspired visual steering of an ultralight indoor aircraft. IEEE Transactions on Robotics 22: 137 – 146.

第8章 无人机系统安全评估

8.1 引　言

随着航空技术的日新月异,航空组织和制造商逐渐认识到新的安全问题和日益变化的安全需求。无人机系统领域也不例外。事实上,这一领域的安全问题更受关注。由于机上没有飞行员,操纵系统复杂,航电设备不断变化,软件不断更新,使得安全问题成为无人机系统融入国家空域系统的一个主要障碍。

本章将探讨一些安全工具和方法(例如危险分析及其各种形式),介绍风险评估过程,并为开发风险评估工具提供指导。最后,还将讨论安全评估和有关无人机系统事故调查方面的一些思路。

8.2 危险分析

危险分析(Hazard Analysis)可以采用多种形式。本节将讨论几种常用的危险分析类型。危险分析的目的和功能完全基于应用该分析的无人机系统的运行使用阶段。

8.2.1 目的

危险分析是系统安全领域的常用工具。通常,这些工具的使用贯穿于产品全寿命周期的各个阶段。理查德·斯蒂芬斯(Richard Stephans)在他的著作《21世纪系统安全》(System Safety for the 21st Century)一书中明确了产品全寿命周期的不同阶段,包括概念、设计、生产、使用和销毁等。在无人机系统的使用过程中,我们不会具体探讨产品全寿命周期内的情况,而是重点考察使用阶段。无人机系统的使用一般划分为如下几个阶段,即规划、准备、发射、飞行和回收等阶段。在以上每个阶段内正确运用危险分析工具将有助于早期确定并最终尽早解决安全问题。

8.2.2 预先危险列表

初步危险列表(Preliminary Hazard List,PHL)正如其名,就是一个列表。简单地说,它是一个用于确定无人机系统使用早期存在的初步安全问题的工具。为了充分发挥 PHL 的作用,需要向熟悉无人机系统各个使用阶段的人获取各种信息。该过程中可能需要使用的 PHL 的样本如图 8.1 所示。

		预先危险列表/分析（PHL/A）			
日期:_____	填写人:_____			页码_____	
使用阶段:	规划	准备 发射	飞行	回收	
跟踪号	危险	概率	严重性	RL	规避措施	RRL	备注

RL=风险等级; RRL=剩余风险等级 (Residual Risk Level);
概率、严重性和风险等级的定义见 MIL-STD-882D/E

图 8.1 预先危险列表/分析(PHL/A)

使用 PHL 列表时,首先必须对需要评估的阶段有一个深入的了解。在表格顶部选择评估阶段(规划、准备、发射、飞行和回收),以便将各团队成员提交的表格进行归类,便于查阅。随后,列出跟踪号(1、2、3 等)以及所选阶段的潜在危险。例如,在准备阶段可能需要列出附近地形特征(树木、高压电线、电线杆和天线等)。列出危险表后,我们需要确定危险的概率和严重性。在"概率"一列中,选择填写经常、可能、偶尔、极小或不可能等。这些概率级别的定义和列表见后文的附录 1 和 MIL－STD－882D/E。

接下来的一列是严重性。在这一列中,选择填写灾难性、极严重、较严重、或可忽略等。和概率级别一样,严重性类型和定义也可参见附录 1。危险列表的最后一列为 RL(Risk Level),即风险等级。这个时候我们可以根据相应的概率和严重性来确定初步风险等级值了。例如,如果确定从附近种有树的机场(场地)发射无人机,其碰到树的概率极小,但严重性为"极严重",那么,利用 MIL－STD－882D/E 的,可以确定这一危险的风险等级为 10(注意:数值越大,风险越低)。如果决定自行制作预先危险列表或分析(PHL/A),必须注意并不是所有都是这种表达方式,在有些表格当中,数值越小,风险越低。

8.2.3 预先危险分析

一旦确定风险等级之后,就要进入到风险分析阶段,分析究竟应该如何来规避所列的危险。这相当简单,只需研究降低或规避危险的措施。在考虑规避措施时,要考虑风险的概率和严重性。就概率而言,需要制定消除或减小事件发生概率,或者更好知晓事件发生的方法。例如,如果确定无人机离场和进近的跑道端有树木,在规避措施中我们可以列出多个办法。首先,可以改变地点,转移到一个没有树干扰的机场。其次,可以将树砍去。再次,最合理的方法是,可以确定或修改发射和回收程序。

下一列为RRL,即剩余风险等级。这里需要考虑的问题是,给定的规避措施究竟能否降低风险?正如确定风险等级时一样,必须考虑概率和严重性。可能两者(概率和严重性)之一或两者都发生了变化。其中任何一个因素的改变都可能降低或提高风险等级。显然,如果给定的措施最终导致风险等级提高,便不应予以采用了。

最后一列是带标签备注,可以自行决定如何填写。在采取规避措施时若有任何需要特别注意的事项,可以将其详细填入这一列中。填写完 PHL/A 工作表之后,必须牢记 PHL/A 是用于确定预先危险的一种工具。一旦无人机系统开始执行任务,应进行操作危险分析,以评估采取规避措施后的危险。诸如 PHL/A 等危险分析工具对评估无人机系统使用周期中的危险极为有用。操作危险分析工具的主要目的是为用户提供早期确定、分析和规避危险的系统方法。

8.2.4 操作危险评估与分析

正如 PHL/A 工具系用于在无人机使用早期预先确定初始安全问题,操作危险评估与分析(Operational Hazard Review and Analysis,OHR&A)主要用于确定和评价整个使用过程及其各个阶段(规划、准备、发射、飞行和回收)的危险。这是连续危险评估的一个关键部分,可用于判断所运用的危险规避措施是否能够产生预期效果和提供必要的反馈。

显然,尽管 PHL/A 中所列的危险项均受到持续监视,但无人机操作期间仍然可能发生其他未预见的危险。在 OHR&A 中经常需要考虑到的事项主要是人的因素方面,包括人与设备、操作系统之间的界面,以及机组资源管理(Crew Resource Management,CRM)。这是一个相当复杂的问题,其复杂程度取决于机组成员的人数及具体任务。人的因素和机组资源管理(将在后文中深入探讨)必须持续加以监控。

OHR&A 的使用方法与 PHL/A 非常相似(图 8.2),其主要区别在于措施评估一栏。在这一栏中,我们应给出 PHL/A 中所确定采取的规避措施是否充分的判断结果。如果措施不充分,危险状况没有发生任何改变,则应重新列出危险。如果应用这些措施改变了危险状况,则应列出状态发生改变的危险项。OHR&A 工具的剩余部分与 PHL/A 的一样。为了确保工作有序进行,建议使用单独的工作表对所列危险以及新的操作危险进行评估,OHR&A 表中的跟踪号应与 PHL/A 所列相对应,以便有序组织安全分析和评估信息。与 PHL/A 一样,OHR&A 工具的概率等级、严重性类型和均可参见附录1。

操作危险评估与分析（OHR&A）								
日期：_____ 填表人：_____ 页码：_____								
使用阶段： 规划　准备　发射　飞行　回收								
跟踪号#	措施评估	概率	严重性	RL	规避措施	RRL	备注	

RL=风险等级；RRL=剩余风险等级；
概率、严重性和风险等级的定义见MIL-STD-882D/E

图 8.2　操作危险评估与分析（OHR&A）

8.2.5　变更分析

变更分析研究在后续安全评估和分析中将发挥关键作用。变更分析所要做的工作就是评估和检查无人机操作过程中是否发生任何变更。例如，如果对无人机系统的软件作出变更，升级了计算机或操作系统，则应对这一变更作出评价，评估其对整个操作过程的影响。例如，当修改发射程序，以缩短无人机升空时间时，也应加以评估。在进行变更评估时，可利用OHR&A工作表，将所有相关变更均列于措施评估栏，然后执行工作表即可。

8.3　风险评估

Maguire（2006）指出："对风险（Risk）的公共感知是保证安全的关键。"可以进一步推断，在无人机系统领域，对风险的公共感知是空域集成和准入的关键。对待风险的态度和管理风险的方式是非常关键的。各大军队、航空公司和一些飞行训练学校一直在使用的一种工具就是基础风险评估矩阵（Basic Risk Assessment Matrix）。如图 8.3 所示，风险评估工具是从为飞行训练计划开发的工具演变而来的。风险评估的最佳定义即为对常见操作使用危险的严重性和概率等进行评估。

小型无人机风险评估				
2/20/10	堪萨斯州立大学,萨利纳			
无人机机组/席位：_____ /_____　　　_____ /_____				
_____ /_____　　　　　　　_____ /_____				

任务类型	支援 1	培训 2	载荷检验 3	实验 4
硬件变更	否 1			是 4
软件变更	否 1			是 4
活动空域	特种用途 1	C类 2	C类 3	E/G类 4
飞行员是否驾驶过该型飞机	是 1			否 4
飞行条件	昼间 1			夜间 4
能见度	≥10英里 (16km) 1	6~9英里 (9.7~14.5) 2	3~5英里 (4.8~8) 3	<3英里 (4.8km) 4
升限 离地高度/英尺	≥10000(3050m) 1	3000~4900 (915~1495m) 2	1000~2900 (305~885m) 3	<1000(305m) 4
地表风		0~10节 2	11~15节 3	>15节 4
预报风力		0~10节 2	11~15节 3	>15节 4
天气条件是否恶化	否 1			是 4
任务高度（离地高度）/英尺		<1000 2	1000~2900 3	≥3000 4
是否所有机组成员具有资质	是 1		否要求取得飞行资质 3	
其他靶场/空域活动	无 1			有 4
是否有确定的失去通信程序	是 1			否 无飞行活动

(续)

观察类型	视距内跟踪 1		仅跟踪 3	仅视距 4
无人机编组（Grouping）	第一组 1	第二组 2	第三组 3	第四组 4
总计				

(1 节 = 1 海里/h = 1.842km/h)

风险等级			
20~30 低	31~40 中	41~50 严重	51~64 高

飞机编号：_____　　　　　　机型：_____
飞行批准人：_____　日期：_____　时间：_____

图 8.3　小型无人机风险评估

8.3.1　目的

风险评估工具主要有两个目的：一是让无人机(UAS/RPA)操作员快速浏览一下飞行活动，决定是否执行飞行；二是提供安全保障和所需实时信息的管理，以便对飞行活动的总体安全进行持续的监控。该工具应由无人机操作员在每次飞行前填写并向机组下达简报。简报应至少包括对风险、危险的评估和与飞行相关的考量。该工具只是决策过程的辅助手段，不应作为判断是否执行飞行决策的唯一方法。

8.3.2　开发

图 8.3 所示的风险评估工具是为小型无人机使用设计的。如上所述，风险评估工具是决策过程的一种辅助手段。风险评估工具的开发应以特定飞行活动为基础。首先，召集直接参与任务的人员，就飞行活动的各种因素进行讨论，如天气、机组休息、空域等。此外，还要考虑 PHL/A 列表中可能根据飞行周期作出变更的各项内容。

一旦列出 PHL/A 表，下一步就要确定哪些因素会改变危险概率和严重性。此时必须决定是否需要采用数量等级评定范围。如果不用为宜，需要注意确定总体风险等级并无捷径可循。建议增设特定类型的等级评定系统。在图 8.3 所示的数量系统中，表的下方注明了风险总值范围。每个总值标范围都有对应的总体风险等级类别（低、中、严重、高）。这些类别及相应的风险指数均列于 MIL-STD-882D/E 和附录 1。这种数量范围便于计算机跟踪和监控总体运行风险。总体风险类型可辅助用于机组简报，使其清楚地了解飞行活动的风险等级。

最后，在开发风险评估工具时，还应注意对风险评估工具进行评估和更新。应定期对工具的有效性进行评估，必要时应作出修改。某些已确定的因素可能会发生改变，其原因可能是因为平台发生了改变，或影响因素、危险已经消除。同时，还应重新评估 OHR&A 和变更分析，以确定是否有新的危险需要加以考虑。

8.3.3 使用

使用图 8.3 所示的风险时，首先应列出机组成员及其位置或席位。接着，从左侧第一栏开始，第一个操作操作因素是任务类型，其右侧所列的是任务类型选项，包括支援（包括范围广泛的活动，如灾难响应）、训练（例如：新无人机操作员的训练）、载荷检查（例如：任务载荷升级或更新）、实验（例如：新平台、新型号或新的无人机运用等）。

从第一行开始看，如果任务类型是训练，相应的风险数值为 2，那么在最右侧一栏中填入 2；如果任务类型是实验，那么在最右侧一栏中填入 4。然后继续往下看左侧所列的操作因素，根据飞行活动确定相应的风险等级，并将数值填入最右侧一栏中。风险等级从左至右逐渐上升。所有操作因素的风险等均确定之后，将最右一列的数值相加，得出总的风险值。

计算出总风险值之后，看看该值处于哪个范围。例如，如果总值是 26，风险等级即为低级。低、中、严重、高四个风险等级是根据 MIL – STD – 882D/E 确定的。风险等级下方是飞机编号、机型、飞行批准人、日期和时间。除"飞行批准人"一栏由管理机构人员（首席飞行员、任务负责人等）填写外，其他各项都可自行确定填写，其目的是让管理机构审查每个评估的操作因素以及总的风险值，签名并承担风险。注意，这只是评估飞行活动风险和安全性的一个辅助工具，不应作为决定是否执行任务的唯一依据。

再回到表中，在左侧所列的操作因素中，有些因素需要进一步解释一下。硬件变更是指机翼设定和发动机等方面的变更；而诸如操作系统升级或使用新的软件版本等则属于软件变更。在"活动空域"这项因素中，其中一个选项是"特种用途"，它是指限飞区或临时限飞（Temporary Flight Restrictions，TFR）区域。在同一行中还有 C、D、E、G 类空域。空中交通管制（ATC）的介入度越低，风险等级越高。目前，民用无人机主要使用两类限制空域，即 E 类和 G 类，除非通过特定授权或豁免，如获得授权证书（COA）。在"其他靶场/空域活动"中，有"有"或"无"两个选项。关于这一点，如果有其他飞机在邻近空域或限飞区，可能对飞行活动构成危险，因此需要加以考虑。最后一项是无人机编组。关于编组的详细信息可以登录 FAA 网站（www.faa.gov）查询。总体来说，这种编组方式强调了诸如重量限制、速度限制和高度限制等多种不同因素。

8.4 安全性评价

无人机系统融入美国国家空域系统的一个关键因素就是安全性评价。联邦航空管理局(FAA)认为无人机系统必须达到可接受的风险等级。要做到这一点非常具有挑战性。本节将探讨辅助飞行安全性评价过程的几种方法,主要包括风险评估、飞行测试卡和适航性。

8.4.1 风险评估

如前所述,风险评估有两个目的:一是让无人机操作员在飞行前快速浏览一下飞行活动,决定是否执行飞行(注:风险评估应在每次飞行活动之前完成);二是提供安全保障和所需实时信息的管理,评估飞行活动的风险并对总体安全进行持续的监控。正是这种评估和持续的监控,与已完成的风险评估工具共同为判断飞行活动风险等级是否可接受提供了必要的数据。

8.4.2 飞行测试卡

安全性评价的另一个关键因素是飞行测试卡。飞行测试卡列出了无人机和/或地面站必须执行的任务或功能。这些测试卡通常是在某种特种用途空域中执行的(例如:不需要联邦航空管理局授权或不需要授权证的限飞区)。总之,安全性评价的唯一目的就是形成良好的安全惯例并获得所需的安全性数据,以获得 FAA 对无人机在国家空域系统飞行的授权。

图 8.4 所示的测试卡是大学申请适航证之前要求完成的最终飞行测试卡。当制作诸如适航、自动着陆或特定任务载荷的测试卡时,必须了解所用的设备及其限制条件,并熟悉 FAA 对无人机运行的要求。制作得当的测试卡与风险评估一样,都是一笔很好的资产。这两个工具可以在提供使用安全数据、申请适航证的过程中发挥长期的作用。

8.4.3 适航性认证

根据联邦航空管理局的规定,公共机构可以选择自行证明适航性。当然,自行证明适航性也需要几个步骤,而不是只说"一切看起来都很好,我们可以适航,我们去飞吧"这么简单。使用本章讨论的这些工具,如风险评估和飞行测试卡,在这一过程中将非常有用。然而,在真正飞行之前,还必须考查操作员和机组资质、航空器可靠性、地面控制站可靠性及程序/软件的性能等问题。至于操作员和机组,需要审核其资格证书,如飞行员证书、经验和使用系统的能力等;至于航空器的可靠性,需要考查结构完整性、动力装置(发动机)的可靠性以及气动结构及整体性

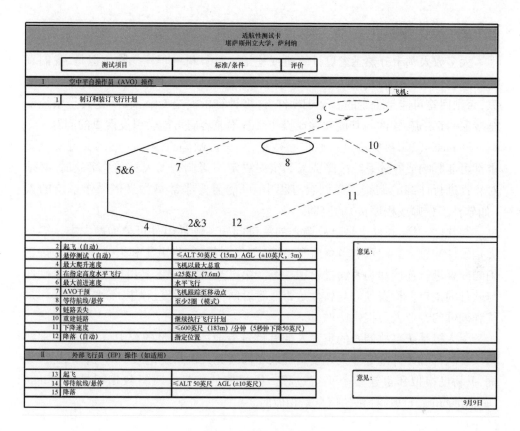

图 8.4 适航性测试卡

能等;至于地面控制站可靠性,要了解设备的可靠程度如何,如设备出现故障有无备份或应急方案等;最后是程序和软件的性能问题,如程序是否方便用户使用,是否能最大程度地减少人的因素的问题,所使用的软件和程序的可靠性如何,有无备份系统,有无频率问题或冲突等,问题总是层出不穷的。就像所要评估的项目一样,关键是应该有一种记录这些信息的方法,如表格、检查单或者两者结合。以上是几个需要考察的领域和需要回答的一些问题,其目的是对航空器进行进一步的安全评估,保证飞行顺利。

8.5 事故调查中的考虑因素

在无人机系统事故调查中可获得的信息非常少,尽管许多传统上用于有人机事故调查的工具和方法也可以使用,但对于无人机而言,依然存在一些独特之处。

8.5.1 软件和硬件

大多数人都十分熟悉家庭计算机或笔记本计算机的程序操作。但是,我们真的熟悉软件吗?我们真的了解所使用的程序的所有特点吗?除非你是计算机专家,否则回答可能是否定的。至于软件,许多计算机安全专业人员(尤其是系统安全专家)都知道,软件与其他软件或操作系统不兼容时可能会引发严重的问题。

Stephans(2004)曾说过:"软件参数错误、设计缺陷或缺乏一般的关键安全要求都可能影响或导致系统故障或人为错误决定。"当调查无人机系统事故时,必须对软件进行仔细的调查。在调查过程中,可能需要非常熟悉具体操作系统的人(如软件工程师或程序员)的协助。

与软件一样,硬件也是事故调查的关键问题。硬件组件可分为两大类。第一类是硬件配置。必须重点考察所有组件(如发射机、备份电源和天线等)是否按正确的配置进行连接和是否通过物理检查。第二类,也是最容易出现问题的,是硬件与软件的接口。检查硬件与软件是否兼容。同样,在检查过程中,需要熟悉操作系统和硬件的专业人员提供协助。

无人机系统事故调查的负责人拥有挑选专业团队成员的权力,由这些非常熟悉系统软件和硬件的专业人才负责提取和修改无人机系统记录下的飞行和运行数据,并协助模拟和重建整个飞行过程。所提取的信息与飞行数据记录仪(Flight Data Recorder,FDR)提供的信息是相似的。

8.5.2 人的因素

人的因素在第9章将专门论述,但有必要在本节特别提一下。随着时间的推移,关于人的因素和无人机系统活动的研究会越来越多。本节将提出在调查无人机系统事故或事故征兆时,需要考虑的几个问题。首先是机组协调。与民航飞机上只有2或3名座舱机组人员不同,无人机系统(UAS/RPA)的活动除飞行员或副驾驶(很多情况下兼任务载荷操作员)以外,还需要更多的机组人员。如果无人机系统配备有自动着陆/起飞系统,则需要增加一名外部飞行员承担遥控(remote control)的工作。在大多数情况下,还需要一名观察员或一架有人驾驶的跟踪飞机。这也会增加机组协调的复杂性。

系统复杂性或用户友好性是需要考虑的另一个问题。许多操作系统及相关软件是由毫无航空经验的计算机工程师设计的。对他们来说简单的事情,对无人机操作来说未必简单或者符合检查单流程。系统设计时,如果未考虑到人的因素,将大大提高操作员出错的概率。这些差错在任何时候都有可能发生,包括在时间敏感态势下的任务规划和编程(例如:为防止空中相撞而快速改变飞行计划时)。

8.5.3 建议

针对无人机系统事故调查,本节特提出几点建议。第一,在调查过程中切忌单枪匹马,必须邀请熟悉该领域的专家来协助获取信息和分析信息。第二,制定周密的计划,了解需要重点调查的问题。图8.5所示的事故调查表是一种调查工具。该表列出了重点调查问题以及给团队成员分配的具体任务。

		事故调查表			
IIC		案例编号		开始日期	
任务	部门负责人				
飞行员/维护					
安全评估					
人的因素					
软件/硬件					
ATC（如适用）					
天气/机场					
结构/性能					
目击者					
其他					

图 8.5 事故调查表

8.6 结论和推荐

本章为无人机安全和安全性评价提供了良好起点。本章所讨论的工具是作者在多年无人机系统飞行和评估实践中所总结出来的,并且多年来一直都在使用,在这方面已经获得授权证书。随着无人机系统领域的不断扩大,对安全性的需求也日益提高。若有兴趣开阔安全方面的视野并准备踏入这一领域,请参考以下几条建议:首先,参加安全培训课程,安全管理、系统安全和安全管理系统等课程对于开发安全评估工具和进行安全性评估非常有用;其次,阅读本书中的参考部分,在网上或图书馆阅览参考书,读者定会受益良多。

思 考 题

8.1　请介绍并描述无人机系统使用阶段。
8.2　请给出"概率"和"严重性"的定义。
8.3　PHL/A 和 OHR&A 两种工具之间有何区别?
8.4　风险评估的目的是什么?
8.5　安全性评价的目的是什么?
8.6　有人机事故调查与无人机事故调查之间有何区别?

参 考 文 献

[1] Federal Aviation Administration. 2009. Small Unmanned Aircraft Systems Aviation Rulemaking Committee: Comprehensive Set of Recommendations for sUAS Regulatory Development.
[2] Department of Defense. 2000. MIL – STD – 882D—Standard Practice for System Safety.
[3] Maguire, R. 2006. Safety Cases and Safety Reports. Burlington, VT: Ashgate.
[4] Shappee, E. 2006, March. Gradingthego. Mentor. 8:12.
[5] Stephans, R. 2004. System Safety for the 21st Century. Hoboken, NJ: Wiley – IEEE.

第9章　无人机系统中人的因素

9.1　引　言

人的因素(Human Factors,HF,简称人因)这一学科主要起源于第二次世界大战期间的航空需求。人因科学的先驱(如 Alphonse Chapanis 和 PaulFitts)将航空心理学的原理推广到人-机交互领域。研究与设计方法从将人与机器分别视作独立实体转变为将人-机视作一个系统。这一变化使研究人员能够以经验为主地评估人-机系统的各个方面,并为界面设计人员提出适当的建议。今天,人因学(human factors)与人类工程学(ergonomics,地方术语)领域涵盖的学科有心理学、人体测量学、人种学、工程学、计算机科学、工业设计、运筹学以及工业工程等。在20世纪后期,人因工程原理已经在世界范围内的工业和政府部门应用于产品和工业设计。

在过去的20年中,人因科学回归本意,广泛应用于无人机系统领域。本书前几章向读者介绍了无人机的历史、监管、程序、设计以及工程等方面的内容。在这些章节的内容中,无人机平台的变化是显然的。通过在线搜索可以发现,全球40多个国家在过去和现在一共拥有数以成千上万的平台。大量无人系统为美国军方所有,不同的分支都制定了多层的分类模式,粗略地基于高度(空军)、使用距离(陆军)和飞机大小(海军和海军陆战队)进行划分。

无人机系统的多样性使其能应用于很多军用、商用和民用领域。许多无人机使用团队都包括任务规划员、内部飞行员、外部飞行员和有效载荷操作员。对于自动化的大型无人机,例如空军的"全球鹰"无人机,任务规划比实时控制更为关键。另一方面,对于小型和微型的无人机,如空军的"蝙蝠"(Bat)、海军和海军陆战队的"黄蜂"(Wasp)以及陆军的"大乌鸦"(Raven)等,则在起降的某些飞行阶段要求有外部飞行员。有些无人机还需要内部飞行员遥控完成剩余任务。

无人机系统多样性的另一个原因,是使用环境和任务相关目标推动了基本的实用主义设计,这是无人机系统设计背后的主要驱动力。结果,系统不可避免地在操作员需求和工作负荷方面存在差异,导致现有平台需要考虑不同的人的因素。以下就军用无人机系统事故和意外的分析就能证明这一点。

9.2 无人机系统事故和意外分析

美国国防部《2009—2034 无人系统综合路线图》中对无人机的灾难性事故率进行了分析,图 9.1 为 1986 - 2006 年具体的统计数据,可以看出,无人机飞行的灾难性事故率比有人军用飞机高出 1~2 个数量级。随着经验的丰富及技术的提高,无人机系统可靠性不断提高,目前已达到与早期有人驾驶军用飞机相当的程度。

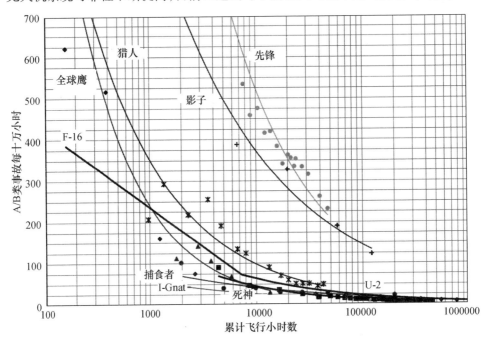

图 9.1 美国军用飞机及无人机系统灾难性事故率对比

美国空军科学咨询委员会(Air Force Scientific Advisory Board,AFSAB)于 1996 年指出,称人 - 机界面是无人机系统中最迫切需要予以改进的一个环节(Worch 等,1996)。无人机系统意外事故根源的最可靠证据来自美国军方。据军方数据统计,人为错误引发的事故占无人机系统意外事件的大约 1/2。具体而言,在美国各军兵种中,人为错误引发的事故占总量的 28%~79% 不等(见表 9.1);而根据各类型无人机的统计,该数据则为 21%~68% 不等(Rash 等,2006)。2001 年,国防部估计无人机的事故率为有人机的 10~100 倍,其中因操作员出错而引发的事故占所有意外事件的约 20%(国防部,2001)。

Rash 等(2006)对不同部门的事故数据进行了对比分析。正如表 9.1 所示,在美军不同部门之间,人的因素占无人机事故诱因的比例不尽相同。Rash 等通过与其他部门对比发现,空军的人为错误率与起降时的操作环境和无人机的自主水平有关。空军提供的无人机事故数据是在作战行动过程中采集到的,期间所部署的无人机为高度自动化的(如"捕食者");陆军和海军提供的数据则是在训练过程中采集到的,期间部署的无人机配备了外部飞行员。Rash 等得出结论:空军人为错误速率的上升是自动化配合不当,以及战场作战压力高于训练的结果(Parasuraman 和 Riley,1997)。无人机在起降阶段的错误率也比有人机要高。

表 9.1 美军各部门的无人机事故和意外中的人为错误率

资料来源	无人机作战时段	分析的事故数量	美国空军/%	美国陆军/%	美国海军/海军陆战队/%
Manning 等(2004)	1995—2003	56	—	32	—
Schmidt 和 Parker(1995)	1986—1993	107	—	—	33
Rogers 等(2004)	1993—2003	48	69	—	—
Seagle(1997)	1986—1997	203	—	—	31
Williams(2004)	1980—2004	12、74、239	67	36	28
Tvaryanas 等(2005)	1994—2003	221	79	39	62

资料来源:Rash,C.,P. LeDuc 和 S. Manning,2006 年,《美国军用无人机事故中的人为错误》,选自《遥操作平台中人的因素》(Human Factors of Remotely Operated Vehicles),N. Cooke,H. Pringle,H. Pedersen 和 O. Connor,117-132,Oxford,UK:Elsevier

然而,以上两种统计数据都不足以说明不同部门之间存在明显差异。事实上,空军的全自动化的"捕食者"系统比陆军和海军采用外部飞行员的系统实施的人为干预要少。其中,后者是由 Parush(2006)提出一种想定,在这种想定下事故率最高,尤其在训练期间。而且,虽然训练环境下的操作压力较小,但无人机受训人员由于是缺乏经验的新手,因此预计比部署在战场上的经验丰富的飞行员所犯的错误要多。

Manning 等(2004)撰写的第 2004-11 号《美国空军研究实验室报告》对此进行了最为详细的分析。该报告将人的因素分析与分类系统(Human Factors Analytics and Classification System,HFACS)和 4W 清单(4W 分别指时间、内容、原因和处理,When,What,Why,What,详见后文解释)方法进行了对比,并对事故进行了分类。HFACS 把事故分为四个等级:

一级:不安全行为;

二级:不安全行为的前提;

三级:不安全监督;

四级:组织影响。

这种整体分类可进一步细分成 17 种操作错误的原因因素,详见图 9.2(Shappell 和 Wiegmann,2000;Wiegmann 和 Shappell,2003)。

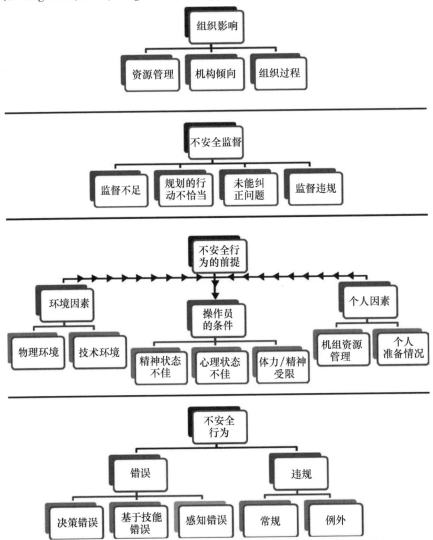

图 9.2　HACS 规定的四级错误(组织影响、不安全监督、不安全行为的前提和不安全行为)和 17 种人的因素(Wiegmann 和 Shappell,2003,《航空事故分析中的人为错误:人的因素分析与分类系统》,Hampshire,UK:Ashgate)

虽然错误类型有很多(Adams,1976;Bird,1974;Degani 和 Weiner,1994;Firenze,1971;Helmreich 和 Foushee,1993;O'Hare 等,1994;Sanders 和 Shaw,1988;Suchman,1961),但 Reason(1990)提出核事故分析系统方法,已经使意外和事故的建模方

法发生了彻底变化。由于在出现错误的不同系统级别中,均存在着隐/显性疏忽的问题,因此,Reason 提出的模型被称为瑞士奶酪模型(Swiss Cheese Model,图9.3)。HFACS 则弥补了 Reason 模型的这种不足,其意外分析架构已经通过无数次意外事故分析的验证。

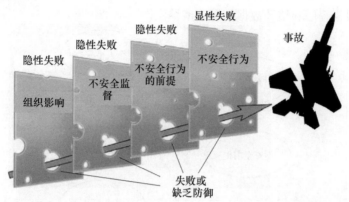

图9.3 安全故障的 Reason 瑞士奶酪模型——高层隐藏的错误慢慢下移,导致不安全行为(Wiegmann 和 Shappell,2003,《航空事故分析中的人为错误:人的因素分析与分类系统》,Hampshire,UK:Ashgate)

HFACS 是一种多层面的分析方法,直接采用了认知、行为、人类学工程、组织、工业和航空医学的观点。它起源于20世纪90年代,现已被 Wiegmann 和 Shappell(2003)成功运用于军队和地方领域。此外,它还被 Manning 等(2004)、Tvaryanis 和 Thompson(2008),以及 Tvaryanis 等(2005)成功地应用于无人机系统。

Manning 等(2004)发现人为引发的无人机系统错误可分为以下几类:不安全行为(61%)、不安全监督(50%)以及组织影响(44%)。然后用4W 法对数据进行分析,并与 HCACS 的分析结果进行对比。4W 法以陆军部385-40 号手册阐述的方法为基础,通过分析四个问题来研究最终酿成事故的事件过程。这四个问题分别是(陆军部,1994):

(1) 错误/失败/伤害是何时发生的?(When)
(2) 发生了什么?(What)
(3) 为什么会发生?(Why)
(4) 应该如何处理?(What)

回答完这几个问题之后,再将事故归为以下几类:

➢ 个人事故
➢ 领导事故
➢ 训练事故
➢ 支援事故

➢ 标准事故

利用 HFACS 和 4W 得出的结果是一致的,在相同的 18 个(总计 56 个)案例中都发现人为错误是意外事故的原因。此外,图 9.4 所阐述的正是 HFACS 中的四个事故级别与 4W 法的五个类别之间的关系。Manning 等(2004)对案例重要部分缺乏充分的报告程序和统计数据而深感遗憾。

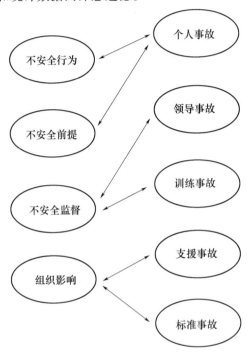

图 9.4　HFACS 与陆军部 385 – 40 号手册分别指出的错误原因之间的关系
（C. Rash P. LeDuc 和 S. Manning,2006,《美国军用无人机事故中的人为错误》,选自《遥操作平台中人的因素》(Human Factors of Remotely Operated Vehicles),
N. Cooke,H. Pringle,H. Pedersen 和 O. Connor,117 – 132,Oxford,UK:Elsevier）

Tvaryanis 等(2005)改进了 Manning 等(2004)的方法,利用 HFACS 系统对美军无人机系统意外事件中的人的因素进行了长达十年的剖面式分析。通过分析发现,60%(133/221)的事件是人为干预的结果。不安全的操作员行为预测模型是用二元逻辑回归建立起来的。在空军当中,可以通过技术环境和认知因素($p < 0.010$)对不安全行为进行预测;在陆军当中,可以通组织过程、心理行为因素以及人力资源管理($p < 0.001$)对不安全行为进行预测;而在海军当中,则可通过工作、注意力和风险管理($p < 0.025$)对不安全行为进行预测。基于技能的错误在空军当中是最为普遍的($p = 0.001$),与其他军种相比,违规事件在陆军当中是最普遍

的($p = 0.016$)。总而言之,反复发生组织、监督和前提层面的潜在失败,导致50%以上无人机系统跨部门意外事件,只是错误的形式在军队不同部门之间有所不同。作者建议就这些调查结果对各部门实施干预。

Tvaryanis 等(2005、2008)以及表 9.1 和表 9.2 相关的研究,证明了军事行动环境对无人机系统性能有着巨大影响。

表 9.2 先前无人机意外研究总结

资料来源	美军部门	所用分类	涉及人的因素的事故百分比	意外涉及的人的因素和相应百分比
Schmidt 和 Parker (1995)	海军 $n=170$	无	>50% (估算)	航空医学检查 选择程序 机组资源管理(CRM) 机组站设计 职业领域发展
Seagle (1997)	海军 $n=203$	不安全行为类	43%	不安全行为(59%) 意外行为(52%) 滑动(2%) 失误(16%) 错误(39%) 意识行为(7%) 违法(7%) 不安全状况(46%) 航空医学(20%) CRM(27%) 准备阶段违规(7%) 不安全监督(61%) 未预见(34%) 预见(47%)
Ferguson (1999)	海军 $n=93$	不安全行为类	59%	不安全行为(38%) 有意(17%) 错误(12%) 违规(7%) 无意(20%) 滑动(14%) 失误(3%) 不安全状况(40%) 航空医学(10%) CRM(28%) 准备阶段违规(10%) 不安全监督(43%) 未预见(15%) 预见(12%)

(续)

资料来源	美军部门	所用分类	涉及人的因素的事故百分比	意外涉及的人的因素和相应百分比
Manning 等(2004)	陆军 $n=56$	HFACS	32%	不安全行为(61%) 基于技能(22%) 决策(33%) 错误感知(17%) 违规(11%) 先决条件(6%) CRM(6%) 不安全监督(50%) 监督不充分(33%) 未纠正已知问题(17%) 监督违规(11%) 组织影响(44%) 组织过程(44%)
Rogers 等(2004)	空军、陆军 $n=48$	人 - 系统事宜	69%	训练(27%) 团队表现(25%) 态势感知(25%) 界面设计(16%) 认知与决策(14%)

资料来源:A. Tvaryanas, W. Thompson 和 S. Constable, 2005,"美国军用无人机意外:用人的因素分析和分类系统(HFACS)评估人的因素的影响"(技术报告 HSW - PE - BR - TR - 2005 - 0001),Washington,DC:GeneralPrintingOffice

此外,无人机系统操作事故发生在从战地操作员到最高管理层的各个层面上。由于差异如此之大,必须考虑对在美国空域中飞行的每架无人机都进行系统地检查。政府问责局(Government Accountability Office,GAO)建议,必须在联邦航空管理局能够实施深入的人的因素/系统级别评估的指定研究场所进行逐项(case - by - case)分析,例如新墨西哥州立大学(NMSU)的无人机系统飞行测试中心(UAS Flight Test Center,GAO,2005)。

9.3 无人机系统中人的因素

在1999年首次举行的无人机系统技术分析与应用中心(TAAC)会议上,一位国际参会者谈到了多种无人机系统相关问题,其中就包括人的因素。首个针对认知问题的无人机系统学术研讨会,是由亚利桑那州立大学(Arizona State University)的认知工程研究院(Cognitive Engineering Research Institute,CERI)发起的。除了正式会谈和海报,参会者按不同议题被分成若干小组:认知与感知、选择与训练、仿真显示与设计、编队过程以及系统安全(Connor等,2006)。McCarley和Wickens(2004)也曾提出一种类似的分类方法,即显示与控制、自动与系统故障,以及机组编成、选择和训练等。

前文所述的不安全行为分类系统和人的因素分析与分类系统(HFACS)(Wiegmann和Shappell,2003),包括无人机系统操作中最重要的人的因素和相关人-系统构成要素。通过对军用/民用无人机事故报告的分析发现,一个简单的因素是无法降低无人机系统性能的。此外,操作环境、人-系统集成、系统自动化、机组编成以及机组训练可大大降低人的因素对系统性能的影响。

9.3.1 操作环境

对人-机接口的严格要求主要由使用环境决定。正如第3章~第5章的详细阐述,无人机系统的操作必须遵循任务环境的规定准则。截至目前为止,已经设计出了大量无人机系统,可填补军事、执法、民用以及学术性领域的空白。军事行动环境直接影响操作员的工作量和态势感知,影响机组人数和所需的系统自动化程度(Cooke等,2006)。虽然把工作量减小到最低程度或分散化,是所有界面设计人员的一般目标,但这种目标在性命攸关领域是特别值得的,这时操作员必须在高压态势下做出决定,有效、高效地执行程序。

9.3.2 人-系统集成

2004年,网络在线发行的"国防采办指南"(Defense Acquisition Guidebook)强调了不同美国联邦项目的系统方法。其第6章专门讨论了人-系统集成(Human-Systems Integration,HSI)方面的内容,并建议在系统设计和全程开发过程中采用以用户为中心的方法。

HSI是对复杂组织行为进行的系统级分析,涉及对工程、人的因素和工效学、人事、人力、训练、机组编成、环境可居住性和可生存性,以及系统安全视角等进行可行性集成(国防部,2003、2004)。HSI的基础概念是考虑某个系统全寿命周期各方面中的人的因素,以便减少资源利用和降低来自低效的系统成本,同时显著提高系统的性能和生产力(Tvaryanis等,2008,第2页)。

人的因素(例如,感知能力、认识能力、态势感知,以及在压力或需要高认知能力情况下的能力)有助于人-机系统的效能。McCauley(2004)指出了将继续应用于无人机系统领域的六项HSI事项:

(1) 人类的作用、责任和自主水平;

(2) 军事行动的指挥控制/概念;

(3) 人员配备、选择、培训和杂役;

(4) 恶劣的操作环境；

(5) 程序与工作辅助手段；

(6) 移动的控制平台。

不能只通过改进用户使效能和效率最大化，还应提高人与系统之间的链接。显示器、控制器与整个的人－机界面设计都是尊重用户的 HSI 构成。通过使用以用户为中心的设计技术，保证把人类工程学原则建立在真实世界系统中，设计人员能够创造出发挥人的真正潜能的无人机系统（国防部，2005）。但是，就像 McCauley（2004）观察到的那样，虽然人类工程学设计原则是短期目标，但引入高度成功的自动化必须是无人机系统设计人员的长期目标。

9.3.3 系统自动化

不同无人机系统在内建的自动化程度上有很大不同。高度自动化系统，如"全球鹰"无人机，在飞行前需要装订大量的任务规划结果，其中需要预先规划任务的每个细节，这一过程可能需要花费数天时间。而单人便携式无人机系统则在几分钟内就能部署。

自动化操作程序明显的好处是降低了操作员的工作量，因而提高了态势感知能力，机组人员可以把精力集中在关键性任务上。但无人机系统的自主能力通常是不完善的。不可靠性将导致界面操作员丧失信任，特别是当操作员的态势感知与自主化系统不符时（Parasuraman 和 Riley，1997）。而且，人对于自动化系统的同意程度是不同的，当后者陈述一个关键事件已经发生（服从）要比后者陈述一个关键事件未发生（依赖）分歧要大（Schwark 等，2010）。虽然自主能力在无人机系统上的使用增加了，但它对系统性能只产生了效益（注：目前状态）。未来在该领域的工作需要对自动化设备的用途进行经验分析。

9.3.4 机组规模、编成和训练

机组的大小和编成对操作团队执行任务的能力有很大影响。虽然某些微小型无人机可以单人操作，但多数无人机系统要求飞行机组包含几个成员（外部和/或内部飞行员）、有效载荷/侦察操作员，有时还需要任务规划员（Cooke 等，2006；McCarley 和 Wickens，2004；Williams，2004）。为了保证在这种情形下顺利完成任务，操作团队必须在非最佳环境以及寻常情景中进行训练。

现代武器系统的自主能力等级和其他特性不同，基本驾驶技能是否是训练效能、效率和任务成功率所需考虑的最重要因素？根据 Deptula（2008），"21 世界飞行员需要的最重要的战术技能，是在联军以及战争的所有层面能够快速获取、开发和共享信息的能力。"一旦涉及武器，就需要有更高水平的判断和理解能力（Deptula，2008）。

新的无人机系统和技术并不适应当前的训练项目,这些正在生产的飞行系统比现有的飞行训练制度更能对飞行员起作用。同时,功能相似的新技术系统看起来并不一样,操作员与这些系统的互动常常大相径庭(Hottman 和 Sortland,2006)。

一种以意识或唯象(相对于经验)为基础的方法,已经确定面向四个独立的技术标准相关的航空体,提出了对无人机操作员的要求。美国试验与材料协会(ASTM) F38 建议以"类别"认证模型(Goldfinger,2008)为基础,类似于有人机,飞行员收到的证书因特定的无人机和该无人机平台内特定的操作岗位而有所区别。有些岗位需要有美国联邦航空管理局的商用或仪表等级,有些则不要。2010 年,FAA 与 ASTM 建立了合作关系,制订了与无人机系统相关的许多标准。汽车工业协会(SAE)花费了四年多的时间制订考生训练大纲,已经开发了一份基础大纲和针对无人机系统任务特定参数的细化纲要(Adams,2008)。此外,航空无线电技术委员会(RTCA)主动与 FAA 合作,致力于发展多种无人机系统技术和包括操作员的子系统。最后,FAA 的小型无人机系统航空规则制定委员会(ARC)正在积极寻求建立小型无人机系统的规则。

北大西洋公约组织(North Atlantic Treaty Organization,NATO,简称北约)也已着手制定无人机系统操作员的标准,最近通过了标准化协议(Standardization Agreement,STANAG)(2006)。对于指派的无人机系统操作员,STANAG 列出了若干技能,包括科目知识、任务知识和任务性能,即知识、技能和能力(KSA)。这些 KSA 会根据无人机系统的类型和作用进行调整(NATO,2006)。

FAA(2008)对无人机系统飞行员的资格要求,主要取决于无人机系统的飞行剖面、大小和复杂程度,以及飞行操作是否靠近公共机场。虽然每份授权证书(COA)都能设定特殊限制,但 FAA 最近一直要求指挥无人机系统的飞行员持有私人飞行员证书(即操作离地高度大于 400 英尺,122m 或距离飞行员 1 英里,1.6km以远)。由于大多数无人机系统是超视距内操作的,在最基本无人机操作之外,操作员还必须具备所有能力。FAA 还要求无人机系统操作员具有在各种条件(可能遭遇有人机)下操作使用的能力。今天,无人机系统的主要用户是军队,不同军种也一直在训练。把无人机系统用于更多的民用、商用的领域能,它们也能从大部分军用经验中获益,但考虑到民用管制机构的责任,有些经验还是有所保留(Hottman 和 Hansen,2007;Hottman 和 Zaklan,2007)。

9.4 结论和未来研究方向

人的因素分析和以用户为中心的设计是每家现代人 - 机企业的关键组成部分。在无人机系统领域,经过十多年的研究,采集了大量可能影响无人机性能的潜在的人的因素。虽然无人机的事故率部分原因是飞机的推进系统不完备,但仍需把无人机系统的可靠性提高大约两个数量级,才能与有人机相比(国防部长办公室,2003;国防部负责采购、技术和后勤的副部长办公室,Office of the Under Secretary of Defense for Acquisition, Technology, and Logistics 2004)。Manning 等(2004)和 Tvaryanas 等(2005、2008)的人的因素分析与分类系统(HFACS)分析表明,人的因素的错误在组织和监督层次处于隐性状态。组织和监督的错误可能导致不安全的前提条件,产生显性错误和不安全行为。在每个层面都强调人的因素,无人机系统的安全和性能才能大幅提高。

人的因素和训练,与许多人-机系统密切相关,所有无人机都一样。根据自主水平的差异,操作员更倾向于监督系统,而不是人在回路操控。警觉是无人机系统操作的内容之一。人类对自主化的相信程度、工作量、态势感知以及其他人-机事项,都对训练有重要影响。操作使用无人机系统的整体 KSA(知识、技能和能力)是否需要飞行员证书,以及操作相关的任务(如遥感)需要什么技能,这些争论仍在继续。

最近有一份报告估计,美军的无人机系统市场规划的增加速度从 2010 年到 2015 年的年增长率为 10%,相当于 620 亿美元(Market Research Media,2010)。最近一期的政府问责局报告说,国防部正在快速构建一支数量可观的无人机机群,对支持性的人员、设施和通信构架却没有鲁棒的计划(GAO,2010)。政府问责局建议联邦机构(美军各部门、国土安全部 DHS 以及联邦航空管理局)进行协作,确保无人机系统的安全,扩大其在国家空域系统中的潜在用途(GAO,2005)。该报告建议 FAA 采取的措施包括两项任务:

(1) 最终确定发布无人机项目计划,阐述无人机的未来;

(2) 对 FAA 采集的有授权证书的无人机操作数据进行分析,建立针对无人机研究、开发和操作使用的国防部数据分析程序。

尽管类似的无人机系统目标已经由国防部路线图初步建立(DoD,2001、2005),但到目前为止,只有部分目标达到了。

虽然近期无人机系统开发项目多数属于军事领域,但无人机系统在非军事领域的应用会更为普遍。美国正在出售 11 架商用无人机系统(McCarthy,2010;Wise,2010)。虽然非军用无人机系统的操作所面临的挑战与军用系统类似,但正如《欧洲联合航空管理局无人机任务力量报告》(European Joint Aviation Authorities UAV Task Force Report,2004)所述,非军用无人机系统将涉及更多的监管问题。美国联邦航空管理局正在制定综合发展蓝图,旨在把军用、公用、商用和民用无人机系统引入美国的国家空域系统,预计在 2020 年初到位。对无人机飞行中人的因素的研究会继续起着关键性作用,以确保提高此类系统在美国乃至全世界空域的安全水平。随着数据采集和记录技术(Manning 等,2004)以及相应标准的广泛应用(如 HFACS)(Wiegmann 和 Shappell,2003),无人机系统研发人员和设计人员将确保这些系统能够达到相关技术发挥全部潜力所需要的性能等级。

思 考 题

9.1 你认为在哪种情景、哪个操作阶段、哪种类型的无人机系统中,人的因素在确保操作效能和效率方面起着最重要的作用?

9.2 与军用无人机相比,你认为民用无人机和商用无人机的需求有何不同?

9.3 相对于昼间操作,在夜间、黄昏或黎明时操作无人机系统所面对的挑战是什么?

9.4 在乡村与城市中操作无人机系统最大的区别是什么?我们应该如何调整无人机系统才能应对这两种环境的挑战?

9.5 说出几个前面没有提到的使用无人机系统具有优势的应用区域。需考虑在这些环境中使用无人机系统的成本和优势。

9.6 有些国家已经独立开发了无人机平台。对于全球性无人机的空与集成,你认为最大的挑战是什么?

参 考 文 献

[1] Adams, E. 1976. Accident causation and the management system. Professional Safety 21: 26 – 29.

[2] Adams, R. 2008, December. UAS Pilot Training Recommendations. UAS TAAC 2008 Conference, Albuquerque, NM.

[3] Bird, F. 1974. Management Guide to Loss Control. Atlanta, GA: Institute Press.

[4] Cooke, N., H. Pedersen, O. Connor, and H. Pringle. 2006. CERI human factors of UAVs: 2004 and 2005 workshop overviews. In Human Factors of Remotely Operated Vehicles, ed. N. Cooke, H. Pringle, H. Pedersen, and O. Connor, 3 – 20 Oxford, UK: Elsevier.

[5] Cooke, N., H. Pringle, H. Pedersen, and O. Connor (Eds.). 2006. Human Factors of Remotely Operated Vehicles. Oxford, UK: Elsevier.

[6] Degani, A., and E. Weiner. 1994. Philosophy, procedures, and practice: The four P's of fight deck operations. In Aviation Psychology in Practice, ed. N. Johnston, N. McDonald, and R Fuller, 44 – 67. Brookfeld, VT: Ashgate.

[7] Department of the Army. 1994. Army Accident Investigation and Reporting (Army pamphlet 385 – 40). Washington, DC: General Printing Office.

[8] Department of Defense. 2001. Unmanned Aerial Vehicles Roadmap, 2005 – 2025. Office of the Secretary of Defense. Washington, DC: General Printing Office.

[9] Department of Defense. 2003. Department of Defense Instruction 5000 2: Operation of the Defense Acquisition System. http://www.dtic.mil/whs/directives/corres/pdf/500002p.pdf (accessed May 18, 2010).

[10] Department of Defense. 2004. Defense Acquisition Guide (2004). https://dag.dau.mil/Pages/Default as-

px (accessed May 18,2010).

[11] Department of Defense. 2005. Unmanned Aircraft Systems (UAS) Roadmap,2005 – 2030. Office of the Secretary of Defense Washington,DC: General Printing Office.

[12] Department of Defense. 2009. Unmanned Systems Integerated Roadmap,2009 – 2034. Office of the Secretary of Defense Washington,DC: General Printing Office.

[13] Deptula,D. 2008,December. The indivisibility of intelligence,surveillance,& reconnaissance (ISR). UAS TAAC 2008 Conference,Albuquerque,NM.

[14] FAA. 2008. Unmanned aircraft systems operations in the U S National Airspace System. Interim Operational Approval Guidance 08 – 01.

[15] Ferguson,M. 1999. Stochastic Modeling of Naval Unmanned Aerial Vehicle Mishaps: Assessment of Potential Intervention Strategies Master's thesis,Naval Postgraduate School,Monterey,CA.

[16] Firenze,R. 1971. Hazard control. National Safety News 104: 39 – 42.

[17] Goldfnger,J. 2008,December. ASTM International Committee F38 on unmanned aircraft systems UAS TAAC 2008 Conference,Albuquerque,NM.

[18] Government Accountability Office. 2005. Unmanned aircraft systems: Federal Actions needed to ensure safety and expand their potential uses with the national airspace system (Technical report GAO – 08 – 511). http://www gao gov/products/GAO – 05 – 511 (accessed May 23,2010).

[19] Government Accountability Office. 2010. Unmanned aircraft systems: Comprehensive planned and a results – oriented training strategy are needed to support growing inventories (Technical report GAO – 10 – 331). http://www gao gov/products/GAO – 10 – 331 (accessed May 23,2010).

[20] Helmreich,R. ,and H. Foushee. 1993. Why crew resource management? Empirical and theoretical bases of human factors training in Aviation. In Cockpit Resource Management, ed. E. Weiner,B. Kansi,and R. Helmreich,3 – 45. San Diego,CA: Academic Press.

[21] Hottman,S. B. ,and K. R. Hansen. 2007,June. UAS operator requirements research. Presented at the UVS UAV Conference #9,Paris,France.

[22] Hottman,S. ,and K. Sortland. 2006. UAS operators and air traffc controllers: Two critical components of an uninhabited system. In Human Factors of Remotely Piloted Vehicles,ed. N. Cooke,H. Pringle,H. Pedersen,and O. Connor. Oxford,UK: Elsevier.

[23] Hottman,S. ,and D. Zaklan. 2007,October. UAS research and civil airspace applications. Briefng for UAVNET Alliance Meeting #16,Madrid,Spain.

[24] Manning,S. ,C. Rash,P. LeDuc,R. Noback,and J. McKeon. 2004. The Role of Human Causal Factors in US Army Unmanned Aerial Vehicle Accidents (Technical report USAARL Report No 2004 – 11). Wright – Patterson AFB,OH: U. S. Air Force Research Laboratory.

[25] Market Research Media. 2010. U. S. Military Unmanned Aerial Vehicles (UAV) Market Forecast 2010 – 2015. http://www marketresearchmedia com/2010/04/09/unmanned – aerial – vehicles – uav – market/ (accessed May 18,2010).

[26] McCarley,J. ,and C. Wickens. 2004. Human factors concerns in UAV fight http://www. hf. faa. gov/docs/508/docs/uavFY04Planrpt. pdf (accessed January 13,2010).

[27] McCarley,J. ,and C. Wickens. 2005. Human factors implications of UAVs in the national airspace (Technical report AHFD – 05 – 05/FAA – 05 – 1). University of Illinois,Aviation Human Factors Division.

[28] McCarthey,E. 2010. Civilian UAVs: Five more aircraft. Popular Mechanics. http://www. popularmechan-

ics. com/science/space/4213471 (accessed May 23,2010).

[29] McCauley,M. 2004. Human Systems Integration and Automation Issues in Small Unmanned Aerial Vehicles. Thesis,Naval Postgraduate School,Monterey,CA.

[30] NATO. 2006. STANAG 4670. Recommended Guidance for the Training of Designated Unmanned Aerial Vehicle Operator (DUO). Brussels: NATO/NSA.

[31] Office of the Secretary of Defense. 2003. Unmanned Aerial Vehicle Reliability Study. Washington,DC: Department of Defense. http://www. acq. osd. mil/uav/ (accessed January 13,2010).

[32] Office of the Under Secretary of Defense for Acquisition,Technology,and Logistics. 2004. Defense Science Board Study on Unmanned Aerial Vehicles and Uninhabited Combat Aerial Vehicles. Washington,DC: Department of Defense. http://www acq osd mil/dsb/reports/uav pdf (January 3,2005).

[33] O'Hare,D. ,M. Wiggings,R. Batt,and D. Morrison. 1994. Cognitive failure analysis for aircraft accident investigation. Ergonomics 37: 1855 – 1869.

[34] Parasuraman,R. ,and V. Riley. 1997. Humans and automation: Use,misuse,disuse,abuse. Human Factors 39: 230 – 253.

[35] Parush,A. 2006. Human errors in UAV takeoff and landing: Theoretical account and practical implications. In Human Factors of Remotely Operated Vehicles,ed. N. Cooke,H. Pringle,H. Pedersen,and O. Connor, 91 – 104. Oxford,UK: Elsevier.

[36] Rash,C. ,P. LeDuc,and S. Manning. 2006. Human errors in U S military unmanned aerial vehicle accidents. In Human Factors of Remotely Operated Vehicles,ed. N. Cooke,H. Pringle,H. Pedersen,and O. Connor,117 – 132. Oxford,UK: Elsevier.

[37] Reason,J. 1990. Human Error. New York: Cambridge University Press.

[38] Rogers,B. ,B. Palmer,J,Chitwood,and G,Hover. 2004. Human – systems issues in UAV design and operation (Technical Report HSIAC – RA – 2004 – 001). Wright – Patterson AFB,OH: Human Systems Information Analysis Center.

[39] Sanders,M. ,and B. Shaw. 1988. Research to Determine the Contribution of System Factors in the Occurrence of Underground Injury Accidents. Pittsburg,PA: Bureau of Miners.

[40] Schmidt,J. ,and R. Parker. 1995,July. Development of a UAV mishap human factors database. Proceedings of Association for Unmanned Vehicle Systems International Unmanned Systems Conference,Washington,DC.

[41] Schwark,J. ,I. Dolgov,W. Graves,and D. Hor,2010,September. The infuence of perceived task diffculty and importance on automation use Human Factors and Ergonomics Society Conference,San Francisco,CA.

[42] Seagle,J. 1997. Unmanned aerial vehicle mishaps: A human factors analysis Thesis,Embry – Riddle Aeronautical University Extended Campus,Norfolk,VA.

[43] Shappell,S. ,and D. Wiegmann. 2000. The Human Factors Analysis and Classifcation System—HFACS (Technical report DOT/FAA/AM – 00/7). Office of Aviation Medicine,Federal Aviation Administration, Department of Transportation.

[44] Suchman,E. 1961. A Conceptual Analysis of Accident Phenomenon,Behavioral Approaches to Accident Research. New York: Association for the Aid of Crippled Children.

[45] Tvaryanas,A. ,and W. Thompson. 2008. Recurrent error pathways in HFACS: Analysis of 95 mishaps with remotely piloted aircraft. Aviation,Space,and Environmental Medicine 79: 525 – 531.

[46] Tvaryanas,A. ,W. Thompson,and S. Constable. 2005. U. S. Military Unmanned Aerial Vehicle Mishaps: Assessment of the Role of Human Factors Using Human Factors Analysis and Classifcation System (HFACS)

(Technical report HSW – PE – BR – TR – 2005 – 0001). Washington, DC: General Printing Office.

[47] Tvaryanas, A. , W. Thompson, and S. Constable. 2008. The U. S. military unmanned aerial vehicle (UAV) experience: Evidence – based human systems integration lessons learned. In Strategies to Maintain Combat Readiness during Extended Deployments: A Human Systems Approach, 5 – 1 – 5 – 24, RTO – MP – HFM – 124, Paper 5 Neuilly – sur – Seine, France: RTO.

[48] Wiegmann, D. , and A. Shappell. 2003. A Human Error Approach to Aviation Accident Analysis: The Human Factors Analysis and Classifcation System. Hampshire, UK: Ashgate.

[49] Williams, K. 2004. A Summary of Unmanned Aircraft Accident/Incident Data: Human Factors Implications (Technical report DOT – FAA – AN – 04 – 24). Oklahoma City, OK: Civil Aerospace Medical Institute, Federal Aviation Administration.

[50] Wise, J. 2010. Civilian UAVs: No pilot, no problem. Popular Mechanics. http://www.popularmechanics.com/science/space/42134641 (accessed May 23, 2010).

[51] Worch, P. , J. Borky, R. Gabriel, W. Hesider, T. Swalm, and T. Wong. 1996. U. S. Air Force Scientifc Advisory Board Report on UAV Technologies and Combat Operations (Technical report SAB – TR – 96 – 01). Washington, DC: General Printing Office.

第 10 章　无人机系统的自动化与自主性

10.1　自动与自主

数十年来,无人机系统设计员和操作员在自动化(Automation)方面做了很多努力。设计员承诺了降低工作负荷,提高精确度和改善系统性能,而操作员面对的却是有缺陷的自动化、系统故障以及自动化导致的事故。然而,我们依然需要依靠自动化来调节室内温度、煮咖啡、备份计算机和完成日常生活中的琐碎事情。自动化确实在以某种方式改进,那些承诺也在逐一兑现。

系统设计员与操作员之间的分歧,反映了人的因素(HF)研究人员与自动化系统设计人员在工程设计方面的差异。显然,通过几十年的努力,自动化系统正在不断完善的过程中。本章首先简要介绍自动化领域中人的因素的研究情况,随后论述当前及未来无人机系统的自动化研究方向。

自动化使无人机系统具备了在有人机空域内飞行所需的能力和规程。Moray等(2000)将自动化定义为"任何能由人类完成,但实际上由机器完成的感知、检测、信息处理、决策或行为控制等"。该定义隐含指出,自动化可在系统的各个层次上实现。自动化不是万能灵药,也非一无是处,而是一个能与人类操作员(后文简称为"操作员")相互影响的智能体。无论设计员是何意图,自动化都有一定的行为。这种行为与操作员的行为、操作员思维中的系统模型以及操作员对系统的信任度相互影响。因此,自动化本身改变了操作员的训练、任务分配、工作负荷、态势感知、信任度,甚至包括操作技巧。

正如 Woods(1996)所言,自动化并非只是"增补的一名队员"。自动化改变了操作员和系统之间的动态关系。自动化的能力受限,不能成为全职"编队成员"。系统及其自动化都是失聪人,不能自由交流,仅仅具备系统设计员认为必要的能力。"编队"责任的不均衡分布,导致了 Woods 所谓的"自动化意外"(Automation surprises)(Sarter 等,1997)。当出现"自动化意外"时,系统将会以未曾预料的方式运行或无法运行。此时,操作员只能袖手旁观并独自思量:自动化系统在干什么?为什么这样?它下一步会怎样?(Wiener,Woods 引用,1996)

"自动化意外"是一个与协作和可观测性相关的问题(Christoffersen 和 Woods,2002)。从这方面讲,系统性能和操作员能力都可通过研究进行量化。这一研究旨在增进协作,提高总体性能和可靠性,降低操作员的失败率。该领域内的研究可以分为以下几个方向：
> 操作员脑力工作负荷(工作量)
> 操作员对当前态势的感知(态势感知)
> 操作员技能的丧失(技能下降)
> 操作员对自动化系统执行指定任务的信心(信任度)

10.2 工 作 负 荷

Derrick(1988)将脑力工作负荷(workload)描述为"在任何指定时间,操作员的可用信息处理能力与标准任务性能所需能力之差"。例如,在系统交接时,接管系统的操作员在与另一位操作员的对话过程中,必须记住9个或9个以上的数字。这远远超过大多数人圆满完成任务程序的工作记忆能力。工作负荷指操作员在操控系统过程中的任务数量,以及可预见的困难。然而,工作负荷通常是由操作员主观个人认定的。正如Parasuraman、Sheridan和Wickens(2008)所说:"两个人在执行同一任务时可能产生同样的行为和表现,但其中一个可能还有多余的精力去完成其他任务,而另一个则没有。"

Parasuraman等(2008)在1979年说,联邦航空管理局让Sheridan和Simpson调查是否可能将有人机的飞行机组人数从3人减少为2人。以几个月以来对不同的三人机组的任务完成情况进行观察的基础上,他们绘制了工作负荷分级表。在工作负荷分级表中,飞行员需要回答以下问题:你认为你的任务难度如何？每项任务需要多少注意力？或者是否需要全部注意力？填好的分级表与库珀-哈珀质量管理表(Cooper - Harper Handling Qualities Scale)相类似。采用该表进行深入调查后得出结论:减少机组人员数量不会明显增加其他机组成员的工作负荷。

工作负荷可以采用预测未来操作员工作负荷需求的目标来测量(Sheridan和Simpson,1979),也可按照当前系统的强制性工作负荷或当前操作员经验性工作负荷(Wickens和Hollands,2000)来测量。无论采用哪种测量标准,工作负荷可以通过主观或客观评估(心理生理学方法)来进行测量。客观评估可连续测量工作负荷,但需要特殊设备(将在下文中讨论)。主观评估更易于在任务过程中或任务结束后进行管理,但需要参与任务的操作员中断或回顾任务。

10.2.1 主观负荷评估

更为常用的主观工作负荷评估方法(Subjective Workload Assessments)包括美国国家航空航天局(NASA)任务负荷指数(Task Load Index, NASA TLX)(Hart和Staveland,1988)、主观工作负荷评估技术(Subjective Workload Assessment Technique,SWAT)(Reid等,1981)以及修订版库珀-哈珀质量管理表(Modified Cooper-Harper Handling Qualities Scale,MCH)(Casali 和 Wierwille,1983)。Verwey、Veltman(1996)、Hill 等(1992)进行了多种评估方法的比较。每种评估方法都可对特定领域目标的预期工作负荷进行主观测量。通过对整个无人机系统或无人机系统内某个特定任务进行比较可以得出结论：由于测量方法的主观性和人类注意力的可变性，主观工作负荷测量最为有用。Hill 等(1992)说，国家航空航天局任务负荷指数(NASA TLX)所提供的评估要素可能最多，各要素的分析效果也可能最为理想。

在进行主观工作负荷评估时，操作员在使用系统过程中或在使用后，需要综合考虑多个方面(有时称为"维度")。维度的数量以及评估特征取决于所选择的评估工具。NASA TLX(Hart 和 Staveland,1988)根据 7 点评估表，对体力工作、脑力工作、时间维度、表现性能、成就以及挫折等要素进行评估。该评估表在经过新墨西哥州立大学修改后，可用于跨多个无人机平台的工作负荷对比分析(Elliott, 2009)。NMSU UAS TLX 要求操作员按照无人机系统评估对象和操作员希望评估的无人机飞行阶段所对应的要求进行操作使用。程序将结果保存为文本文件，然后可能会输入到一个数据库程序中。操作员在准备选择平台确定是否购买，或进行任务规划时，可能会对多个无人机系统进行评估。

10.2.2 客观负荷评估

客观工作负荷评估(Objective Workload Assessments)也称为心理生理学测量法(Backs 等,1994)，其最典型的区别在于，客观工作负荷测量法要求操作员佩戴专用设备(如电极或眼球跟踪器眼动仪)。评估包括但不限于脑电图(Electroencephalogram,EEG)(Gundel 和 Wilson,1992;Kramer,1991;Sterman 和 Mann)、事件相关潜能(Event – Related Potential,ERP)(Humphrey 和 Kramer,1994)、心率可变性(Wilson 和 Eggemeier,1991)、瞳孔扩大和眨眼/注视/凝视的持续时间(Gevins 等,1998;Gevins 和 Smith,1999;Nikolaev 等,1998;Russell 和 Wilson,1998;Russell 等,1996;Wilson 和 Fisher,1995;Wilson 和 Russell,2003a,2003b)。心理生理学测量法可在任务过程中持续提供数据，同时也可能有利于处理自适应自动化事件，这一点将在本章后文中进行讨论(Wilson,2001,2002;Wilson 和 Russell,2003b,2007)。

由于工作负荷可能发生变化，操作员通常会选择不使用自动化辅助。尽管大多数自动化辅助研究都以有人机为研究对象，但研究成果同样也可以应用在部分自动化系统上。Parasuraman 和 Riley(1997)报告说，选择不使用自动化辅助与飞行员的工作负荷有关。如果辅助正好在他们工作负荷最大的时候出现，飞行员就会选择不用。飞行员在保持飞行时没有时间来启动自动化。将辅助调整到与当时态势相适应所需的认知工作恰好抵消了工作负荷减少的好处。正如 Parasuraman 和 Riley(1997)引述 Kirlik(1993)所言，如果将诸如辅助认知这些要素放入马尔科夫(Markoff)模型进行分析,并据此确定自动化使用的最佳策略时,这些情景更支持人工使用,而非自动化。

10.3 态势感知

正如 Endsley(1996)所说,"态势感知(Situation Awareness,SA)是指周围世界在人的大脑中所建立的模型",或者是"人对特定时间和空间内的环境要素的感知,对这些要素含义的理解,以及对这些要素在不久将来状态的预测"。自动化使操作员的角色从主动控制系统向被动监督系统过渡,进而影响态势感知(Endsley,1996)。由于与自动化有关的内在复杂性,以及其他导致系统外在性能下降等因素,上述变化会影响到操作员对系统的理解(Endsley,1996)。缺乏手动的系统控制更容易导致失去态势感知。正如 Parasuraman 等(2000)所述,"与变化处于自己掌控之下相比,当变化处于其他智能体的控制下(无论该智能体是自动化系统还是其他人)时,人更趋向于忽略环境或系统状态的变化。"(Parasuraman 等,2000)

如上所述,在操作员使用自动化系统的过程中,工作负荷和态势感知成反比关系。当自动化系统接管并减少工作负荷时,操作员将会损失态势感知能力。这种损失可以通过不同程度的态势感知来进行描述(Endsley,1996,第2页):

1 级态势感知——感知环境中的关键要素
2 级态势感知——综合人的目标并理解关键要素的含义
3 级态势感知——预测未来可能发生的态势

如果增设传感器,同时改进接口设计,可能有助于缓解这一问题。但是,如果操作员在大脑中建立的有关自动化系统如何完成任务的模型是错误的或是不完整的,或者操作员很少或不参与任务,或者系统本身需要操作员的干预,而处于回路外的操作员不熟悉情况,这些都将影响操作员的干预技能。

10.4 技能下降

如果减少工作负荷、降低态势感知,就会导致技能下降(skill decrement)。正如 Parasuraman 等(2000)所述,"大量的认知心理学研究机构的研究表明,停止使用就会导致遗忘和技能下降。"如果操作员不再是已经自动化的任务的实际组成部分,则任务将不具备可操作性。一旦丧失可操作性,加之大脑中建立的系统工作模型不完整,当自动化系统出现故障时,操作员就不能成功干预。因此,如果操作员的主要任务只是监控,就会出现技能下降的问题。

尽管这些看法主要针对有人机飞行员研究,但研究成果同样适用于依赖系统提供感官信息的无人机系统操作员。McCarley 和 Wickens(2005)认为:"与有人机飞行员相比,无人机系统操作员可以说是在与其所控制的飞行器在相对'感官隔离'(sensory isolation)的环境中操作"(第1页)。操作员主要依靠接口设计传递来自视觉和身体组织传感器的信息。如果缺少感官交流,1级态势感知将会受到影响,操作员必须根据最佳猜测来补充缺失的信息。在不确定环境下,最佳猜测会对2级和3级态势感知、工作负荷和信任度造成一定影响。

10.5 信任度

Lee 和 See(2004)认为,操作员经常与自动化系统互动,就像与人互动一样。根据他们的观点,信任度(trust)与情绪以及操作员对系统完成预定任务能力的态度有关。操作员的态度建立在操作该系统或同类系统的时长与经验的基础之上(Nass 等,1995;Sheridan 和 Parasuraman,2006)。交流、自动化的透明度以及自动化的可靠性,共同建立起操作员对自动化系统的信任度,正如这几项因素在人类社会中的作用一样。

在人类社会中,信任度部分建立在下述协定的交流与礼仪规则上,例如 Grice 的交流准则(Grice's maxims of communication,Grice,1975)。Miller 等(2004)根据 Grice 的交流准则,为操作员与系统交流制定了"自动化礼仪指南"(automation etiquette guidelines)。Parasuraman 和 Miller(2004)发现,"自动化准则指南"确实有助于提高人对自动化系统的信任度。Sheridan 和 Parasuraman(2006)认为:"准则指南足以克服自动化系统的低可靠性,使低可靠性、良好礼仪(low-reliability/good-etiquette)条件下的性能与高可靠性、较差礼仪(highreliability/poor etiquette)条件下同样好。"

此外,Klein 等(2004)还建议,自动化系统应当是一个"编队成员"(team player),并向设计人员提出了以下10条建议:

(1)在操作员和系统之间保持共同基础:向每个编队成员发出通知,确保各成员知晓即将出现的故障;

(2)通过共享知识、目标和意图,为每个成员的意图和行为建模;

(3)可预测性;

(4)服从指令的义务:自主行为的一致性和操作员根据系统行为重新指定任务的选择权;

(5)状态和意图透明化;

(6)细微探测/可观测性:一个能够理解人停顿/快速键入以及发出的无语言信号的理想系统;

(7)目标协商:交流态势变化和目标修订;

(8)规划和自主协作;

(9) 注意力集中信号:识别大多数正在交流的重要信息;

(10) 成本控制:保持行为谨慎。

Klein等(2004)指出,任务目标虽然有时可能会缺乏合理性,但必须可靠,以保证能在操作员和系统之间建立良好的协作关系。正如Sheridan和Parasuraman(2006)所述,系统设计人员能够改善系统与操作员之间的交流,提高信任度、可靠性以及操作员的接受程度。

10.5.1 可靠性

Lee和See(2004)还说:"信任度取决于决策者在不确定条件下的评估结果。决策者会利用自己的知识对另一方的动机和利益进行评估,以获得最大收益,并将损失降至最低"。从这方面讲,信任度是基于不确定条件下的评估建立起来的互惠决定,符合预期效用理论(例如:Kahnemann和Tversky于1979年提出的观点)。操作员并不确定自动化的任务性能,但相信自动化系统设计人员和自动化系统,因此能以最快的速度、以有益的方式进行操作,以获得最大收益并将损失降至最低。如果这个承诺不能实现,操作员对自动化系统的信任将会降低。Wickens和Dixon(2007)建议:"如果自动化系统的可靠性低至70%以下,那还不如根本没有自动化系统。"他们还称,为了保证任务性能,操作员不会使用有严重缺陷的自动化系统。

Parasuraman和Riley(1997)给出了一条引人注目的评论:"系统设计人员应当关注因不信任、过渡信任、工作负荷或其他因素导致的自动化系统不用、误用、停用以及滥用的问题。"自动化系统的不用、误用、停用以及滥用是指操作员拒绝使用自动化系统(断开);过渡依赖自动化系统(不监控);停止使用或忽略自动化系统警告;设计滥用自动化系统,或设计人员使任务完全自动化而不考虑操作员性能的影响等。本书将对上述各种情况背后的潜在原因进行简要论述,以帮助人的因素(HF)研究人员对导致上述结果的原因进行深入研究。

"与误用和停用有关的不当信任,取决于对自动化系统的信任度与自动化系统真实能力的匹配情况"(Wicks,Berman和Jones,1999)。Rice(2009)曾经指出了两种自动化系统错误(虚警和漏警),这两种错误分别会导致操作员作出两种不同的反应(服从和依赖)。在研究中,参与者面对的是不同可靠性等级的系统:其中一个系统趋向于在没有目标出现时发出警报(虚警频发系统),而另一个系统则趋向于在有目标出现时不发出警报(漏警频发系统)。参与者需要在操作两个系统的同时做出判断。研究结果表明,与漏警频发系统相比,参与者在操作虚警频发系统时,所做出的判断更加多样化。这说明操作员在做判断时容易被自动化系统的缺陷所误导。Rice(2009)认为:"很多数据表明,虚警比漏警的危害更大(参考Bliss,2003),并且两种错误都会不同程度地影响到操作员的信任度(Dixon和

Wickens,2006;Maltz 和 Shinar,2003;Meyer,2001,2004;Wickens 和 Dixon,2007)。"

10.6 自动化类型与等级

10.6.1 自动化类型

人们通常认为,自动化是可有可无的。但是,正如当前无人机系统的多样性所证实的那样,自动化是以多种等级和多种形式出现的。McCarley 和 Wickens(2005)指出,无人机系统领域采用了多种多样的控制技术,包括从由操纵杆和方向舵的人工控制的无人机,到由地面控制站通过操作员预先规划任务并实时调整控制的无人机,再到飞往预规划坐标位置并执行预编程任务的全自动化控制的无人机系统。这些自动化可分为两类,即设计人员创建的二元自动化(静态自动化,Static Automation,SA)和由环境决定的自动化(自适应自动化,Adaptive Automation,AA)。静态自动化通过硬件与系统连接,由系统设计人员决定任务对象(系统或操作员)和执行任务的方式(人工或自动)。设计人员可以容许操作员重载自动化或对其进行配置,以使其符合态势变化的要求。自适应自动化由操作员事件来启动。操作员事件可能很直接(发出帮助请求),可能很含蓄(与操作员的工作负荷有关),也可能由态势事件(起飞速度)。自适应自动化的特点是能将其自身与系统或操作员事件联系起来。每种自动化都有其各自的优缺点。Parasuraman 等(1992)指出了设计人员在设计自动化系统时需要考虑的一系列问题。正如 Morrison(1993)所说,"自适应自动化具有解决常规自动化导致的多种问题的潜能。"

10.6.1.1 自适应自动化

"随着人们对人类与人工智能系统如何实现互动这一问题的不断关注,始于1974 年的自适应辅助的试验与理论研究方兴未艾"(Rouse,1988)。Rouse(1988)的研究表明,当时的研究和设计始于"凭兴趣购物"(hobby shopping),并不以缓解操作员压力为目的。早期研究内容主要包括有人机自适应自动化。Chu 和 Rouse(1979)经研究发现,在飞行任务应用自适应自动化之后,反应时间缩短了40%。

自从 Rouse 等开始早期研究工作后(Inagaki,2003;Scerbo,1996,2007),后续研究人员的研究已经取得了显著成果(Parasuraman 等,2000),其中包括 Parasuraman等(1992,1993,1996,1999)、Scallen 等(1995)、Hancock 和 Scallen(1996)、Hilburn等(1997)、Kaber 和 Riley(1999)和 Moray 等(2000)。诸如工作负荷不平衡、态势感知丧失,以及技能损失等问题都能通过应用自适应自动化来解决(Parasuraman等,2000)。

目前,自适应自动化研究致力于解决高工作负荷、丧失态势感知以及技能下降等问题。Kaber、Endsley(2004)、Parasuraman 等(1996)在论文中提到,自适应自动化系统在操作员工作负荷过高或过低时启动,从而减小操作员的压力,提高系统的整体性能。Parasuraman 和 Wickens(2008b)提到一项研究,称 Wilson 和 Russell(2003a)曾利用心理生理学数据和人工神经系统网络,辨别高工作负荷和低工作负荷状态。如果检测到高工作负荷,自适应自动化系统启动,执行低等级任务。此时,系统性能全面提高。1989 年,海军航空兵研发中心(Naval Air Development Center, NADC)提出,静态的飞机自动化系统有很多操作员难以解决的困难,因此建议开发动态自动化系统。

自适应自动化可能通过几种不同形式的事件来启动。Parasuraman 等(1992)提出了创建自适应自动化相关事件的分类方法,将自适应自动化分为关键性事件逻辑、操作员工作负荷动态评估、动态操作员心理生理评估,以及性能模型等几大类型。关键性事件逻辑实施起来最为简单。它将自适应自动化启动与条例或程序手册规定的具体战术事件联系起来。Barnes 和 Grossman(1985)总结了事件等级以及该方法的特点。关键性事件逻辑基于操作员工作负荷在一个关键性事件后持续增加的假设条件。操作员工作负荷动态评估指在工作过程中对操作员的特征进行连续监控。性能测量可用于创建能够启动自适应自动化的事件,从而使操作员的工作负荷保持在适中水平。动态操作员心理生理评估与操作员工作负荷动态评估相同,但心理生理工作负荷(如 ERP 和瞳孔扩大)评估,可用于持续测量操作员的工作负荷。当工作负荷超过预定参数时,自适应自动化启动。性能模型在某些情况下可用于为操作员的工作负荷和系统资源的预测值建模。一旦工作负荷超过性能模型的阈值,自适应自动化就会启动(例如,系统要求操作员同时执行几项任务,每项任务都要求不同的感官工作形式)。性能模型包括但不限于最优数学模型,例如信号检测理论、推论模型、中央执行模型以及诱导法等(例如:多资源理论,Wickens,1979)。

然而,作为一种事件启动式自动化系统,自适应自动化并非没有挑战。Parasuraman 等(2000)认为,如果关键性事件没有出现,自适应自动化就不会启动。Billings 和 Woods(1994)指出了系统对于操作员的不可预测性。解决方案有两种,其一是允许操作员启动自适应自动化(Parasuraman 和 Wickens,2008a),其二则是在自适应自动化和操作员之间建立通用交流平台,以便任务能被委派,操作员作监督员,或指导委派给系统成员(Player)(Parasuraman 等,2005)。

10.6.1.2 自适应自动化的实现

自适应自动化的理论和研究广泛应用于自动化系统的研发活动。Parasuraman 和 Wickens(2008a)曾提出几个研究项目,但只有其中一个被采纳,即旋翼飞机飞行员联盟(Rotorcraft Pilot's Associate, Dornheim,1999)。飞行员联盟向直升机操作员提供帮助,并已成功通过飞行性能测试。其他几个项目在本书出版时仍处于研发的测试和评估阶段。

由 Miller、Goldman 和 Funk 撰写的《操作法》(Playbook)(2004)是一本专门研究自适应自动化系统操作运行的著作。书中将系统运行比作运动项目的玩法，提出应建立一个交流平台，这个平台可以和计划授权、约束规避或条款规定等子系统一起使用。它综合了规划专家系统和可变自主控制系统，其目的是覆盖各种假定态势和意外事件。操作员可以利用比喻法，召集并汇总行为规划，其中包括目标、限制条件、条款规定以及政策。然后，再由自适应自动化检查操作员的请求和问题指令的生存能力。项目可能包含区域持续监视、跟踪目标、观察防御带等任务。系统操作员应预先掌握可用项目、限制条件、预期结果等各种信息。

自适应自动化还可以和 RoboFlag(Squire 等,2006)一起使用。RoboFlag 是儿童游戏"争军旗"的计算机版。目前，RoboFlag 用于在实验室中测试自适应自动化在各种任务类型中对操作员能力的影响(Squire 等,2006)。

10.6.1.3 自主性

自适应自动化是动态和柔性的，传统的自动化系统是静态的，全自动化或自主性(Autonomy)则两者都不是。无人机系统的自主性或全自动化要求采用强大的人工智能(AI)方法。几十年来，认知研究人员一直坚持采用强大的人工智能方法，认为人的认知可以复用给机器。设计人员在假定强大的人工智能方法在自动化中已获成功的基础上，预见未来的全自动化，即自主无人机系统。

瑞典 Linköping 大学 Wallenberg 实验室的 Pettersson 和 Doherty(2004)在这一领域取得了最为显著的成绩。他们利用信息技术与自主系统(Information Technology and Autonomous Systems,WITAS)设计了自主无人机系统。特别值得一提的是，DyKnow 是一种通用知识处理框架，可用于处理现有中间件平台的高层工作，连接知识表现和推理服务，为传感器数据打基础，并为所获取知识的处理、管理和目标结构提供统一接口(Heintz 和 Doherty,2004)。

10.6.2 自动化等级/以人为中心的分类

一些研究人员建议在研究、评估、测试和设计中采用自动化分类法或分级法(Levels of Automation,LoA)。在大多数以人为中心的分类系统中，最著名的有 Sheridan 和 Verplank(1979)，Parasuraman 等(2000)，Ntuen 和 Park(1988)，Endsley(1987)，以及 Endsley 和 Kaber(1999)提出的分类法。以人为中心的分类系统便于隔离操作员与系统性能问题，同时根据人的认知能力，明确自动化能做什么和应当做什么(Wickens,2008a)。Parasuraman 等(2000)给出了一种使用最广泛的分类法。根据他们的建议，自动化可分为四个功能(Parasuraman 等,2000):

(1) 信息获取；
(2) 信息分析；

(3) 决策和行为选择；

(4) 行为执行。

这种分类是对相同系统任务由人工完成时人的认知能力的反映。Endsley 和 Kaber(1999)创立了相同的 10 级分类法,用于描述属于需要实时控制的领域内认知和心理活动任务。

Endsley 和 Kaber 的自动化分级法用途十分广泛,因为他们已经验证了自动化对操作员能力的影响,设想出不同分类等级的人工控制(1999)。在研究过程中,他们要求参与者监控屏幕上属于不同自动化等级的多个目标。参与者需要定期报告各自的态势感知和工作负荷。当参与者担任操作员时,实验会为参与者设定几个自动化故障,并对参与者人工恢复系统的能力进行评估。在比较操作员在不同自动化等级上的能力时,Endsley 和 Kaber 发现,自动化确实对操作员在不同自动化等级上的操作能力有影响,自动化等级越高,操作员能力越低,较低的自动化等级有助于操作员在能力上的提高。

10.7 以技术为中心的分类

在无人机系统领域中,随着自主性的出现,定义自主性的需求越来越迫切。政府机构和承包商一直致力于制定通用的自动化等级系统,希望能够根据自动化等级制定出有效的能力评估方法。空军研究实验室(AFRL)、国家航空航天局(NASA)以及其他机构已经制定出程序式自动化等级系统。下文将首先介绍自主性的相关分类或等级。

10.7.1 美国空军研究实验室

空军研究实验室(AFRL)受命研发国家智能自主无人机的控制标准(Clough, 2000)。该项目首先致力于固定翼飞行器(Fixed – Wing Vehicle,FWV)的研究。在自动化和自主性方面(其中包括自主性与智能),该项目给出了一些关键性区别。据称,自动驾驶仪只有在所选航线内才能自动化,但却由自主导航系统选择航线,然后使用所选定的航线。在该项目中,自主性被定义为"无外界指引条件下自我生成目标的能力"和"拥有自由意愿"(Clough,2002)。Clough 认为:"智能是能够发现并利用发现去从事工作的能力。"我们研究的主要目的是了解无人机完成指定任务的情况,而不是系统完成任务的能力。

在自主标准研究项目的推动下,AFRL 分别与 Los Alamos 国家实验室和 Draper 实验室合作成立了"移动、获取和保护"(Mobility, Acquisition, and Protection, MAP)和"三维智能空间"(Three Dimensional Intelligence Space)研究课题。AFRL 汇总了在研究过程中所发现的最有价值的信息,并在此基础上基于 OODA(观察 –

判断-决策-行动)回路,制定了自主控制等级(Autonomous Control Levels,ACL),见表10.1(Clough,2002)。美国空军上校 John Boyd 提出的 OODA 回路又称为 Boyd 周期,共分为观察、判断、决策以及行动四个阶段(Brehmer,2005)。

表 10.1　美国 AFRL 提出的无人机系统自主控制等级

等级	等级描述	感知	判断	决策	行动
10	完全自主	认知战场内所有元素	按需协调	能够完全独立	几乎不需要引导而完成工作
9	战场集群认知	战场推理 -自己和其他单元(友方和敌方)意图 -复杂剧烈环境 -在线跟踪	战略群组目标分配 敌方战略推理	分布式战术群组规划 独立的战术目标确定 独立的任务规划/执行选择战术打击目标	群组在没有监督协助下完成战略目标
8	战场认知	邻近推理 -自己和其他单元(友方和敌方)意图 -减少对离机数据的依赖	战略群组目标分配 敌方战术推理 自动目标识别	协调的战术群组规划 独立任务规划/执行 选择机会打击目标	群组在最小的监督协助下完成战略目标
7	战场认识	短期跟踪感知 -在有限的范围、时间窗和个体数量内历史及预测的战场数据	战术群组目标分配 敌方航迹估计	独立的任务规划/执行以满足目标	群组在最小的监督协助下完成战术目标
6	实时多平台协同	大范围感知 -机载大范围的感知 -离机数据补充	战术群组目标指派 敌方位置感知/估计	协调航迹规划与执行以满足目标 -群组优化	群组在最小的监督协助下完成战术目标 可能近的空域间隔(1~100m);
5	实时多平台协调	传感感知 -局部的传感器相互探测 -融合离机数据	战术群组计划指派 -实时健康诊断 -补偿大部分控制失效和飞行条件的能力 -预测故障发生的能力(如预测健康管理) -群组诊断和资源管理	机载航迹重规划 -适应当前和预测条件的航迹优化 -避碰	群组完成外部指派的战术计划 空中避碰 空中加油、无威胁条件下的编队情况下可能近的空域间隔 1~100m;

(续)

等级	等级描述	感知	判断	决策	行动
4	故障/事件自适应	预有准备的感知 -友方通信数据	战术计划指派 交战规则选定 实时健康诊断 -补偿大部分控制失效和飞行条件的能力 -反映在外回路的性能的内回路的改变	机载航迹重规划 -事件驱动 -自我资源管理 -冲突消解	独自完成外部指派的战术计划 中等的平台空域间隔
3	实时故障/事件的鲁棒响应	健康/状态的历程和模型	战术计划指派 实时健康诊断(问题的范围是什么) 补偿大部分控制失效和飞行条件的能力(如自适应内回路控制)	当前状态与需求任务能力评估 条件不满足则放弃/返航(RTB)	独自完成外部指派的战术计划
2	可变任务	健康/状态传感器	实时健康诊断(是否有问题) 离线重规划(按需)	执行预编程或上载的计划以适应任务和健康条件	独自完成外部指派的战术计划
1	执行预先规划任务	预加载任务数据 飞控和导航感知	飞行前/后的自检测报告状态	预编程任务和中止计划	宽空域间隔需求(大于公里级)
0	遥控驾驶平台	飞控(姿态、速度)感知前端摄像机	遥测数据 远程驾驶指令	无	远程遥控

10.7.2 美国国家航空航天局

国家航空航天局(NASA)认为,为了实现太空探险的愿景,必须提高所使用系统的自主性,还需要提高自动化等级。NASA采用的方法是,将任务所需的自主性和自动化分级,然后根据分级要求完成系统设计。这不同于本书中提及的其他方法。NASA需要回答的两个问题是:

➢ 什么是地面站与机载权限的最佳平衡(自主控制)?

> 什么是人与计算机权限的最佳平衡(自动化)?

NASA已经制定出基于功能的自主性和自动化分级工具(Function-Specific Level of Autonomy and Automation Tool,FLOAAT),以便在系统要求研发时使用。该工具采用两个测量表,其中一个适用于自主控制,另一个适用于自动化(Proud和Hart,2005)。

自动化测量表将自动化分为五个等级(表10.2),适用于OODA回路(观察-判断-决策-行动)四大决策阶段中的每一阶段。当采用最低等级的自动化时,所有数据监控、计算、决策和任务都由地面站执行;而当自动化处于最高等级时,所有数据监控、计算、决策和任务都由机载系统执行。从全部基于地面控制到机上自动化,各等级之间呈线性过渡(Proud,2005)。

表10.2 美国NASA的自动化等级

等级	观察	判断	决策	行动
5	数据由机载设备监控,没有地面辅助设备	计算由机载设备完成,没有地面辅助设备	决策由机载设备做出,没有地面辅助设备	任务由机载设备执行,没有地面辅助设备
4	大多数监控工作由机载设备承担,利用地面辅助设备的可用功能	大多数计算由机载设备完成,利用地面辅助设备的可用功能	决策由机载设备完成,利用地面辅助设备的可用功能	任务由机载设备执行,利用地面辅助设备的可用功能
3	数据由机载设备和地面辅助设备同时监控	计算由机载设备和地面辅助设备同时进行	决策由机载设备和地面辅助设备同时完成,最后决策由双方协商做出	任务由机载设备和地面辅助设备上同时执行
2	大多数监控工作由地面辅助设备承担,利用机载设备的可用功能	大多数计算由地面辅助设备承担,利用机载设备的可用功能	决策由地面辅助设备完成,利用机载设备的可用功能	任务由地面辅助设备执行,利用机载设备的可用功能
1	数据由地面设备监控,没有机载辅助设备	计算由地面设备完成,没有机载辅助设备	决策由地面设备做出,没有机载辅助设备	任务由地面设备执行,没有机载辅助设备

自主性测量表共包含八个等级(表10.3)。这八个等级涵盖了OODA回路的每个阶段。当自主性处于最低等级时,观察、判断、决策和行动阶段中的任务全部由人完成;当自主性处于最高等级时,观察、判断、决策和行动阶段中的任务均不需要人来辅助或干预。

表 10.3 美国 NASA 的自主等级

等级	观察	判断	决策	行动
8	计算机搜集、过滤数据,并将之分好优先次序,但不显示任何信息	计算机对数据进行预测、解释,并将之综合到结果中,但不显示	计算机进行最后排序,但不显示结果	计算机自动执行任务,不允许人为干预
7	计算机搜集、过滤数据,并将之分好优先次序,不显示任何信息,但显示"项目功能"旗	计算机对数据进行分析、预测、解释,并将之综合到结果中,该结果只在其符合项目环境时显示(环境依赖型总结)	计算机进行最后排序,并显示削减后的排列项,但不显示决策原因	计算机自动执行任务,并只在环境要求时通知人。任务执行后允许使用重载能力。人只在发生意外事件时进行干预
6	计算机搜集、过滤数据,并将之分好优先次序,并显示结果	计算机将预测与分析叠加在一起对数据进行解释,并显示所有结果	计算机进行任务排序,并显示削减后的排列项,同时显示决策原因	计算机自动执行任务,并通知人。任务执行后允许使用重载能力。人只在发生意外事件时进行干预
5	计算机负责采集信息,但只显示不分优先顺序、未过滤的信息	计算机将预测与分析叠加在一起对数据进行解释。人只负责对意外事件进行解释	计算机进行任务排序。显示所有结果(包括决策原因)	在执行任务前,计算机根据环境给人以限定时间来否决。人只在发生意外事件时进行干预
4	计算机负责采集信息,并显示所有信息,但加亮显示不分优先顺序与用户有关的信息	计算机分析数据并进行预测,人负责解释数据	人和计算机一起进行任务排序。以计算机结果为主	在执行任务前,计算机根据预编程序给人一个限定时间来否决。人只在发生意外事件时进行干预
3	计算机负责采集信息,并显示未过滤、不分优先顺序的信息。人仍是所有信息的主要监控者	计算机是分析和预测的主要执行者,人只在发生意外事件时进行干预。人负责解释数据	人和计算机一起进行任务排序。以人的结果为主	在人授权后计算机执行决策。人只在发生意外事件时进行干预
2	人是采集和监控所有数据的主要执行者,计算机只在发生意外事件时进行干预	人是分析和预测的主要执行者,计算机只在发生意外事件时进行干预。人负责解释数据	人进行所有排序任务,但计算机可以用作辅助工具	人是执行任务的行者。计算机只在发生意外事件时进行干预
1	人是采集和监控(定义为过滤、排序和解释)所有数据的唯一执行者	人负责分析所有数据,进行预测,解释数据	计算机不参与或进行排序任务。人必须独立完成所有工作	人能独立进行决策

借助这些测量表和调查问卷,该领域的专家能对制定要求所需的自主等级进行评估,或为确定系统当前的自主等级提供标准。在为确定系统当前的自主等级提供标准时,NASA 的自主等级与其他自主等级类似(Proud,2005)。

10.7.3 美国国家标准与技术研究所

自 2003 年起,美国国家标准与技术研究所(National Institute of Standards and Technology,NIST)一直致力于无人系统自主等级(Autonomy Levels For Unmanned Systems,ALFUS)框架的研究工作。通过来自无人地面平台(Unmanned Ground Vehicles,UGV)、无人机(Unmanned Air Vehicles,UAV)、无人水面艇(Unmanned Surface Vehicles,USV)以及无人潜航器(Unmanned Undersea Vehicles,UUV)等领域的军民从业人员的大力协作,最终建立起无人系统自主等级框架。其目的是为无人系统的自主能力提供标准和定义,同时为评估无人系统自主性提供标准、程序和工具,称为上下文/情境自主能力(Contextual Autonomous Capacity,CAC)。

在无人系统自主等级框架中,自主性被定义为"无人系统自带的实现指定目标的综合感知、理解、分析、交流、规划、决策以及行动/执行能力"。自主等级分别从三个方面对无人系统进行评估,见图 10.1。首先,任务复杂度(Mission Complexity,MC),衡量所执行任务的难度;其次,环境复杂度(Environmental Complexity,EC),衡量执行任务环境的难度;再次,人的交互(Human Interaction,HI),衡量在任

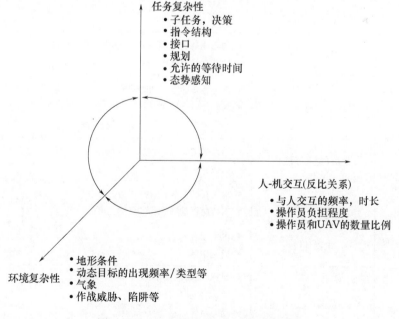

图 10.1　ALFUS 提出的自主性评价模型

务执行过程中人的参与程度。在无人系统自主等级研究的同时,ALFUS 也一直在努力制定自主性的标准。因此,任务复杂度和环境复杂度的标准主要集中在军事应用上。确定自主等级的主要困难是很难将各个方面独立对待。因此,为任务复杂度、环境复杂度和人-机交互制定标准并非易事,必须通过无数次试验才能实现。

在定义自主等级时,必须为任务复杂度、环境复杂度和人-机交互程度制定测量标准,通过对这些标准进行打分与评价,而后累计为合成分数,进而对系统自主等级进行评价。对于图 10.1 中的每一个轴都由一系列更低层次的度量要素组成,形成评估指标体系,进而形成无人系统自主性能的规范、分析、评估和量测(见表 10.4)。如需了解更多内容,请参阅 ALFUS(Huang 等,2007)。

表 10.4 ALFUS 评估指标体系

分类	属性	变量
任务复杂性	任务及战术行为	• 任务分解层次或子任务的数量; • 决策空间结构(决策点的数量及耦合程度) • 风险及生存性要求 • 任务时间约束
	协同与协作	• 参与的实体的数量 • 协作等级 • 协作频率 • 接口数据类型 • 同步或异步程度
	规划和分析	• 动态规划能力(能够应对的任务变化程度) • 性能与代价分析
	态势感知	• 态势感知的空间和时间范围 • 需要的融合层次 • 知识需求(类型、信息量、不确定性)
环境复杂度	地形(静态环境)	• 地形的类型 • 海拔变化特性
	气象环境	• 对飞行的影响:风速、压力、湿度等 • 对传感器的影响:光照、能见度等
	电磁环境	• 电磁干扰 • 通信中断
	目标/威胁(动态环境)	• 目标/威胁的大小、类型 • 目标/威胁的分布密度 • 动态目标/威胁的出现频率 • 威胁程度

(续)

分类	属性	变量
人-机交互程度	交互行为	• 交互层次和频率 • 交互时间占任务时间的比例
	操作员要求	• 操作员负担程度 • 操作员技巧程度

10.7.4 其他机构

研究人员还尝试了很多其他方法来对自主性进行定义和确定具体项目的自主等级。美国陆军未来作战系统(Future Combat Systems, FCS)项目,绘制了一种较为详尽的自主等级表。FCS 自主等级共分为从遥控(1 级)到完全自主(10 级)共10 个等级(见表 10.5)。自主等级中的每一等级都提供等级说明,包括观察感知/态势感知、决策能力以及性能说明,同时还给出对应于各个等级的示例(Committee on Autonomous Vehicles in Support of Naval Operations, National Research Council, 支援海军作战的自主平台委员会,国家研究委员会,2005)。

表 10.5 美国 FCS 自主等级

等级	等级描述	观察感知态势感知	决策能力	性能	示例
1	遥控	驱动传感器	无	远程操作员指令引导	基本的遥操作
2	具有平台状态知识的遥控	局部姿态	报告基本的平台健康/状态情况	远程操作员使用平台健康/状态信息进行指令引导	结合操作员关于平台位姿感知知识进行遥操作
3	外部预先规划的任务	世界模型数据库——基本的感知	自主导航系统-基于外部规划路径的指令引导	在操作员协助下进行基本的航迹跟踪	紧密地航迹跟踪——智能遥操作
4	局部的已规划路径的环境知识	感知传感器套件	局部规划/重规划——世界模型结合局部感知	在操作员协助下鲁棒的引航	远程航迹跟踪——护航
5	危险规避和通行	局部感知——结合世界模型数据库	基于危险估计的航迹规划	在有效的操作员干预下进行基本的户外起伏地形中半自主导航	基本的户外起伏地形

(续)

等级	等级描述	观察感知态势感知	决策能力	性能	示例
6	目标检测/识别/规避/通行	局部感知和世界模型数据库	规划和通过复杂的地形和目标	在操作员少许帮助下,在户外存有障碍的起伏地形中,以有限的移动速度通行	鲁棒的,户外存有障碍的起伏地形中通行
7	局部传感器和数据的融合	局部数据融合	复杂地形/环境条件/威胁/目标中鲁棒的规划和通性	在操作员少许帮助下,在存有障碍的复杂地形中,以有限的移动速度通行	基本的复杂地形
8	协同作战	协同平台间相似数据的融合	基于相似平台间共享数据的高级决策	鲁棒的,复杂地形全速通行 在监督下自主协调群组完成 ANS 目标	鲁棒的,复杂地形中的协调 ANS 作业
9	协作作战	作战单元间 ANS(自主导航系统)和 RSTA(侦察、监视和目标获取)信息的融合	协作推理、规划和执行	在操作员监督下,通过协作的规划和执行完成任务目标	在不同的个体目标和少许的监督下自主的完成任务
10	完全自主	战场内所有参与单元的数据融合	完全独立的规划和执行以满足既定的目标	在操作员监督下,通过协作的规划和执行完成任务目标	在没有监督的情况下完全自主的完成任务

美国国防部《2011—2036 无人系统综合路线图》认为,尽管自主性的目标是降低平台对操作员/分析员的依赖,但其另一个目标便是让操作员能够直接运行任务而非运行系统。自主系统必须与人(操作员)保持认知上的一致,实时共享态势信息,进行有效高效的交互,从而成为一个具备作战人员功能的自主系统。自主等级应该根据工作量和预测的操作员意图而进行动态地调整(柔性自主)。其自主等级共分为 4 级,见表 10.6。

表 10.6 DoD 自主能力四个等级

级别	名称	描述
1	人操作	操作员完成所有决策。系统在自身环境中不能自主控制,但是它可对感知的数据信息进行响应
2	人委派	当人委派时,系统可以独立于人控制之外实现功能。这一级别包括自动控制,引擎控制,以及其他低级别的自动化,必须由人类输入指令进行激活与停止,与人类操作互斥
3	人监督	当得到人的最高级别许可或指令时,系统能执行广泛的行动。人和系统都能根据感知的数据对行为进行初始化,但系统只能在其当前指派的任务范围内这么做
4	完全自主	系统接到人派予的目标,并将其转化为任务,在不与人交互的情况下执行。人在紧急或目标变化情况下还是能进入控制回路,但是实际上这可能在人介入之前就已经出现了很长的时延

10.8 自主等级分析(ALFUS)

10.8.1 自主等级0

当自主性处于最低级时(图10.2),系统完全由人控制。人直接控制基本的运动功能,且系统不能主动发生任何变化。当自主性处于0级时,就如同操纵一台遥控汽车或一架飞机一般,人直接控制致动器的速度和位置。

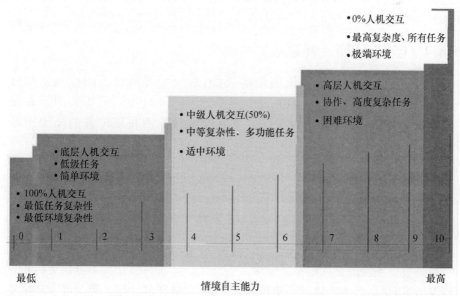

图 10.2 ALFUS 框架

10.8.2 自主等级 1~3(低级)

在自主等级框架中,当任务复杂度处于 1~3 级时,内部态势感知和子系统任务自动化处于极低水平。如果环境展示出使任务具有高成功率的良好特性,环境复杂度也处在该范围内。这种环境具备无人机系统运行所需的静态、简单特征。人-机交互是这些系统的主要组成部分。在大多数情况下,人通过向无人机系统发出行为指令进行干预。就像遥控汽车和遥控飞机一样,操作员将不再直接控制无人机系统。通过速度控制子系统自动化,使操作员明确方向或导航点,并使无人机执行指令。无人机系统将自行控制速度,按照操作员指令及其最低内部态势感知保持姿态。

10.8.3 自主等级 4~6(中级)

当系统自主等级为中级时,系统与人交互的时间占总时长的 50%。人为无人机系统提供目标,然后由系统决定如何实现这些目标。在无人机系统执行任务之前,人必须进行最后授权。低级自主和中级自主在这一方面的差异非常大。任务复杂度和环境复杂度从低级自主到中级自主之间有一个线性过渡。就任务复杂度而言,最大差异是中级自主的无人机系统具备有限的实时规划能力,而低级自主的无人机系统却没有。环境复杂度从低风险、静态环境向中风险和可理解的动态环境过渡。举个简单的例子,在向无人机系统发出寻找目标 A 的指令后,无人机系统会提出完成目标的操作计划,然后由人来授权。环境可能很难转变,目标数量或目标本身可能就是动态的。

10.8.4 自主等级 7~9(高级)

高自主性无人机系统受人的影响极小,系统不再需要人的授权来执行任务。虽然无人机系统执行操作前会向人发出通知,但并不需要人的授权便可以开始执行计划,除非有人为干预。受高度不确定性和可理解的高动态环境影响,环境复杂度会有很高的失败风险。任务复杂度主要集中在有人系统和无人系统编队上。无人机系统具有高逼真度的态势感知和实时规划,自适应性很强,能够进行复杂决策。有些无人机系统甚至能执行非常复杂的任务,实现复杂目标。

10.8.5 超越 10 级

最高级自主性的无人机系统能像人一样工作。人-机交互不再是为防止意外事件发生,而是从适当个体处采集信息,以保证完成任务。任务复杂度和环境复杂度均处于最高水平。该等级的无人机系统无所不能,能在最高不确定性和最低成功可能性情况下工作(Huang等,2007)。

目前,对于人或机器的智能还没有统一的定义。根据ALFUS的定义,自主性可以归纳为"无人机系统完成指定目标的能力"。这是无人机系统的最低能力水平,就像学习阅读、数学等功课的能力是成年人的最低预期能力一样。然而,人具备在未定义或定义不清楚的环境中,独特的抽象判断和推理能力。因此,具备最高级自主性的无人机系统是否能真正像人类智能一样工作仍未可知。

无人机系统自主等级的主要困难是定义一个有意义的无人系统性能标准。这正是工作组开始审查标准的原因。无人系统性能测量框架(Performance Measures Framework for Unmanned Systems,PerMFUS)的目标是为保证能从技术和操作方面掌握无人机系统的性能而提供方法(Huang等,2009)。汽车工程师协会航空航天系统分会(Society of Automotive Engineers Aerospace Systems Division,SAE AS-4)下设有无人系统技术委员会(Unmanned Systems Technical Committee)。该委员会也在对这些性能标准进行审查。SAE AS-4的任务是研究无人系统相关事项,目标是提出军事、民用以及商业机构可接受的公开系统标准和架构。AS-4D分会的主要目标则是提供术语、定义和测量标准,以便更好地评估无人系统性能。

10.9 自主系统参考框架

关于自主等级的划分,目前的研究还在继续,但是美国国防部国防科学委员会(Defense Science Board,DSB)特别工作组从另一个角度建议停止对自主等级定义的争论,转而提出了一个包含三个层面的自主系统参考框架(Autonomous Systems Reference Framework,ASRF)。DSB指出自主能力是无人系统的核心能力,但"世界上并不存在完全自主的无人系统,所有的自主无人系统都是人-机联合认知系统",提出了一套从认知层次、任务时间轴、人-机系统权衡空间三个视图定义的自主系统参考框架,并期望以此替代无人系统自主等级的划分,强调自主难题的解决要更多地关注指挥官、操作员和开发人员三者的协调问题(Defense Science Board Report,The Role of Autonomy in DoD Systems,2012)。

10.9.1 自主能力面临的挑战

10.9.1.1 自主性的内涵

DSB认为,目前行业内对自主性的错误理解限制了自主能力的应用范围。自主性是无人系统能够自动地完成某种特定行为,或者在程序规定的范围内,实现"自我管理"(self-governing),使得大型人-机系统能够完成给定任务的一种或一组能力。

自主性不是可以脱离平台或任务来单独讨论的"黑箱"。自主能力是特定任务需求、作战环境、用户和平台等共同组成的生态系统(ecology)的一种功能——在没有特定情境条件下,将不可能产生价值。自主性并不是指无人系统独立的完成任务,所有的自主系统都是在操作员的监视下工作,因此,无人系统的设计和使用必须考虑人-机协作问题。

10.9.1.2 自主能力的挑战

具有一定自主能力的无人系统在实际应用中出现了各种各样的问题,主要体现在以下三个方面:

(1) 自主能力主要是软件,目前以硬件为导向、以平台为中心的开发与采办流程中,软件开发通常处于被忽视的地位。因此,开发人员要从以硬件为导向、平台为中心的开发过程向创建自主系统、确立软件的首要地位转变。

(2) 指挥官和操作员都缺乏对自主系统的信任,不相信自主系统在任何情况下都能按照预期运行。指挥官没能很好地理解设计空间,以及将自主能力集成到任务中的权衡。任务完成方式上的任何变化都会引起新的作战后果,因而指挥官对此必须了如指掌。对于操作员,使用中的自主能力基本可以等同于"人-机协作"。而在设计过程中,"人-机协作"通常容易被忽视掉。

(3) 无人系统列装仓促,常常针对突发冲突应运而生,缺乏作战概念提炼,带来使用上的困难。作战部队使用过程中往往超出无人系统设计者的预期,出现系统破限现象。

10.9.1.3 自主等级作用不大

目前自主能力定义是不统一,自主能力的概念化是基于对自主等级划分的目的的错误理解之上,背离了"所有自主无人系统都是人-机联合认知系统"这一事实。世界上并不存在完全自主的无人系统,就像世界上不存在完全自主的士兵、船员、飞行员或水兵一样。自主能力的定义也并不令人满意,因为它们都不认为自主是大型人-机综合系统表现出的一项关键能力,而认为自主能力是一种系统的独立部件或装饰性部件。

以 NASA 的 Sheridan 定义的自主等级为代表,认为自主就是将整项任务委派给计算机(自主系统)执行,平台在整个过程中只按照一个自主等级运行,而且这些自主等级是离散的,与不同级别的难度相对应。实际上,无人系统任务是由多项动态变化的功能组成,而在这些功能当中,大多数都既可以同时执行,也可以按顺序执行。在给定的时间点上,每项功能在人-机之间的分配都不同。因此,自主可以指在里程碑节点,为达到期望结果,生成的人-机交互的集合。

10.9.2 自主系统参考框架

DSB 提出的自主系统参考框架(ASRF)主要有以下特点:

- ➢ 侧重于为实现特定能力所需的人－机认知功能与责任的分配决策；
- ➢ 认知功能分配方式随着任务的不同阶段和不同认知层次而不同；
- ➢ 在自主能力设计时必须进行高级人－机系统权衡,包括适应度/规划/影响力/视角/责任等方面。

如图10.3所示,自主系统参考框架包括三个视图：
- ➢ 认知层次视图；
- ➢ 任务时间轴视图；
- ➢ 人－机系统权衡空间视图。

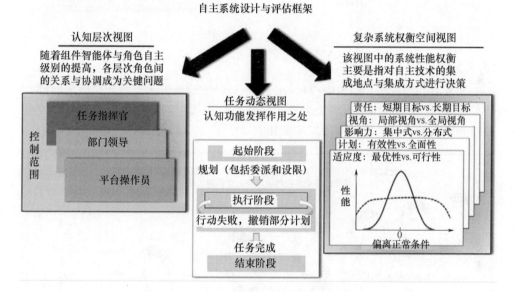

图10.3　自主系统参考框架

10.9.2.1　认知层次视图

自主系统参考框架的认知层次视图(见图10.4)主要考虑自主能力所支持的标准"用户"控制范围,并将控制范围延伸到战场空间(以达到提高适应性的目的)的方式。其中：

- ➢ 驾驶员(飞行员)/操作员：负责态势感知、故障检测、导航制导与控制、传感器与武器的管理等。
- ➢ 部门领导/编队领导：负责任务规划与决策、故障预测与重规划、多智能体通信与协调等。
- ➢ 任务指挥官/执行指挥官：负责想定规划与决策、想定评估与理解、信息/网络管理和高层意外事件管理等。

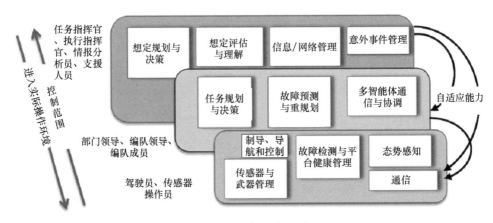

图 10.4 认知层次视图

10.9.2.2 任务时间轴视图

任务时间轴视图(见图 10.5)显示,在执行基于环境复杂度与必要响应时间的任务期间,认知功能的分配可能会发生变化。自主能力的潜在收益与挑战随着任务时间轴上的决策类型不同而发生变化。

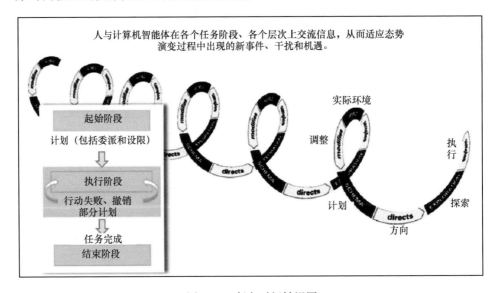

图 10.5 任务时间轴视图

任务时间轴上的每个阶段,自主性都有不同的应用。任务执行阶段,提高自主等级,有利于按要求调整计划,例如出现新目标、改变任务目标、天气条件恶化、平台性能降级或额外信息等。初始阶段和结束阶段也为利用自主能力减少人力和提高效率提供了可能。

- 起始阶段：起飞前路径规划、意外事故应急计划、权限及行动范围指派、自主起飞。
- 执行阶段：自主航路点导航、故障检测、重规划。
- 结束阶段：数据预处理、自主着陆。

在任务时间轴上，人与自主智能体在各个任务阶段、各个认知层次上的主动性和地位是可易位的，以适应态势演变过程中的新事件、干扰和机遇。

10.9.2.3　人-机系统权衡空间视图

无人系统自主能力在使用不恰当的情况下，可能会引发意想不到的后果。如果提前考虑多个权衡空间中可能出现的后果，那么就可以提前捕捉预警信号，在各个权衡空间内及时进行系统性能平衡或再平衡处理，从而有效地减少引进自主能力时所带来的风险。

人-机系统权衡空间视图（见表10.7）提供了一种可预测意外后果，并将失衡症状（更多人力、故障、人为失误增多等）与根源联系起来的工具。主要考虑五个权衡空间，包括适应度空间的最优性/适应（可行）性、计划空间的有效性/全面性、影响力空间的集中式/分布式、视角空间的局部性/全局性、责任空间的短期目标/长期目标等。每个权衡空间说明了自主能力的额外增加会如何引起意外结果以及整体系统性能降级。

表10.7　人-机系统权衡空间视图

权衡空间	权衡对象	效益	不良后果
适应度 （Fitness）	最优性 vs. 适应性 Optimality vs. resilience	在看清形势的情况下，可以得到更为精确的结果	漏洞增多
计划 （Plans）	有效性 vs. 全面性 Efficiency vs. thoroughness	实现计算资源平衡使用	导致计划出错或修订计划困难
影响力 （Impact）	集中式 vs. 分布式 Centralized vs. distributed	使剪裁行动与适当层次相适应	协调成本上升
视角 （Perspectives）	局部性 vs. 全局性 Local vs. global views	使行动的规模与范围与分辨率相适应	数据过载、决策速度减慢
责任 （Responsibility）	短期目标 vs. 长期目标 Short-term vs. long-term goals	建立信任，使风险管理与任务目标、优先级别以及背景相符	导致协作或协调失败

10.9.3　自主能力关键技术

提高无人系统自主能力，主要涉及六项关键技术：感知、规划、学习、人-机交互、自然语言理解、多智能体协调等。重点需要突破的技术包括：

- ➢ 自然用户接口与互信的人－机协作；
- ➢ 复杂战场空间的（环境）感知/态势理解；
- ➢ 大规模有人－无人系统编队；
- ➢ 自主系统测试与评估。

10.9.3.1 感知

感知（Perception）是实现自主的关键要素，只有通过感知，无人平台才可以达到目标区域，实现任务目标。根据感知的目的，感知可以分为导航感知、任务感知、系统健康感知与操作感知等四类，见表10.8。目前导航感知发展最为成熟，移动操作感知是一个新兴技术领域。主要挑战在于复杂战场感知与态势理解，包括突发威胁/障碍的实时检测与识别、多传感器集成与融合、有人－无人空域冲突消解，以及可靠的感知和平台健康监控的证据推理等。

表10.8 感知功能的分类

分类	功能	特点
导航感知	支持路径规划和动态重规划	提高平台安全性和快速反应性，降低操作平台的工作负担
任务感知	支持任务规划、想定规划、评估与理解、多智能体通信与协调、态势感知	降低数据分析员的需求与网络需求，还可结合导航感知
系统健康感知	应用于故障检测与平台健康管理、重规划与意外事件管理	提高用户对系统的信任度
操作感知	支持远程行动，拆除简易爆炸装置、车辆检查、物流与材料处理	主要用于地面移动机器人

10.9.3.2 规划

规划（Planning）是指能将当前状态改变为预期状态的行动序列或偏序的计算过程。国防部将规划定义为在尽可能少用资源的前提下，为实现任务目标而行动的过程。目前已制定了一种通用表达语言——"规划领域定义语言（Planning Domain Definition Language，PDDL）"，结合不确定性、学习、混合主动、知识工程、人工智能等领域，规划系统已经能解决（近似）最优性问题。然而，"没有任何作战计划在与敌手相遇后还有效"，规划技术的挑战在于在物理和计算约束和对现有计划做最小改变条件下，决定什么时候自主重规划、什么时候求助于操作员。

10.9.3.3 学习

机器学习现已成为开发智能自主系统最有效的办法之一。自主导航学习技术一般应用于地面平台和机器人，一般只能适应非结构化静态环境（DARPA最初挑战计划的穿越沙漠任务）和结构化动态环境（"Urban Challenge"城市挑战计划的城市导航);无人机和无人海上平台适应性导航技术的开发水平较低。学习技术挑战在于在友、敌智能体并存的非结构化动态环境中的非监督学习。

10.9.3.4 人-机交互

人-机(系统)交互(Human-Robot Interaction/Human-System Interaction, HRI/HSI)主要解决人与机器人、计算机或工具如何协作的问题,侧重于人与机器人之间双向的认知交互关系。主要有两种方式:远程遥现和任务代理,不同的任务需要采用不同的策略。人-机交互涉及沟通、建模、协作、可用性与可靠性、任务领域、用户特征等关键技术,需要高度关注人-机比例和机器人道德规范。人-机交互的挑战在于自然用户接口,实现可信赖的人-系统协作,以及可理解的自主系统行为。

10.9.3.5 自然语言理解

自动语音识别(Automated Speech Recognition, ASR)是将语音信号转化为文本信息的过程,而自然语言理解(Natural Language Understanding, NLU)是在此基础上,将文本信息转化为计算机能理解的正式表述的过程。现有自然语音理解技术仅支持简单的语言指令,有限的词汇量和指令集合不足以满足任务需求。自然语言理解的挑战在于以实际环境直接互动为重点的指令和对话理解,重点关注情景化语言解释、指令语言理解、空间语言理解、情景对话等。

10.9.3.6 多智能体协调

多智能体协调(Multi-agent Coordination),需要确保智能体不仅能够同步化,还能适应环境或任务的动态变化。多智能体同步化经常被理解为多智能体系统之间的主动协同(例如:机器人足球赛)或非主动协同(例如:蚂蚁的觅食行为)。多智能体协调研究主要侧重于不同配置的智能体协同机制,而人-机交互则侧重于协作认知。多机器人系统的协同是多智能体协调的一个分支领域。多智能体协调分类见表10.9。多智能体协调需要重点关注针对特定任务,合适协调方案与系统属性的映射,以及正确的紧急行为,干扰下任务重分配以及鲁棒网络通信问题。

表10.9 多智能体协调分类

类型	特征	协调方式	适用范围	样例
无意识系统	各个无人平台并不知道其他无人平台的存在	无	通信不可用的环境下、行为单一的低成本同构无人平台群	"自愈式"雷区、无人值守传感器
弱意识系统	可以感知其他无人平台存在,但无法明确传达行动目的或计划	按照整个编队的平均运动方向与其他成员保持协调	具有足够感知能力的、对网络通信依赖不大	DARPA的城市挑战、分布式机器人和局域网机器人(LANdroid)

(续)

类型	特征	协调方式	适用范围	样例
强协调分布式系统	使用网络通信保持紧密协调配合	采用基于合同网协议（包括竞标机制）、预先意图传递克服时延	对网络通信要求较高	机器人足球赛
强协调集中式系统	成员在中央控制器的控制下共享信息	从成员中挑选一个作为领导者	对网络通信、计算资源要求高	

10.10 结　论

本章讨论了以人为中心和以技术为中心的分类法，这两种分类法在对设计和操作功能规范进行定义时非常有用。虽然采用通用分类法在某种程度上具备一定的优势，然而，将技术和人对各领域设计的影响纳入考虑范围的分类法却具有最大的优势。

除分类法以外，本章还讨论了无人机系统自动化的其他问题：操作员工作负荷与操作员态势感知的平衡、系统与操作员之间交流的重要性，以及精确的操作员思维中的系统模型的重要性。最后，本章评估了系统可靠性对操作员信任度的重要性，以及这种可靠性如何改变操作员的偏见。尽管许多自主无人机系统项目（无人在回路中的系统）正在进行，诸如态势感知、工作负荷平衡和系统可靠性等问题仍然存在，系统本身的问题除外。然而，系统内部的复杂性使得故障和缺陷越来越难以准确定位。一篇最近发表的有关自主化系统的文章表示支持这一观点，认为自主系统从各类传感器信息中创建一致的目标表达的不可靠性。例如，当传感器向系统呈现一个汽车的目标表达时，其中一组传感器会将目标呈现为可渗透的，而另一组传感器则呈现目标为不可渗透的。设计人员不仅要继续高度重视系统与操作员之间的交流问题（如在发生系统故障时），还要关注自主系统本身的问题，例如信任度、态势感知、工作负荷和技能。

总之，"许多自动化工程师相信，通过撤离操作员，可以消除人为差错。然而，尽管系统受操作员差错的影响有所降低，系统却更容易受设计人员差错的影响。既然设计人员也是人，这只是简单地将人为差错转移了位置。最终，自主化实际上还是人为的"（Sheridan 和 Parasuraman，2006）。

思 考 题

10.1 与静态自动化相比,自适应自动化有哪些优点和缺点?
10.2 人的因素研究告诉我们自动化应从哪些方面影响无人机系统操作员?
10.3 选择一种分类法,然后描述其不同分级。试举例说明各等级自动化。
10.4 建立通用分类法的优点和缺点是什么?
10.5 在操作某一分类表中特定等级的系统时,应怎样量化系统?
10.6 关于自主等级划分存在哪些争议?

参 考 文 献

[1] AS-4 Unmanned Systems Steering Committee. (n.d.). Retrieved June 9,2010,from Society of Automotive Engineers(SAE),http://www.sae.org/servlets/works/committeeHome.do? comtID = TEAAS4.

[2] Backs,R. W.,Ryan,A. M.,and Wilson,G. F. 1994. Psychophysiological measures of work load during continuous manual performance. Human Factors 36: 514-531.

[3] Barnes,M.,and J. Grossman. 1985. The Intelligent Assistant Concept for Electronic Warfare Systems. China: NWC.

[4] Billings,C. E.,and D. D. Woods. 1994. Concerns about adaptive automation in aviation sys tems. In Human Performance in Automated Systems: Current ResearchandTrends,ed. M. Mouloua and R. Parasuraman,24-29. Hillsdale,NJ: Erlbaum.

[5] Bliss,J. 2003. An investigation of alarm related accidents and incidents in aviation. International Journal of Aviation Psychology 13: 249-268.

[6] Brehmer,B. 2005. The dynamic OODA loop: Amalgamating Boyd's OODA loop and the cybernetic approach to commandandcontrol. 10th International Command and Control Research and Technology Symposium—The Future of C2.

[7] Casali,J. G.,and W. W. Wierwille. 1983. A comparison of rating-scale,secondary-task,physiological, and primary-task workload estimation techniques in a simulated flight task emphasizing communications load. Human Factors 25:623-641.

[8] Christoffersen,K.,and D. D. Woods. 2002. How to make automated system team players. In Advances in Human Performance and Cognitive Engineering Research,vol. 2,ed. E. Salas,1-12. Amsterdam: Elsevier.

[9] Chu,Y.,andW. B. Rouse. 1979. Adaptive allocation of decision making responsibility between human and computer in multi-task situations. IEEE Transactions System,Man,and Cybernetics,SMC-9: 769.

[10] Clough,B. T. 2002. Metrics,schmetrics! How the heck do you determine a UAV's autonomy anyway? Performance Mectric for Intelligent Systems Workshop. Gaithersburg,MD.

[11] Committee on Autonomous Vehicles in Support of Naval Operations,National Research Council. 2005. Autonomous Vehicles in Support of Naval Operations. Washington,DC: The National Academies Press.

[12] Defense Science Board Report. 2012. The Role of Autonomy in DoD Systems,Washington,D. C. DoD.

[13] Department of Defense. 2011. Unmanned Systems Integrated Roadma P2011 – 2036. Washington, D. C. DoD.

[14] Derrick, W. L. 1988. Dimensions of operator workload. Human Factors 30: 95 – 110.

[15] Dixon, S. R., and C. D. Wickens. 2006. Automation reliability in unmanned aerial vehicle control: A reliance – compliance model of automation dependence in high workload. Human Factors 48: 474 – 486.

[16] Dixon, S., C. D. Wickens, and J. M. McCarley. 2007. On the independence of reliance and compliance: Are false alarms worse than misses? Human Factors 49: 564 – 572.

[17] Dornheim, M. 1999. Apache tests power of new cockpit tool. Aviation Week and Space Technology 46 – 49.

[18] Elliott, L. J. 2009. NMSU_UAS_TLX [computer software]. Las Cruces, New Mexico. Endsley, M. 1987. The application of human factors to the development of expert systems for advanced cockpits. In Proceedings of the Human Factors Society 31st Annual Meeting, 1388 – 1392. Santa Monica, CA: Human Factors Society.

[19] Endsley, M. 1996. Automation and situation awareness. In Automation and Human Performance: Theory and Applications, ed. R. Parasuraman and M. Mouloua, 163 – 181. Mahwah, NJ: Erlbaum.

[20] Endsley, M. R., and D. B. Kaber. 1999. Level of automation effects on performance, situation awareness and workload in a dynamic control task. Ergonomics 42: 462 – 492.

[21] Gevins, A., and M. E. Smith. 1999. Detecting transient cognitive impairment with EEG pattern recognition methods. Aviation, Space and Environmental Medicine 70: 1018 – 1024.

[22] Gevins, A., M. E. Smith, H. Leong, L. McEvoy, S. Whitfield, R. Du, and G. Rush. 1998. Monitoring working memory load during computer – based tasks with EEG pattern recognition methods. Human Factors 40: 79 – 91.

[23] Grice, H. P. 1975. Logic and conversation. In Syntax and Semantics, vol. 3, Speech Acts, ed. Peter Cole and Jerry L. Morgan, 41 – 58. New York: Academic Press.

[24] Gundel, A., and G. F Wilson. 1992. Topographical changes in the ongoing EEG related to the difficulty of mental task. Brain Topography 5: 17 – 25.

[25] Hancock, P. A., and S. F. Scallen. 1996. The future of function allocation. Ergonomics in Design 4: 24 – 29.

[26] Hart, S. G., and L. E. Staveland. 1988. Development of the NASA – TLS (Task Load Index): Results of empirical and theoretical research. In Human Mental Workload, ed. P. A. Hancock and N. Meshkati, 239 – 250. Amsterdam: North Holland.

[27] Heintz, F., and P. Doherty. 2004. DyKnow: An approach to middleware for knowledge processing. Journal of Intelligent and Fuzzy Systems 15: 3 – 13.

[28] Hilburn, B., P. G. Jorna, E. A. Byrne, and R. Parasuraman. 1997. The effect of adaptive air traf – fic control (ATC) decision aiding on controller mental workload. In Human – Automation Interaction: Research and Practice, ed. M. Mouloua and J. Koonce, 84 – 91. Mahwah, NJ: Erlbaum.

[29] Hill, S. G., H. P. Iavecchia, J. C. Byers, A. C. Bittner Jr., A. L. Zaklad, and R. E. Christ. 1992. Comparison of four subjective workload rating scales. Human Factors 34: 429 – 440. Huang, H. – M., E. Messina, and A. S. Jacoff. 2009. Performance Measures Framework for Unmanned Systems (PerMFUS): Initial perspective. Proceedings of the PerformanceMetrics for Intelligent Systems (PerMIS) 2009 Conference.

[30] Huang, H. M., E. Messina, and J. Slbus. 2007. Autonomy Levels for Unmanned Systems (ALFUS) Framework, vol. II. NIST Special Publication 1011 – II – 1.0.

[31] Humphrey, D. G., and A. F. Kramer. 1994. Toward a psychophysiological assessment of dynamic changes

in mental workload. Human Factors 36: 3 – 26.

[32] Inagaki, T. 2003. Adaptive automation: Sharing and trading of control. In Handbook of Cognitive Task Design, ed. E. Hollnagel, 46 – 89. Mahwah, NJ: Erlbaum.

[33] Kaber, D. B., and M. R. Endsley. 2004. The effects of level of automation and adaptive automation on human performance, situation awareness and workload in a dynamic control task. Theoretical Issues in Ergonomics Science 5: 113 – 153.

[34] Kaber, D. B., and J. M. Riley. 1999. Adaptive automation of a dynamic control task based on workload assessment through a secondary monitoring task. In Automation Technology and Human Performance: Current Research and Trends, ed. M. W. Scerbo and M. Mouloua, 129 – 133. Mahwah, NJ: Erlbaum.

[35] Kahneman, D., and A. Tversky. 1979. Prospect theory: An analysis of decision under risk. Econometrica: Journal of the Econometric Society 47: 263 – 291.

[36] Kirlik, A. 1993. Modeling strategic behavior in human – automation interaction: Why an aid: can(and should) go unused. Human Factors: The Journal of the Human Factors and Ergonomics Society 35: 221 – 242.

[37] Klein, G., D. D. Woods, J. M. Bradshaw, R. R. Hoffman, and P. J. Feltovich. 2004. Ten challenges for making automation a "team player" in joint human – agent activity. IEEE Intelligent Systems, 91 – 95.

[38] Kramer, A. F. 1991. Physiological measures of mental workload: A review of recent progress. In Multiple Task Performance, ed. D. Damos, 279 – 238. London: Taylor & Francis.

[39] Lee, J. D., and K. A. See. 2004. Trust in automation and technology: Designing for appropriate reliance. Human Factors 46: 50 – 80.

[40] Maltz, M., and D. Shinar, 2003. New alternative methods in analyzing human behavior in cued target acquisition. Human Factors, 45: 281 – 295.

[41] McCarley, J. S., and C. D. Wickens. 2005. Human factors implications of UAVs in the national airspace (Technical report AHFD – 05 – 05/FAA – 05 – 01). Aviation Human Factors Division, Savoy, Illinois.

[42] Meyer, J. 2001. Effects of warning validity and proximity on responses to warnings. Human Factors 43: 563 – 572.

[43] Meyer, J. 2004. Conceptual issues in the study of dynamic hazard warnings. Human Factors 46: 196 – 204.

[44] Miller, C. A., Goldman, R. P. and Funk, H. B. 2004. Delegation approaches to multiple unmanned vehicle control. Proceedings of the Worksho Pon Human Factors of Unmanned Aerial Vehicles: Manning the Unmanned CERI, Tempe, AZ.

[45] Moray, N., T. Inagaki, and M. Itoh. 2000. Adaptive automation, trust, and self – confidence in fault management of time – critical tasks. Journal of Experimental Psychology: Applied 6: 44 – 58.

[46] Morrison, J. G. 1993. The Adaptive Function Allocation for Intelligent Cockpits(AFAIC) Program: Interim Research Guidelines for the Application of Adaptive Automation. Warminster, PA: Naval Air Warfare Center-Aircraft Division.

[47] NADC. 1989. Adaptive Function Allocation for Intelligent Cockpits. Warminster, PA: Naval Air Development Center.

[48] Nass C., Y. Moon, B. J. Fogg, B. Reeves, and C. Dryer. 1995. Can computer personalities be human personalities? International Journal of Human Computer Studies 43: 223 – 239.

[49] Nikolaev, A. R., G. A. Ivanitskii, and A. M. Ivanitskii. 1998. Reproducible EEG alpha – patterns in psychological task solving. Human Physiology 24: 261 – 268.

[50] Ntuen, C. A., and E. H. Park. 1988. Human factors issues in teleoperated systems. In Ergonomics of Hy-

brid Automated, by W. Karwowski, H. R. Parsaei and M. R. Wilhelm, 203 – 210. Amsterdam: Elsevier.

[51] Parasuraman, R., T. Bahri, J. Deaton, J. Morrison, and M. Barnes. 1992. Theory and design of adaptive automation in aviation systems(Technical report no. NAWCADWAR – 92033 – 60). Warminster, PA: Naval Air Warfare Center.

[52] Parasuraman, R., S. Galster, P. Squire, H. Furukawa, and C. A. Miller. 2005. A flexible delegation interface enhances system performance in human supervision of multiple autonomous robots: Empirical studies with RoboFlag. IEEE Transactions on Systems, Man and Cybernetics—Part A: Systems and Humans 35: 481 – 493.

[53] Parasuraman, R., and P. A. Hancock. 1999. Using signal detection theory and Bayesian analysis to design parameters for automated warning systems. In Automation Technology and Human Performance: Current Researchand Trends, ed. M. W. Scerbo and M. Mouloua, 63 – 67. Mahwah, NJ: Erlbaum.

[54] Parasuraman, R., and C. A. Miller. 2004. Trust and etiquette in high – criticality automated systems. Communications of the ACM 47: 51 – 55.

[55] Parasuraman, R., R. Molloy, and I. L. Singh. 1993. Performance consequences of automation induced "complancency." The International Journal of Aviation Psychology 3: 1 – 23.

[56] Parasuraman, R., M. Mouloua, and R. Molloy. 1996. Effects of adaptive task allocation on monitoring of automated systems. Human Factors 38: 665 – 679.

[57] Parasuraman, R., and V. A. Riley. 1997. Humans and automation: Use, misuse, disuse and abuse. Human Factors 39: 230 – 253.

[58] Parasuraman, R., T. B. Sheridan, and C. D. Wickens. 2000. A model for types and levels of human interaction with automation. IEEE Transactions on Systems, Man and Cybernetics—Part A: Systems and Humans 30: 286 – 297.

[59] Parasuraman, R., T. B. Sheridan, and C. D. Wickens. 2008. Situation awareness, mental work load, and trust in automation: Viable, empirically supported cognitive engineering con structs. Journal of Cognitive Engineering and Decision Making 2(2): 140 – 160.

[60] Parasuraman, R., and C. D. Wickens. 2008. Humans: Still vital after all these years of automation. Human Factors 50: 511 – 520.

[61] Parasuraman, R., and G. F. Wilson. 2008. Putting the brain to work: Neuroergonomics past, present and future. Human Factors 50: 468 – 474.

[62] Pettersson, P. O., and P. Doherty. 2004. Probabilistic roadma Pbased planning for an autonomous unmanned helicopter. Sensors: 1 – 6.

[63] Proud, R. W. 2005. The Function – Specific Level of Autonomy and Automation. JohnsonSpace Ceneter, http://research.jsc.nasa.gov/PDF/Eng – 16.pdf (accessed June 9, 2010).

[64] Proud, R. W., and J. J. Hart2005. FLOAAT: A Tool for Determining Levels of Autonomy and Automation, Applied to Human – Rated Space Systems. AIAA infotech@ Aerospace/2005. Arlington, VA: American Institute of Aeronautics and Astronautics.

[65] Reid, G. B., C. A. Shingledecker, and T. Eggemeier. 1981. Application of conjoint measure ment to workload scale development. In Proceedings of the Human Factors 25th Annual Meeting, 522 – 525. Santa Monica, CA: Human Factors Society.

[66] Reeves, B., and C. Nass. 1996. The Media Equation: How People Treat Computers, Television and New Media Like Real People and Places. Cambridge, MA: Cambridge University Press.

[67] Rice,S. 2009. Examining single and multiple – process theories of trust in automation. Journal of General Psychology 136(6): 303 – 319.

[68] Riley,V. A. 2000. Developing a pilot – centered autoflight interface. In Proceedings of the World.

[69] Aviation Congressand Exposition,241 – 245. Warrendale,PA: SAE International. Rouse,W. B. 1988. Adaptive aiding for human/computer control. Human Factors 30: 431 – 443.

[70] Russell,C. A. ,and G. F. Wilson. 1998. Air traffic controller functional state classification using neural networks. In Proceedings of the Artificial Neural Networks in Engineering(ANNIE 98) Conference,649 – 654. New York: American Society of Mechanical Engineers.

[71] Russell,C. A. ,G. E. Wilson,and C. T. Monett. 1996. Mental workload classification using backpropagation neural network. In Intelligent engineering systems through artificial neural networks,by C. H. Dagli,M. Akay,C. L. P. Chen,B. R. Fernandez,and J. Ghosh,685 – 690. New York: American Society of Mechanical Engineers.

[72] Sarter,N. ,D. D. Woods,and C. E. Billings. 1997. Automation surprises. In Handbook of HumanFactors and Ergonomics(2nd ed.) , ed. G. Salvendy,1926 – 1943. New York: Wiley. Scallen,S. ,P. A. Hancock,and J. A. Duley. 1995. Pilot performance and preference for short cycles of automation in adaptive function allocation. Applied Ergonomics 26: 397 – 403.

[73] Scerbo,M. 1996. Theoretical perspectives on adaptive automation. In Automation and Human Performance: Theory and Applications,by R. Parasuraman and M. Mouloua,37 – 63. Mahwah,NJ: Erlbaum.

[74] Scerbo,M. 2007. Adaptive automation. In Neuroergonomics: The Brain at Work,by R. Parasuraman and M. Rizzo,238 – 252. New York: Oxford University Press.

[75] Sheridan,T. ,and R. Parasuraman. 2006. Human – automation interaction. In Reviews of Human Factors and Ergonomics,ed. R. S. Nickerson,Vol. 1,89 – 129. Santa Monica,CA: Human Factors and Ergonomics Society.

[76] Sheridan,T. B. ,and R. W. Simpson. 1979. Toward the Definition and Measurement of the Mental Workload of Transport Pilots. Cambridge,MA: Massachusetts Institute of Technology.

[77] Sheridan,T. B. , and W. L. Verplank. 1979. Humanand Computer Control of Undersea Teleoperators. Cambridge,MA: Massachusetts Institute of Technology.

[78] Squire,P. ,G. Trafton,and R. Parasuraman. 2006. Human Control of Multiple Unmanned Vehicles: Effects of Interface Type on Execution and Task Switching Times. HRI 06. Salt Lake City,UT.

[79] Sterman,M. B. ,and C. A. Mann. 1995. Conceptsandapplications of EEG analysis in aviation performance evaluation. Biological Psychology 40: 115 – 130.

[80] Verwey,W. B. ,and H. A. Veltman. 1996. Detecting short periods of elevated workload: A com – parison of nine workload assessment techniques. Journal of Experimental Psychology: Applied 2: 270 – 285.

[81] Wickens,C. D. 1979. Measures of workload,stress and secondary tasks. In Mental Workload: Its Theory and Measurement,by N. Moray,79 – 99. New York: Plenum.

[82] Wickens,C. D. 1984. Processing resources in attention. In Varieties of Attention,ed. R. Parasuraman and D. R. Davies,63 – 102. Orlando,FL: Academic Press.

[83] Wickens,C. D. 2008a. Functional allocation and the degree of automation. Presentation at the Rocky Mountain Chapter of HFES. http://Function_allocation_and_the_degree_of_automation_C_Wickens_16_Oct_2008. pdf(accessed June 6,2010) .

[84] Wickens,C. D. 2008b. Situation awareness: Review of Mica Endsley's 1995 articles on SA theory and

measurement. Human Factors 50: 397 – 403.

[85] Wickens, C. D., and S. R. Dixon. 2007. The benefits of imperfect diagnostic automation: A synthesis of diagnostic atuomation in simulated UAV flights: An attentional visual scanning analysis. In Proceedings of the 13th International Symposium on Aviation Psychology, 818 – 823. Dayton, OH: Wright – Patterson Air Force Base.

[86] Wickens, C. D., and J. G. Hollands. 2000. Engineering Psychology and Human Performance. Upper Saddle River, NJ: Prentice Hall.

[87] Wicks, A. C., S. L. Berman, and T. M. Jones. 1999. The structure of optimal trust: Moral and strategic implications. Academy of Management Review 24: 99 – 116.

[88] Wilson, G. F. 2001. In – flight psychophysiological monitoring. In Progress in Ambulatory Monitoring, ed. F. Fahrenberg and M. Myrtek, 435 – 454. Seattle, WA: Hogrefe and Huber. Wilson, G. F. 2002. Psychophysiological rest methods and procedures. In Handbook of Human Factors Testing and Evaluation, ed. S. G. Charlton and G. O'Brien, 157 – 180. Mahwah, NJ: Erlbaum.

[89] Wilson, G. F., and F. T. Eggemeier. 1991. Physiological measures of workload in multi – task environments. In Multiple – task performance, ed. D. Damos, 329 – 360. London: Taylor & Francis.

[90] Wilson, G. F., and F. Fisher. 1995. Cognitive task classification based upon topographic EEG data. Biological Psychology 40: 239 – 250.

[91] Wilson, G. F., and C. A. Russell. 2003a Operator functional state classification using multiple psychophysiological features in a air traffic control task. Human Factors 45: 381 – 389.

[92] Wilson, G. F., and C. A. Russell. 2003b. Real – time assessment of mental workload using psychophysiological measuresandartificial neural networks. Human Factors 45: 635 – 643. Wilson, G. F., and C. A. Russell. 2007. Performance enhancement in an uninhabited air vehicle task using psychophysiologically determined adaptive aiding. Human Factors 49: 1005 – 1018.

[93] Woods, D. 1996. Decomposing automation: Apparent simplicity, real complexity. In Automation and Human Performance: Theory and Application, ed. R. Parasuraman and M. Mouloua, 3 – 17. Mahwah, NJ: Erlbaum.

第 11 章　面向地理空间数据采集的无人机系统

11.1　引　言

　　消费者组织、商业界、学术界研究人员越来越多地使用无人机系统,来采集自然与人造现象的地理空间、环境数据。在这些数据中,有些是遥感测量的,也有些是直接测量的(如大气成分采样等)。地理空间数据(geospatialdata)包括任何涉及空间,且具有坐标系、投射信息和基准点的数据。无人机系统与有人机及卫星相比,具有成本低和容易部署的优势,因而能够迅速响应预期/意外的事件或灾害,采集地理空间数据(Ambrosia 等,2007)。此外,无人机系统还可用于监控渐进的变化,如水果逐渐成熟等(Berni 等,2008)。本章首先简要介绍无人机平台遥感应用越来越普及的原因,当前使用的传感器类型,以及相关的图像处理要求,然后再介绍地理空间数据采集在民事上的应用。

11.1.1　遥感无人机系统

　　在地理空间数据采集工作中,无人机系统的应用增长点大部分集中在遥感领域。遥感通过使用仪器测量反射或放射的电磁辐射,实现对地球表面的观察。这些仪器产生的数据通常表现为图像格式(Campbell,2007)。目前应用在无人机平台上的传感器类型不一,这些传感器产生的数据必须经过地理校正,才能用于某个地理空间。未经过地理校正的图像将不能使用地理信息系统(Geographic Information Systems,GIS)进行进一步处理或分析。GIS 是对一类包含有硬件、软件以及标准操作程序,能够对地理空间数据进行组织、存储、分析、制图、显示的系统的统称。

　　中小型无人机系统容易部署,因此十分适用于在短时间内采集遥感数据。许多无人机系统平台在起降时不需要跑道或只需要很小的跑道。直升机类型的无人机系统在起降时完全不需要跑道,即便是固定翼系统也能在有限的空间或荒凉的区域发射。固定翼无人机系统既可以配置垂直起降(VTOL)系统,也可以配置常规起降(Conventional TakeOff and Landing,CTOL)系统。与直升机类似,VTOL 系统从起飞点直接上升,但 VTOL 无人机系统安装的不是机顶旋翼,而是"涵道风扇"(ducted fanned)装置。这种装置与排风扇(如浴室风扇)相似,由安装在垂直圆柱型管道内的螺旋桨构成。配置有 VTOL 的无人机系统具有突出的机动性和"悬停并凝视"(hover and stare)能力,使航空器特别适用于城市环境与复杂环境(Newman,2006)。在悬停并凝视模式下,无人机系统可以向地面站实时传送单个目标或事件的实时数据(Newman,2006)。

由于这种无人机系统易于部署,因此经常会发射这种系统来进行数据采集。与大多数有人机或卫星上的传感器相比,无人机系统上的传感器可以以更高频率提供数据(Nebiker等,2008;Puri等,2007)。频繁发射带来一个重要的好处:传感器数据比来自于有人机或天基卫星的数据更接近于实时(Puri等,2007)。在消防或救援等这样的时间敏感性活动中,数小时之前的传感器数据用途相当有限。具备长时间持续飞行能力的无人机平台具有为农业(Furfaroet等,2007;Herwirtz等,2002)、交通监控(Heintz,2001;Puri等,2007)、救灾减灾(Gerla和Yi,2004)采集连续、近实时数据的潜力。

由于无人机系统机动性高、易于部署,可以频繁地进行数据采集,并且空间分辨率高,因此在北极(Inoue等,2008)、大火(Ambrosia等,2007)、风暴期(Eheim等,2002)等危险环境中具有安全优势。位于阿拉斯加北坡县(North Slope County, Alaska)的奥利克托克点北极研究机构(Oliktok Point Arctic Research Facility, OP-ARF)的研究人员便是利用无人机系统来跟踪监测北极海冰融化的情况。美国桑迪亚国家实验室(Sandia National Labs)、能源部(Department of Energy, DoE)与联邦航空管理局达成联合协议,设立了一个告警区(类似于限飞区)。在北冰洋这一区域的上空可以进行无人机飞行及其他研究活动(S. B. Hottman,私人通信,2010年7月6日)。

11.1.2 传感器

在无人机系统上安装的传感器当中,有一部分是简易传感器,例如:

(1) 消费级的数码照相机和视频摄像机,可以在红、绿、蓝三个波长上测量反射辐射;

(2) 多光谱分幅相机和行扫描仪,可以对近红外(Near infrared, NIR)和短波红外(Shortwave infrared, SWIR)波长的反射辐射采样;

(3) 测量热红外(Thermal infrared, TIR)波长辐射的传感器。

任务目标是为特定应用选择合适成像传感器的重要标准。以植被遥感与制图为例,在这一应用中,理想的传感器要能够捕捉600~900nm之间的绿色植被特有的光谱响应(Hunt等,2010)。要测量这一类数据,传感器必须能够捕获红色与近红外波长的数据。同样地,在执行火灾检测与监控任务时,需要结合短波红外和可见光的热成像数据(Ambrosia, 2001; Ambrosia, Wegener, Brass等, 2003; Ambrosia, Wegener, Sullivan等, 2003)。

除任务因素外,载荷能力也会对无人机系统选用传感器加以限制。有效载荷的重量不应超过系统总重量的20%~30%(Nebiker等,2008)。一方面,MLB"蝙蝠3"、"矢量P"等小型无人机系统的有效载荷重量分别只有5磅(2.3kg)与10磅(4.5kg)。而另一方面,"阿尔特斯"Ⅱ(AltusⅡ)无人机的前有效载荷舱能携带330磅载荷(149.7kg),"牵牛星"(Altair)无人机则能携带700磅(317.5kg)。表11.1列举了无人机系统执行各种任务时搭载的传感器。小型无人机系统受到载荷能力低的限制,仅能搭载消费级的数码照相机或视频摄像机。如果任务要求采用多光谱传感器,那么有效载荷重量将超过小型无人机系统的负载能力。如果大型无人机系统中装有任务规划器,那么传感器的选择范围将会更加广泛。许多大型无人机系统与有人机携带相同的传感器(例如:Herwitz等,2002)。

然而,有限的载荷能力也是对现有传感器技术进行创新改进的灵感来源。Hunt等(2010)将单反数码相机(Single Lens Reflex,SLR)改造为近红外-绿色-蓝色传感器,并用于农业领域。电荷耦合器件(Charge-Coupled Device,CCD)与互补金属氧化物半导体(Complementary Metal Oxide Semiconductor,CMOS)传感器对近红外与可见波长的辐射敏感。为避免近红外污染,大多数相机都安装了内置红外截止滤光片(Internal IR Cut Filter,IIRCF)。未安装红外截止滤光片的相机经过改造后可以测量近红外波长。为了达到这一目的,Hunt等(2010)用一个干涉滤光片阻断红色波长,获得了近红外-绿色-蓝色图像。

表11.1 无人机平台搭载的传感器举例

传感器(波长)	平台	有效载荷	用途	参考文献
佳能 Powershot S45,袖珍数码相机 索尼 Smart Cam,智能相机	MARVIN 无人直升机	2.2磅 (1kg)	火灾检测与监控	Ollero等,2006
佳能 EOS 20D(单反数码相机)	weControl 无人直升机	2.2磅	精细农业	Nebiker等,2008
佳能数码 Elph SD550,袖珍数码相机	MLB"蝙蝠"3	2.5~5磅 (1.1~2.3kg)	牧场监控	Laliberte等,2008
富士 FinePix S3 Pro,单反数码相机	因特尔技术微系统"矢量-P"	10磅 (4.5kg)	精细农业	Hunt等,2010
Tetracam MCA-6,六通道多光谱相机 FLIR系统热视A40M(7.5~13μm),热红外数码摄像机,机器视觉相机	BenzinAcrobatic 特技型直升机	10磅	精细农业	Berni等, 2008,2009
奥林巴斯 C3030,袖珍数码相机	航空探测仪 Aerosonde	12磅 (5.4kg)	海洋海冰融化制图	Inoue等,2008

(续)

传感器(波长)	平台	有效载荷	用途	参考文献
Hassalblad 555 ELD,配备有柯达专业DCS ProBack CCD阵列的大画幅电影摄像机 DuncanTech MS3100,特制机载数码多光谱成像仪 Daedlus机载大画幅成像仪,特制机载数码多光谱成像仪	探路者 PathfinderPlus	150磅 (68kg)	精细农业	Herwitz等,2002
机载红外灾害评估系统(AIRDAS),特制机载数码多光谱红外扫描仪	阿尔特斯II ALTUSII	330磅 (149.7kg)		Ambrosia等,2003

注:传感器与无人机系统按有效载荷能力顺序排列

满足小型无人机系统有效载荷限制的另一选择是小型特制多光谱相机。例如,Tetracam公司制造的农业数码相机(Agricultural Digital Camera,ADC)专为记录红、绿、近红外波长的辐射而设计。Tetracam公司还制造了更先进的设备——多相机阵列(Multiple Camera Array,MCA),该设备能容纳六个光谱通道(Berni等,2008)。

11.1.3 实时数据传输

对于部分应用领域而言(尤其是非时间敏感型),可以将图像存储在相机的存储卡中。然而,许多情况下,需要实时传输或实时处理图像数据。在无法存储或者需要实时处理的情况下,可将传感器数据传回给无人机操作员或者信息处理单元。这些数据可用于实时导航,跟踪关注区或采集特殊信息。

11.1.4 静态影像的地理校正与拼接

遥感图像要求有一个空间基准才能够在GIS中使用。这可以简单地通过将图像的中心点(已知尺度)与空间坐标对齐来实现。举例而言,无人机系统机载传感器可用于获取单个非连续的图像帧,以此作为目标位置采样的方法(Inoue等,2008)。在这种情况下,只需要将图像与坐标对齐,无需进一步进行图像校正。尽管这种做法比较直接,但由于机载GPS与传感器不同步,并且GPS占用时间不足,可能会引起位置误差(Hruska等,2005)。我们必须注意,简单地将图像与坐标对应,不能重建传感器相对于目标的方位。因此,与地面上测量的距离相比,图像中测量的距离精度相对较低。显然,如果不对机载传感器平台的高度、姿态以及速度的变化加以校正,那么图像的几何畸变就会过于明显,无法用于制图工作。

GIS要求的地理校正精度通常更高,图像中的每一像素都要尽可能与其地面对应位置相关联,在精细农业与植被监控研究中尤其如此(Rango等,2006)。对于处理机载区域(帧)与线传感器图像以及在坐标系进行图像配准,都存在一定的摄影测量规程。然而,这些规程并非总是能够转化无人机系统图像(Laliberte等,2008)。例如,航空三角测量、图像至图像或图像至地图的配准等常规技术需要已知地面坐标和可在图像中检测出的点(地面控制点,Ground Control Points,GCP)。由于常规的图像配准技术并未考虑数据的系统畸变(例如:平台相对于目标的位置变化而引起的畸变),因而需要大量地面控制点,对于低空短航时(Low Altitude Short Endurance,LASE)无人机系统获取的大尺度图像尤其如此。采集大量地面控制点的成本太高,导致其本身的优势甚至都不足以弥补这一劣势(Hruska等,2005)。采集地面控制点的成本与位置成一定的函数关系。比如,在城市区域高分辨率图像上,检测地面控制点相对比较直接,这是因为独特的人造特征通常在图像上和地面上都能识别;而在诸如牧场等未开垦的区域,分析员在识别地面上和图像上的地面控制点时就十分费劲。另外,在某些情况下,可能根本就无法采集到地面控制点,其原因要么是因为感兴趣的目标相对缺乏特征,要么是因为接近目标的难度较大(Inoue等,2008)。

图像可以直接使用摄影测量方法进行地理校正,无需采用地面控制点(Hruska等,2005)。要采用这种方法,必须了解相机的内定向(Interior Orientation,IO)参数,包括径向透镜畸变、主点偏移以及焦距等(Berni等,2008、2009;Laliberte,2008)。度量相机(Metric cameras)可以提供这些数据,但消费级数码相机不是度量专用,不提供内定向参数。Fryer(1996)与Fraser(1997)阐述了标定非度量相机内定向参数的必要程序。除相机内定向参数之外,摄影测量方法还要求在图像曝光同时测量外定向(Exterior Orientation,EO)参数。这些参数描述了传感器相对于地图坐标系的空间位置以及透视方位(Hruska等,2005)。外定向参数包括:①机载惯性测量单元(Inertial Measurement Unit,IMU)记录的飞机滚转、俯仰与偏航;②GPS记录的飞机高度与位置(经度与纬度)。对于帧图像,一旦掌握了内定向参数与外定向参数,就能将它们融入一个模型,然后将图像从相对文件坐标转换为绝对地图坐标。

地形测量数据(例如:海程数据)用于地理校正称为正射校正(orthorectification)。正射校正通常用于卫星及机载传感器图像的几何修正,这是由于它能产生地球表面的高精度表达,如美国地质勘探局(U.S. GeologicalSurvey,USGS)的数字正射影像象限图(Digital Orthophoto Quarter Quads,DOQQ)。使用数字高程数据为无人机系统正射校正高分辨率图像时,数字高程模型(Digital Elevation Models,DEM)空间细节水平是一项重大的挑战。这些数字高程模型(DEM)原本创建于等高线地图,在从线数据转换到栅格数据的过程中,可能出现人为结果(artifacts)。

在某些区域,这些人为结果非常明显,可能会使几何修正出错。

线图像的地理校正比帧图像更为复杂。线传感器通常有一个单独的线探测器,可以不断重复扫描。平台向前运动意味着能够采集到连续的线并构建图像。对于这类传感器,外定向参数必须建模为时间相关的函数。

图像地理校正的结果还部分取决于传感器离目标的远近。例如,低空短航时(LASE)无人机系统通常在感兴趣目标的上方低空运行。Linder(2009)将这个问题总结为:目标与相机之间的距离越小,加上广角透镜,则描述中心透视的角度越大,图像畸变也越大。而且,与传感器的外定向参数相比,单帧的图像受影响较小。由于小型无人机对阵风和大气湍流敏感,因此二者都能加剧图像畸变的程度。

小型无人机系统采集的小覆盖区域图像是图像处理的又一个难点。如需获取多个单帧图像覆盖区域的综合视图,需要对图像进行拼接。将多幅独立图像缝合在一起,创建一整幅覆盖目标区域的大范围图像是一个复杂的过程。

11.2 应 用

11.2.1 环境监测与管理

11.2.1.1 精细农业

精细农业(Precision Agriculture,PA)是一种寻求长期生产与效率最大化、资源利用最优化与可持续性的系统。农民早已察觉并关注"农田内"的土地和农作物因素的空间变化。由于农田规模增加,农业操作强度加大,如果不加大对技术的利用,变化问题会越来越难以解决(Stafford,2000)。精细农业需要有关土地、农作物、环境变量的空间分布数据。然而,采集和处理这些数据的频率必须保持恰当,使农民有时间对农作物的重大生理发展或变化采取相应措施(例如,虫害、疾病、肥料或干旱情况、预计收成等)。GPS、GIS以及遥感等领域的重大技术发展促进了精细农业的革新。其中,引进无人机系统作为遥感平台是一次巨大的突破,使精细农业成为发展最快的无人机系统民事应用领域之一。

美国国家航空航天局曾做了一项试验,将太阳能"探路者"(Pathfinder Plus)无人机作为长航时平台使用,以采集商业咖啡种植园的图像(Furfaro 等,2007;Herwirtz 等,2002)。这项工作的目的之一是在2002年收获季节检测咖啡豆的成熟情况。长航时无人机(地面站建有无线网络连接)能提供有关成熟度的近实时监控数据,农民利用这些数据能够判断收获的最佳时间。这种无人机采用 DuncanTech MS3100 多光谱相机采集绿色(550nm)、红色(660nm)与近红外(790nm)波长的重复图像,空间分辨率为1m(Herwirtz 等,2002)。由于空间分辨率过低,因此不能分辨单株樱桃。为便于检测成熟度,树冠表面的水果对光子散射与吸收的促成作用,被建模成改良树叶/树冠辐射转移模型(Furfaro 等,2007)。然后,按神经网络算法进行模型转换,估算绿色、黄色、棕色樱桃的百分比。模型对成熟度的估算与产量数据有密切关系($r=0.78$),甚至超过在地基预计收成评估水平。

精细农业遥感的一个重要环节是运用经辐射校准的遥感数据对农作物生理特性进行评估。Berni 等(2008、2009)曾对此进行了研究,即用校准的反射数据估算农作物叶面积指数(Leaf Area Index,LAI)、树冠层叶绿素含量以及农作物的缺水情况。研究小组在玉米地、桃树园、橄榄园中集中应用了遥感技术,期间使用的是一架以模型直升机(德国 BenzinAcrobatic)为机身的无人机系统,有效载荷为六波段多光谱分幅相机(MCA-6、Tetracam 公司)和热分幅传感器(热像 A40M,FLIR 系统)。

多光谱传感器可用于测量多个离散波段植被的反射系数。植被指数(Vegetation Indices,VI)利用这些波段的线性组合(如差分、比例或总和),将多光谱变量转换为单光谱变量,然后在单光谱变量与植被树冠层特性之间建立起关联。Berni 等(2008)研究了部分植被指数与树冠层温度、LAI 以及叶绿素含量之间的关系。研究人员经观察研究主要有三大发现:①正常差异植被指数(Normalized Difference Vegetation Index,NDVI)与橄榄 LAI($R^2=0.88$);②生理反射系数指数(Physiological Reflectance Index,PRI)与玉米树冠层温度($R^2=0.69$);③反射系数指数中的转化叶绿素吸收指数(Transformed Chlorophyll Absorption In Reflectance Index,TCARI)变量与橄榄和桃树冠层中叶绿素含量($R^2=0.89$)之间存在一定的联系。

表面温度不仅在在按农作物缺水情况指数(CropWater Stress Index,CWSI),检测农作物的缺水情况时发挥着十分重要的作用,而且还能用于估算冠层导率。经校准后,热成像器能够成功估算橄榄园的绝对表面温度(Berni 等,2008、2009)。空间分辨率高(40 cm)是无人机系统热像的优点之,能将树冠层从土壤背景中辨别出来(Berni 等,2009)。这在卫星传感器的粗略图像中是根本无法做到的(例如,Terra ASTER 热数据的空间分辨率为 90m)。

11.2.1.2 牧场

无人机系统遥感技术对管理牧场用处很大。地球约 50% 的陆地面积可归类为牧场。全世界各国土地管理部门都面临同一个挑战,即如何最大程度提高辽阔牧场资源的监控与管理效率。例如,美国土地管理局(Bureau of Land Management,BLM)管理着大约 2.58 亿英亩的土地,其中大部分位于美国西部,费用预算只有 10 亿美元,也就意味着每英亩每年只有 3.87 美元(Matthews,2008)的预算。遥感已被吹捧为协助监控与评估牧场健康状况颇具潜力的工具。它可以为管理人员与决策者提供补充信息,但随着地形越来越复杂,明显削弱了遥感的优势,这主要归因于传感器空间分辨率的问题。精细空间分辨率是贫瘠/半贫瘠牧场植被群落遥感的一个重要要求,在这些区域,牧场的健康概念与分片植物的连通性与分布关系密切,特别是多年生牧草与木质灌木丛(Bestelmeyer,2006)。精细空间分辨率能协助识别和绘制蔓延性植物种类以及地区性的地面紊乱(Matthews,2008)。作为牧场管理的工具,无人机系统的图像可将牧场状况专家所进行的推断性空间中某点的地面堪测带入更宽广的区域。此外,无人机图像还可把地面勘测转换成卫星传感器拍摄的区域视图(Matthews,2008)。

Laliberte等(2008)在一次牧场管理应用实例中,就如何利用安装在MLB"蝙蝠3"无人机上的小型数码相机所拍图像对新墨西哥州南部的牧场植被进行分类开展了研究。研究小组将若干图像拼接在一起,组成每一处研究点的概要视图。产生的图像是"真彩色",空间分辨率为5cm。基于目标的图像分类软件将图像划分为灌木丛、草(非禾本草本植物)与裸露地面。鉴于图像分类结果十分详细,很有可能被当前美国土地管理局所使用的牧场评估方法所采用。

无人机系统在牧场管理中的潜力超出了土地资源的范畴。无人机系统的实时图像或静止图像可用于清查野生动物(Matthews,2008)。航空平台被广泛应用于调查动物、鸟类、巢穴或其食物藏匿点(Jones等,2006)。

11.2.1.3 海洋与濒海研究

2005年,美国国家海洋与航空管理局(National Oceanographic and Aeronautics Administration,NOAA)对"牵牛星"(Altair)无人机系统成功进行了三次试飞。飞行的目标之一是检验成像有效载荷(海洋色彩成像器、数码相机系统、光电红外传感器)在沿海制图、生态系统监控、监视濒海水域的商业与娱乐活动以及海上避难所中的应用(Fahey等,2006)。NOAA开展试飞有若干个目标:

(1)遥感海洋颜色(对于检测海洋表层悬浮的叶绿素-a非常重要);

(2)用数码相机和光电红外传感器绘制安娜卡帕岛(Anacapa)及两个海峡岛沿海区域的地图;

(3)用被动微波垂直音响器测量温度与水汽的大气数据图表(用于检测大气流);

(4)用气体色谱法——臭氧光度计测量卤化气体的大气浓度。

对于无人机系统遥感而言,北冰洋是最难以到达、最危险的环境之一。无人机系统对遥感这些极端环境做出了重要贡献。在这些区域中,基于卫星的遥感存在一定的问题。具体来说,云层形成了一层光学传感器无法穿透的覆盖层。为解决这一问题,NOAA采用了卫星微波传感器来估算海冰范围。然而,诸如地球观测系统的先进微波扫描辐射计(Advanced Microwave Scanning Radiometer,AMSRE)等微波传感器,或专用传感器微波成像器(Special Sensor Microwave Imager,SSMI)的数据有一个问题——由于空间分辨率低,因此无法显示细微的融化方式以及融冰海区的形成,从而导致低估海冰的密集程度、无法揭示融冰海区演变的真正面貌。而事实上,融冰海区演变的数据对于表达气候模型中海冰反照反馈(即光的反射率)

具有十分关键的意义(Inoue 等,2008)。

为避免海冰密集程度被低估的可能性、获取波弗特海(Beaufort)海冰融冰区的无云图像,Inoue 及其同事(2008)在"航空探测仪"(Aerosonde)无人机系统上安装了一台奥林巴斯 C3030 数码静物相机,让飞机在 200m 高度飞行。该配置所采集的图像的地面分辨率为 8cm。安装相机的目的并不是为了连续拼接图像。相机每 30s 启动一次,提供研究区域离散的地理定位图像。按照每一像素记录的红色、绿色、蓝色深浅色调阈值(或插值替换),对每一图像进行简单分类。Inoue 等(2008)利用这种直接的取样方法与简单的图像阈值法,发现其部署的无人机系统对海冰和融冰海区的测量值与其他研究项目的结果相符,均显示海冰与融冰海区的面积从 72.5°向北逐渐增加。此外,通过利用无人机系统进行测量,NOAA 还证明了 SSM/I 数据低估了海冰的密集程度。

11.2.1.4 污染物泄漏与污染

无人机系统目前很少用于检测和监控污染事件(如石油外泄等),而涉及利用无人机系统实施溢油监控的大部分学术文献都聚焦于石油管路监控。Allen 与 Walsh(2008)扩大了该项应用,建议用无人机系统取代或补充有人机来实施监控,以协助应对陆地或海洋环境中的石油或危险物质泄漏的问题。Allen 与 Walsh(2008)详细介绍了利用无人机系统检测初期泄漏的过程。在海洋环境中,利用小型无人机系统,可以频繁地更新石油移动数据。此外,无人机系统还可用于弥补航空分散剂的不足,协助确定海岸线净化和野生动物救援与康复的要求。

相比之下,关于大气污染物取样研究的学术文献数量较多。NASA 是参与这一研究活动的领军机构之一。据 Cox 等(2006)报道,数据采集工作包括收集空气污染数据、辐射数据(短波大气加热)、云的特性、活动火的辐射、火羽流评估、氧气与二氧化碳的通量测量、气溶胶与气体污染物、云系、航迹云数据。NASA 采用编队飞行来逐一执行上述任务。在流入区、外流区以及对流核心,原地取样要用三套无人机系统(Cox 等,2006)。高空检测只需一套无人机系统。在进行海洋污染物泄漏检测时,至少需要一套航程 10000km、续航时间 24h 的大载荷无人机系统,其具体要求取决于污染物的种类和范围。

11.2.2 交通传感

目前,美国各州交通运输部(Department of Transportation,DoT)采用了一系列不同的方法来跟踪和监控交通状况。交通部通过安装在高塔、硬路面嵌入式检测器、便携式气管以及有人机上的电视摄像机来进行监控。该等部门曾经也考虑过用卫星进行目视监控,但由于卫星轨道具有瞬时性,卫星所载传感器的空间分辨率也较低,因此难以实施连续监控模式(Puri 等,2007)。许多交通运输部门都已开始探索在高峰期用无人机系统取代实时交通目视监控,甚至已经同意选择自主系统。正如 Heintz(2001)所述：

> 操作员命令无人直升机盯住公路上高速行驶的红色福特轿车,直升机做了一个急转弯,加快速度,赶上超速行驶的汽车,车内有一名逃犯及其同伙。随着距离越来越接近,操作员不断收到有关逃逸汽车的新信息。当直升机看到轿车、并预测出其逃跑路线时,操作员将指导警察设置路障,拦截并逮捕罪犯。

这段话描述了当前正在开发过程中的许多无人机交通监控系统的目标。在这些系统中,其中有很大一部分系统都以自主导航与规划为目标。监控机构希望利用无人机系统来定位、识别、监控、连续跟踪某一辆汽车,识别汽车轨迹及异常驾驶行为,监控交叉路口与停车场(Heintz,2001)。瑞典林科平大学(Linkoping University)的沃伦堡信息技术与自主系统实验室(Wallenberg Laboratory for Information Technology and Autonomous Systems,WITAS)已制造出一台原型机,综合了其中多项功能(Heintz,2001;Puri 等,2007)。该原型机及其他无人机装有多种遥感传感器和多种相机。当目标汽车与其他机动车同时向不同方向以不同速度运动时,目标汽车的跟踪将会遇到一定困难。对此,Bethker 等(2007)建议把若干传感器组合成适于执行这种任务的地面移动目标指示(Ground Moving Target Indication,GMTI)传感器原型。

在用无人机系统执行交通监控时,峡谷效应(canyon effect)是需要解决的问题之一。峡谷效应指无人机系统穿梭于高楼大厦之间沿道路飞行的能力。高层建筑形成一个峡谷,在其间很容易失去通信和目视联络。部分开发商正努力尝试用自主方法解决这一问题。Ng 等(2005)正在开发博弈论最佳惯性可变形区,即 GODZILA。GODZILA 提供了一种路径规划和躲避未知环境中障碍物的先进算法。也有一部分开发商采用先验知识法,通过专门标记建筑物位置,将无人机系统定制在某一特定区域工作。

与目前 DOT 的交通监控和交通规划、应急响应以及执法等团队相比,无人机系统有许多优点。无人机系统移动速度更快,不像传统机动车那样受特定路线或地面的限制。它们可以在危险环境或恶劣天气条件下飞行。此外,无人机系统还可快速进行列装,起降时仅需很小的跑道空间,而且不易被人察觉。

11.2.3 灾害响应

在民用领域当中,无人机系统是采集地面数据不可或缺的手段。无人机系统特别适合执行 4D 任务。与无人地面平台(UGV)一样,执行灾害响应的无人机系统要求具备特定特性,使其能够在极端环境中运行。Jinguo 等(2006)将这些特性描述为可生存性、持久性与自适应性。

无人机系统在应对灾害时的可生存性,需要有效而覆盖面广的通信系统作保障。无人机系统搜索与救援的通信必须突出三个方面:操作员与无人机之间的通信;操作员与灾民之间的通信;以及其他救援机械与其团队之间的通信。在自然人团队当中,通信决定了系统适应动态环境的能力,以及在快速变化的灾害环境中保持态势感知的能力。

无人机系统的持久性包括系统在不可预测的坠落破坏物碎片中的生存能力,在不确定的动态环境中运行的能力,以及处理信号丢失(Loss of Signal,LoS)问题的能力等。为了解决这些问题,设计人员建议救援队在一个团队中使用若干种级别的无人机系统,因为救援队呈多层次性(Gerla 和 Yi,2004)。Murphy 等(2006, p.176)建议采用"5∶2"的人 - 机器人比,其中三个人分别担任操作员、任务专家和飞行引导员。适当的救援系统应该包含中等规模的无人机系统,或高空长航时(HALE)无人机系统,可携带设备,提供临时通信数据链、区域纵览、可能的退出路线以及条件改变信息。Gerla 和 Yi(2004)提供了更多有关通信中继的资料。小型无人机系统(SUAS)执行类似任务,可以直接针对某一领域。迷你无人机系统(mini - UAS,MUAS)的任务则是在某一地点采集地面情况,搜索灾害中的幸存者。当 MUAS 丢失信号时,将会有另外的机动访问点作为中介信号。MUAS 还依赖小型无人机系统与中型无人机系统采集信息,包括不断改变的条件、结构变化以及飞溅碎片的可能性等信息(Jinguo 等,2006;Teacy 等,2009)。

无人机系统的自适应性除了能感知非结构化不确定环境的变化外,还包括 MUAS 小到能够躲避不可预测的碎片轨迹,适应狭窄空间等能力(Jinguo 等,2006)。以外,无人机系统的自适应性还包括记录物理信息、探索未知环境的能力。灾害救援专业人员分为不同小组,每个小组负责应对一个特定级别的灾害。通常,减灾工作分为三个阶段,即"灾前救援(pre - disaster rescue operation)、灾中(on - disaster)救援、灾后(post - disaster)救援"(Jinguo 等,2006,第 439 页)。Jinguo 及其同事(2006)根据灾害/救援专业团队的预期,对这三个阶段进行了描述。在灾前救援准备工作中,团队协调疏散、筹备物资;在灾中救援过程中,与灾害抗争、减轻损害;在灾后救援期间,搜索、救援生存者。通常,由于情况变化过于迅速,这三大阶段之间并没有清晰的界限。在灾害的不同阶段,活跃着不同的救援小组。无人机系统救援队应该模仿这种方式。在灾前疏散协调与交通监控期间,可以部署 HALE 无人机系统。与此同时,操作员应建立机动临时通信系统(Gerla 和 Yi,2004)。灾害逼近时,可部署其他级别的无人机系统,以采集数据、投放救灾包和实施搜索行动。

11.2.3.1 火灾

对于仍未扑灭的火灾,卫星遥感受到图像的空间分辨率,以及图像的采集频率的限制(Alexis 等,2009;Casbeer 等,2006)。例如,美国农业部林务局活跃火情制图项目(U.S. Department of Agriculture Forest Service Active Fire Mapping Program)采用的是 Terra 和 Aqua 卫星上携带的中等分辨率成像光谱仪(Moderate Resolution Imaging Spectrometer,MODIS)所生成的热图像(USDA-USAF,2010)。每台传感器每天采集数据两次,空间分辨率为 1km。这些数据提供地区及国家尺度上的火情活动,但由于空间分辨率过低,无法提供精确的火情前沿位置信息。此外,由于卫星传感器重访间隔时间过长,因此无法实时跟踪火势发展和指挥灭火工作。

用无人机系统检测和监控森林火灾共有两种不同的方法。这两种方法目前都已通过试验。第一种是利用高空长航时(HALE)无人机系执行多处火灾的长航时任务(Ambrosia,Wegener,Brass 等,2003)。较之卫星传感器,这些系统所提供的图像的空间分辨率频率都更高(Casbeer 等,2006)。第二种则是低空短航时(LASE)无人机系统机群协同工作(Alexis 等,2009;Casbeer 等,2006;Merino 等,2006)。

Ambrosia 等(2001),Ambrosia、Wegener、Brass 等(2003)及 Merlin(2009)对紧急救援试验(FirstResponse Experiment,FiRE)项目中 NASE-Ames、通用原子航空系统公司与各种政府研究机构之间的合作情况做了报告。这些项目采用通用原子公司的"阿尔特斯"(ALTUS II)无人机系统,即民用版"捕食者",无人机上安装了一个 NERA M4 移动全球通信系统与一台 AIRDAS(Airborne InfRared Disaster Assessment System,机载红外灾害评估系统)热多光谱扫描仪。AIRDAS 扫描仪可捕捉已控制火区相对火势强度的图像。遥测系统 NERA 通过地球同步卫星 INMARSAT 向地面控制站传送 AIRDAS 数据和导航文件。地面控制站一旦收到数据,就由 Terra-Mar 的数据采集控制系统(Data Acquisition Control System,DACS)软件进行地理校正。第二个 FiRE 项目(Ambrosia,2003a)则采用来自航天飞机雷达地形测量任务(Shuttle Radar Topography Mission,SRTM)的数字高程数据来正射校正图像数据,创建火情的三维模型。两个 FiRE 项目都证明了 AIRDAS 影像与导航数据可以通过卫星图像数据遥测系统传送到地面,经过地理校正,然后近实时传到网上(或传给潜在用户)(Merlin,2009)。

FiRE 项目与 2003 年由 NASA 与美国林务局共同建立的野火研究与应用伙伴关系(Wildfire Researchand Applications Partnership,WRAP)项目,为西部各州消防任务打下了基础(Ambrosia 等,2007)。随后,西部各州消防任务又先后利用"牵牛星"(Altair)和 Ikhana 无人机系统(二者都是民用版的"捕食者 B"),继续对 HALE 无人机系统的野火监控进行试验。两架无人机都携带了自主模块化扫描仪(Autonomous Modular Scanner,AMS)。AMS 是一种多光谱热扫描仪,类似于机载红外灾害评估系统(AIRDAS)仪器。2006 年 10 月,在埃斯佩兰萨(Esperanza)大火中,当 NASA 获得紧急许可证书,批准其"牵牛星"无人机系统在国家空域系统飞行时,西部各州消防任务突然从试验状态变为工作状态。埃斯佩兰萨大火是一场发生在加利福尼亚州南部、因纵火犯蓄意纵火而酿成的火灾,破坏了 40000 多英亩面积,造成5人死亡(Ambrosia等,2007)。就像此前FiRE项目已经得出的验证结果一样,数据通过无人机系统地面控制站(进行地理校正)以及因特网,近实时传送到事件指挥中心后,即可在谷歌地球网页上进行浏览。2007年,西部各州消防任务继续运行Ikhana无人机系统(携带AMS),监控了八场失控的野火,包括圣贝纳迪诺国家森林(San Bernardino National Forest)两次,彭德尔顿营海上基地(Cam PPendleton Marine Base)一次,圣地亚哥县(San Diego County)四次,以及奥朗日县克利夫兰国家森林(Cleveland National Forest in Orange County)一次。在这八场火灾中,西部各州消防任务复用了首次应对埃斯佩兰萨大火灾的方法,采用了Ikhana无人机系统及其地面保障设备,成功地近实时采集、传送、处理、分发图像,为在地面零点(ground zero)做出火灾事件决策提供支持。西部各州消防任务还用Ikhana采集灾后图像,以绘制烧毁区图。利用Ikhana机上AMS采集到的图11.1所示的是扎卡(Zaca)大火前沿和灾后烧毁区。扎卡大火从2007年7月4日开始,到8月31日,大约烧毁了超过240000英亩的土地。

图11.1 扎卡大火(图片由NASA提供)

HALE无人机系统的采购价格和运行费用都很高。为了解决这个问题,有一部分组织采用了若干个低成本的LASE无人机系统机群来检测监控火情。HALE系统提供的是整体火情概况图,而LASE系统只限于检测火场周边,并尽可能频繁地将这些数据传送到基站。

其他项目的研究人员也曾尝试利用各种无人机机群来协同监控受控火情。在COMETS(Real Time COordination and control of Multiple heterogeneous unmanned aerial vehiclES,多异构无人机实时协同和控制)项目中,其中一个环节就是在试验火情中测试两架直升机与一架飞艇之间的协同情况(Merino等,2006;Ollero等,2006)。其中一架直升机(Helivision-GRVC)携带雷神2000AS热微摄像机(7~14μm)和一台Camtronics PC-420DPB电视摄像机,另一架直升机"马文"(Marvin)携带滨松UV-Tron火警检测器和一台佳能Powershot S40数码静物相机(Merino等,2006)。飞艇携带两台数码IEEE1394相机,采集成对的立体照片,然后利用这种立体摄影以三维形式展现地形。无人直升机系统有指定的巡逻区域,直到其中一架检测到火情时结束。一旦其中一架直升机检测到火情,另一架将被派到着火处进行确认。确认有火之后,即开始进行火情监控(Merino等,2006)。

Ollero等(2006)建议可以将无人机机群与单架大型HALE无人机系统结合使用。单架大型无人机的优点是航程远、续航时间长,所以能大面积进行初始火情检测。一旦发现火情,随后便可以利用小型无人机机群快速响应,以确认存在火情或标记为虚警。如果确认火灾爆发,由无人机机群监控火势蔓延情况(Ollero等,2006)。

11.2.3.2 洪水与飓风

2005年出现"威尔玛"(Wilma)飓风后,美国首次利用无人机系统来进行损害评估和协助恢复工作。从那以后,研究人员能够判断所需的技术类型,并且在模拟恢复行动中进行系统测试。救援专业人员也能够互相分享经验。Murphy等(2006)与Pratt等(2006)在关于"卡特里娜"(Katrina)救援工作的文章中介绍了可采取的救援行动,以及未来可能面对的挑战。

2005年,当"卡特里娜"飓风袭击新奥尔良时,有人曾建议部署不同级别的无人机系统。Leitl(2005)建议采用小型无人机系统和中型无人机系统,提议首先使用小型无人机"演变"(Evolution)对建筑物和灾情进行评估,并由中型无人机"银狐"(Silver Fox)用红外摄像机搜索幸存者。来自密西西比州、由南佛罗里达大学率领的团队也曾提议部署类似的无人机系统,来搜索被洪水围困的灾民。

需要注意的是,尽管研究人员呼吁推广无人机系统,但出于安全的考虑,FAA并未批准在国家空域系统内运行无人机。无人机与有人机隔离运行的需求无法满足,关于在出现暴风雨时运行无人机系统的提案,也未能展示其可替代的通信能力。总的来说,受灾地区的空中交通管制(ATC)能力受暴风雨限制。

然而,据Leitl(2005)称,出现飓风时,即使部署无人机系统来实施援救,定位遇难者的成功概率也许依然十分有限。搜索遇难者时,其位置和状况都不确定。由于遇难者探测成功与否取决于无人机系统所携带传感器的性能,因此,如果机载传感器中没有红外传感器,就难以发现人体目标,同时,也难以确定静止的人体是否还有生命迹象。为了应对这一挑战,Doherty和Rudol(2007)提议用红外与光电相机组合探测非移动人员的生存迹象。

11.2.3.3 龙卷风探源

无人机系统地理空间数据采集的许多应用都与遥感有关,而无人机系统也是在危险环境中进行大气取样的理想平台。例如,无人机系统为提高龙卷风预警能力提供了关键的契机。通过观察地面与中气旋底部之间的大气气柱的热动力剖面图(尤其是在超级单体后侧翼区),将极大地增强人们对龙卷风起源与发展的了解(Elston 和 Frew,2010)。如果利用有人机来采集这些数据,飞行员与飞机都将面临无法接受的风险(Eheim 等,2002)。

来自科罗拉多大学的一个研究组曾通过龙卷风旋转起源验证试验(Verification of the Origins of Rotation in Tornadoes Experiment, VORTEX),尝试利用无人机系统研究龙卷风的起源。2010 年 5 月 6 日,研究组发射了一架"暴风雨"(Tempest)无人机,用以拦截超级单体雷暴的后侧翼。无人机安装了探空仪,可用于测量气压、温度和湿度。遥测系统将这些数据连续传送到地面控制站(Nicholson,2010)。

基于无人机系统的龙卷风探源研究面临着特别的挑战。为了停留在超级单体后侧翼内,并持续成功传输数据 30~60min,无人机的外骨架必须能够耐受大雨、3/4 英寸的冰雹和 10g 垂直阵风负荷(Erheim 等,2002)。在所有这些要求当中,最重要的是无人机机体必须保证低成本,因为按预计,无人机系统在执行任务过程中可能会被损坏(Erheim 等,2002)。

除了无人机系统自身在工程方面所面临的挑战以外,龙卷风探源研究人员在国家空域系统中运行无人机时,还面临一些特有的问题。所有无人机系统操作员都必须持有 FAA 颁发的授权证书(COA)。要满足 COA 条件,无人机系统操作员必须在任务开始前提前 48~72h 向 FAA 递交无人机飞行图。对于龙卷风探源人员来说,申请和获得飞行批准的程序所存在的问题是,他们无法有把握地预测龙卷风的发源地。此外,FAA 还要求无人机飞行期间应随时与无人机保持目视联络。以上便是对"暴风雨"(Storm)无人机系统飞行的要求。鉴于在出现龙卷风之前运行无人机存在一定的风险,加之在龙卷风探源期间可能需要飞越一定的距离,有人提出了一个颇有创意但让人啼笑皆非的解决方案,即由引导"暴风雨"无人机的飞行计算机跟踪有人地面平台(Nicholson,2010),从而在必要时快速准确地进行飞机定位。

11.3 结 论

本章讨论了无人机系统在地理空间数据采集问题,尤其是通过遥感来采集数据的优势,简要总结了无人机系统上所用的传感器及其应用,指出了静止图像地理校正所提出的挑战,研究了无人机遥感技术的应用,主要涉及自然环境、管控环境和人类环境。此外,我们还列举了无人机系统现场记录地理空间数据的两个案例

(Elston 和 Frew,2010;Fahey 等,2006)。待到批准无人机系统在国家空域系统运行的协议出台时,预计无人机系统在地理空间数据领域的应用量将成倍增加。

思 考 题

11.1 相对于有人机或卫星,无人机系统在采集地理空间数据时有何优势?

11.2 用无人机系统救灾时,有何需要注意的事项?

11.3 为了在高污染区采集交通数据,无人机系统必须克服哪些挑战?

11.4 还有哪些需要利用无人机系统来采集地理空间数据的 4D 任务?试进行讨论。在危险的环境中,无人机系统可能要面临哪些限制条件或挑战?

11.5 本章有意省略了对传感数据的分析。分析员可用哪些方法来迎接大量传感数据所带来的挑战?

参 考 文 献

[1] Allen,J.,and B. Walsh. 2008. Enhanced oil spill surveillance,detection and monitoring through the applied technology of unmanned air systems. Proceedings of the 2008 International Oil Spill Conference,Savannah, GA. http://iosc. org/papers/2008%20019. pdf(accessed June 12,2010).

[2] Alexis,K.,G. Nikolakoupoulos,A. Tzes,and L. Dritsas. 2009. Coordination of helicopter UAVs for aerial forest-fire surveillance. In Applications of Intelligent Control to Engineering System,Intelligent Systems,Control, And Automation:Science and Engineering,vol. 39,ed. K. P. Valavanis,169 – 193. Netherlands:Springer.

[3] Ambrosia,V. G. 2001. Remotelypilotedvehiclesasfireimagingplatforms:Thefutureishere! http://geo. arc. nasa. gov/sge/UAVFiRE/completeddemos. html(accessedJune12,2010).

[4] Ambrosia,V. G.,B. Cobleigh,C. Jennison,and S. Wegener. 2007. Recent experiences with operating UAS in the NAS. American Institute of Aeronautics and Astronautics 2007. Conference and Exhibit,Rohnert Park,CA.

[5] Ambrosia,V. G.,S. S. Wegener,J. A. Brass,and S. M. Schoenung. 2003. The UAV Western States Fire Mission:Concepts,plans and developmental advancements. AIAA3rd "Unmanned Unlimited" Technical Conference,Workshop and Exhibit,Chicago,IL.

[6] Ambrosia,V. G.,S. S. Wegener,D. V. Sullivan,S. W. Buechel,S. E. Dunagan,J. A. Brass,J. Stoneburner, and S. M. Schoenung. 2003. DemonstratingUAV – acquiredreal – timethermal data overfires. Photogrammetric Engineering and Remote Sensing 69:391 – 402.

[7] Berni,J. A. J.,P. J. Zarco – Tejada,G. Sepulcre – Canto,E. Fereres,and F. Villalobos. 2009. Mapping canopyconductance and CWSIinoliveorchardsusing high resolution thermal remote sensing imagery. Remote Sensing of Environment 113:2380 – 2388.

[8] Berni,J. A. J.,P. J. Zarco – Tejada,L. Suarez,and E. Fereres. 2008. Thermal and narrow band multispectral remotesensing forvegetation monitoring from anunmanned aerial vehicle. IEEE Transactions on Geoscience and

Remote Sensing 47:722 – 738.

[9] Bestelmeyer, B. T. 2006. Threshold concepts and their use in range land management and restoration: the good, the bad, and theinsidious. Restoration Ecology 14:325 – 329.

[10] Bethke, K. H., S. Baumgartner, and M. Gabele. 2007. Air borne road traffic monitoring with RADAR. 14th World Congress on Intelligent Transport Systems. http://elib. dlr. de/51746/01/ITS – Paper_2243_Bethke. pdf(accessedJuly7, 2010).

[11] Campbell, J. B. 2007. Introduction to Remote Sensing. NewYork: The Guilford Press.

[12] Casbeer, D. W., D. B. Kingston, R. W. Beard, and T. W. McLain. 2006. Cooperative forest firesurveil lanceusing at eam of small unmanned air vehicles. International Journal of Systems Science 37:351 – 360.

[13] Cox, T. H., I. Somers, D. J. Fratello, C. J. Nagy, S. Schoenung, R. J. Shaw, M. Skoog, and R. Warner. 2006. Earth observations and therole of UAVs. http://www. nasa. gov/ centers/dr · en/pdf/175939main_Earth_Obs_UAV_Vol_1_v1. 1_Final. pdf (accessed June12, 2010).

[14] Doherty, P., and P. Rudol. 2007. AUAVsearch and rescuescenario with human body detection and geolocalization. In Proceedings of Australian Conference on Artificial Intelligence, pp. 1 – 13.

[15] Eheim, C., C. Dixon, B. M. Argrow, and S. Palo. 2002. Tornado Chaser: Aremotely – piloted UAV for insitumeteorological measurements. Presentedat AIAA's 1st Technical Conference and Workshopon Unmanned Aerospace Vehicles, Systems, Technologies, and Operations, Portsmouth, VA. http://recuv. colorado. edu/ ~ dixonc/dixonc/Publications/ papers/Eheim – Dixon_Tornado Chaser. pdf(accessedJune12, 2010).

[16] Elston, J., and E. Frew, 2010. Unmanned air craftguidance for penetration of pretornadic storms. Journal of Guidance, Control and Dynamics 33:99 – 107.

[17] Fahey, D. W., J. H. Churnside, J. W. Elkins, A. J. Gasiewski, K. H. Rosenlof, S. Summers, M. Aslaksen, et al. 2006. Altair Unmanned Aircraft System Achieves Demonstration Goals. EOS Transactions AGU 80:197 – 201.

[18] Fraser, C. S. 1997. Digitalcameraself – calibration. ISPRS Journal of Photogrammetry and Remote Sensing 52: 149 – 159.

[19] Fryer, J. G. 1996. Cameracalibration. In Close Range Photogrammetry and Machine Vision, ed. K. B. Atkinson and J. G. Fryer, 156 – 179. Caithness, Scotland: Whittles Publishing.

[20] Furfaro, R., B. D. Ganapol, L. F. Johnson, and S. R. Herwitz. 2007. Neural network algorithm for coffeeripenessevaluation using airborne images. Applied Engineering in Agriculture 23:379 – 387.

[21] Gerla, M., and Y. Yi. 2004. Team communications among autonomous sensor swarms. SIGMOD Record33: 20 – 25.

[22] Heintz, F. 2001. Chroniclere cognition in the WITASUAVProject: Apreliminary report. Paper presentedat the Swedish AISociety Workshop, Skövde, Sweden.

[23] Herwitz, S. R., L. F. Johnson, J. F. Arvesen, R. G. Higgins, J. G. Leung, and S. E. Dunagan. 2002. Precision agriculture as acommercial application for solar – powered unmanned aerial vehicles. 1st AIAAUAV Conference, PortsmouthVA.

[24] Hruska, R. C., G. D. Lancaster, J. L. Harbour, and S. Cherry. 2005. Small UAV – acquired, high – resolution, georeferenced stillimagery. Proceedings of AUVSI Unmanned Vehicle Systems North America, Baltimore, MD.

[25] Hunt, E. R., W. D. Hively, S. J. Fujikawa, D. S. Linden, C. S. T. Daughtry, and G. W. McCarty. 2010. Acquisition of NIR – green – bluedigital photographs from unmanned aircraft for cro Pmonitoring. Remote Sensing 20102:290 – 305.

[26] Inoue, J., J. A. Curry, and J. A. Maslanik. 2008. Application of aerosondestomelt – pond observation sover Arcticseaice. Journal of Atmosphericand Oceanic Technology 25: 327 – 334.

[27] Jinguo, L., W. Yue chao, L. Bin, and M. Shugen. 2006. Curren tresearch, key performances and futured evelopment of search and rescue robots. The Journal of Mechanical Engineering 42: 1 – 12.

[28] Jones, G. P., L. G. Pearlstine, andH. F. Percival. 2006. Anassessment of small unmanned aerial vehicles for wildlife research. Wildlife Society Bulletin34: 750 – 758.

[29] Laliberte, A., C. Winters, and A. Rango. 2008. Aprocedure for orthorectification of sub – deci – meter resolution imagery obtained with an unmanned aerial vehicle (UAV) [abstract], Proceedings of the American Society for Photogrammetry and Remote Sensing Annual Conference, April28 – May2, 2008, Portland, OR. http://www. asprs. org/publications/ proceedings/portland08/0046. pdf (accessedJune12, 2010).

[30] Leitl, E. 2005. Information technology issues during and after Katrina and usefulness of the Internet: How wemobilized and utilized digital communications systems. Critical Care 10: 110.

[31] Linder, W. 2009. Digital Photogrammetry: A Practical Course. Berlin: Springer – Verlag.

[32] Matthews, N. A. 2008. Aerial and close – range photogrammetric technology: Providing resourced ocumentation, interpretation, and preservation. TechnicalNote428. U. S. Department ofthe Interior, Bureau of Land Management, National Operations Center, Denver, Colorado.

[33] Merino, L., F. Caballero, J. R. Martinez – deDios, J. Ferruz, andA. Ollero. 2006. Acooperative perception system formultiple UAVs: Application to automaticdetection of forestfires. Journal of Field Robotics 23: 165 – 184.

[34] Merlin, P. W. 2009. Ikhana. Unmanned Aircraft System, Western States Fire Missions.

[35] Monographsin AerospaceHSItory#44, NASASP – 2009 – 4544http://www. aeronautics. nasa. gov/ebooks/ downloads/ikhana_monograph. pdf(accessedJune12, 2010).

[36] Murphy, R. R. 2006. Fixed – and rotary – wing UAVS at Hurricane Katrina. In IEEE International Conference on Robotics and Automation(videoproceedings), Orlando, FL.

[37] Murphy, R. R., C. Griffin, S. Stover, and K. Pratt. 2006. Use of microairvehicles athurricane Katrina. In IEEE Workshopon Safety Security Rescue Robots, Gaithersburg, MD.

[38] Nebiker, S., A. Annen, M. Scherrer, and D. Oesch. 2008. Alight weight multispectralsens or for microUAV opportunities for very high resolution airborne remote sensing. The International Archives of the Photogrammetry, Remote Sensing and Spatial In formation Sciences, ISPRS Congress, Beijing, China, XXXVII. PartB1, 1193 – 1199. http://www. isprs. org/proceedings/XXXVII/congress/1_pdf/204. pdf (accessed June12, 2010).

[39] Newman, D. 2006. Micro – Air Vehicle(MAV) Demonstrated Backpackable Autonomous VTOLUAV Providing Hover and Stare RSTA to the Small Military Unit. 25th Army Science Conference, Grande Lakes, Orlando, FL. http://www. dtic. mil/cgi – bin/GetTRDoc? AD = ADA481068&Location = U2&doc = GetTRDoc. pdf (accessedJune12, 2010).

[40] Ng, T. L., P. Krishnamurthy, F. Khorrami, and S. Fujikawa. 2005. Autonomous flight control and hardware – in – the – loopsimulator for a small helicopter. Proceedings of IFAC WC, Prague, Czech Republic.

[41] Nicholson, C. 2010. Droning it in: Storm – chasing unmanned aerial vehicle makes first foray intonascenttwister. Scientific American, http://www. scientificamerican. com/article. cfm? id = droning – it – in – storm – chasing – twiter (accessedJune12, 2010).

[42] Ollero, A., J. R. Martínez – de – Dios, and L. Merino. 2006. Unmanned aerial vehicles as tools forforest – fire

fighting. VInternational Conference on Forest Fire Research, Coimbra, Portugal. http://grvc. us. es/publica/congresosint/documentos/2006VICFFR_ AOLLERO. pdf(accessedJune12,2010).

[43] Ortiz, G. G. , S. Lee, S. Monacos, M. Wright, and A. Biswas. 2003. Design and development of arobust ATP subsystem for the AltairUAV – to – Ground Lasercomm2. 5Gbpsdem – onstration. In Free – SpaceLaser Communication Technologies XV, ed. G. S. Mecherle, Proceedings of the SPIE4975:103 – 114. http://opticalcomm. jpl. nasa. gov/PAPERS/ATP/gospie03. pdf (accessedJune12,2010).

[44] Pratt, K. , R. R. Murphy, S. Stover, and C. Griffin. 2006. Requirements for semi – autonomous flight inminiature UAVs for structural inspection. Proceedings of AUVSI Unmanned Systems North America, Orlando, FL.

[45] Puri, A. , K. Valavanis, and M. Kontitsis, 2007. Generating Traffic Statistical Profiles Using Unmanned Helicopter – Based Video Data. In 2007 IEEE International Conferenceon Robotics and Automation, 870 – 876. Rome, Italy.

[46] Rango, A. , A. Laliberte, C. Steele, J. E. Herrick, B. Bestelmeyer, T. Schmugge, A. Roanhorse and V. Jenkins. 2006. Usingunmanned aerial vehicles for rangelands:Currentapplications and futurepotentials. Environmental Practice 8:159 – 168.

[47] Stafford, J. V. , 2000. Implementing PrecisionAgriculture in the 21st Century. Journal of Agricultural Engineering Research 76:267 – 275.

[48] Teacy, W. T. L. , J. Nie, S. McClean, G. Parr, S. Hailes, S. Julier, N. Trigoni, and S. Cameron. 2009. Collaborative sensing by unmannedaerial vehicles. Proceedings of the 3rd International Workshopon Agent Technology for Sensor Networks, May2009, Budapest, Hungary. http://web. mac. com/lteacy/ATSN – 09/proceedings_files/suaave. pdf (accessedJune12,2010).

[49]　USDA – USFS. 2010. Active Fire Mapping Program. http://activefiremaps. fs. fed. us/faq. php (accessed June12,2010).

第12章 无人机系统的未来

12.1 引　言

赫拉克利特,以弗所人(Heraclitus of Ephesus)(公元前535年—前475年),古希腊哲学家,以奉行宇宙间万物永恒变化的观点而著称。在无人机系统所处的高科技世界里,这种永恒变化体现得更加淋漓尽致。实际上,很可能在不远的将来,术语"无人机系统"(UAS)会因"遥控驾驶飞行器"(RPA)一词更为公共接受而退出历史("无人"一词在作为一种涉及飞行物体的公共政策表述时,逐渐成为一种负担。Deptula,2010)。由此一来,书写无人机系统的未来便不好把握,本章的主要内容也仅关注概念更为确定的未来3~5年的时间范围内。

12.2 预期市场增长

不审视历史和探讨未来趋势的行业分析一定是不完整的。曾经名为"无人机"或"靶机"(Drone)的无人机系统,仅仅在过去的10~15年间就已经被称为一种行业了——但不论以什么标准衡量,它都是一个新兴行业。它从航空航天工业一个名不见经传的小分支,借助技术成果的推动在较短的时间范围内稳步成长为主要分支。在通常情况下,由于新兴行业与更为成熟的行业不同,几乎不受经济周期的影响,因而会经历快速增长期。无人机系统这一市场的情况正是如此,也会一直持续下去。

在探讨无人机系统市场的消费状况时,可以将其划分为8个基本市场:

(1) 研发、测试与评估(Research, Development, Testing, and Evaluation, RDT&E);

(2) 平台或飞行器;

(3) 地面控制系统;

(4) 有效载荷和传感器;

(5) 服务与支援;

(6) 传感器数据处理与分发;

(7) 培训与教育;

(8) 公共和私有采购。

从各方面看来,可以预见到世界范围内无人机系统市场强劲的增长势头。两家主流无人机系统市场研究公司均预测在未来5~10年无人机系统部门将迎来巨大的市场增长。蒂尔集团公司(Teal Grou PCorporation)的综合市场研究分析员们在2010年市场预测中做出这样的估算:10年后,世界范围内无人机系统的消费将超过800亿美元,其中,美国消费这些资金中研发部分的76%,采购部分的58%(图12.1)(Aboulafia,2010)。同时,该市场预测还报告道,航空航天制造业的无人机部门将继续占据增长的主导地位。截至2020年,该部门的消费预计将从每年49亿美元增长至115亿美元。简单说,这里的消费就是指直接流向8个无人机系统基本市场的美元。

图12.1　蒂尔集团世界无人机系统2010市场剖面图及预测

另一家市场研究网站MarketResearch.com预测称无人机系统市场的增长前景巨大,对此它预测的数字更为乐观:到2015年,无人机系统市场的消费将达到630亿美元(U. S. Military Unmanned AerialVehicles, n. d. ,引文未注明出版日期)。MarketResearch.com网站将这种增长描述为大步流星般的飞速增长。

12.2.1　私营部分

无人机系统私营市场目前就如同马上就要决堤的大坝一般。目前,联邦航空管理局对试图在国家空域系统内运营无人机系统的私营企业重重设限。大多数无人机系统在国家空域系统内的运营机制是向联邦航空管理局申请授权证书(COA),COA会针对具体的无人机系统运营活动设置一系列的管控和限制。按照目前的程序,美国国内颁发的任何COA都要求由公共实体担保,但这在私营企业眼中是一种不合理的负担。市场的压力正促使这些限制发生改变,似乎在不远的将来(3年内),国家空域系统内的私营无人机系统将迎来结构上的调整。一旦调整到位,私营承包商将能够提供包括监视(将会给其自身带来一系列挑战)、空中监控、通信中继和机载信息收发等一系列广泛的无人机服务。

12.2.2　公共部分

这部分市场将继续以军队、执法部门以及大学相关的研究活动为主导。军队将继续引领未来发展,不断推进技术的进步,以满足指挥官对态势感知的需求。军队是目前无人机系统市场的消费大户。其他公共部分的相关计划继续增多,同时法律的执行力度也将日益加大。谁最先对法规的实施及时响应,谁就能抢占先机。技术仍将不断进步,各个大学将通过科研活动突破技术的门槛。

12.3 基 础 设 施

12.3.1 地基基础设施

基础设施(Infrastructure)可以定义为能够使某一行业、组织或社会团体以一种有序的方式运作的实体结构,以及服务或组织框架。举例来说,我们所指的国家交通运输基础设施从实体上来看就是指道路、桥梁、铁路、水上和空中航线、港口和机场,而从服务方面来看,就是指相关的保养和维护机构,其中包括与之相关的培训和教育组织。

目前已经有人提出疑问,既然无人机行业预期有如此大的增长,那么目前的航空基础设施能否承受增长所带来的冲击呢?确实,我们现有的基础设施面临很大的挑战,但让人欣慰的是,还有很多的机遇和空间可以促使其在未来实现较大的发展。以美国为例,我们拥有通用航空机场组成的庞大网络,虽然这些机场合理地连入国家空域系统,但其中有很多机场都不在主要空中交通流覆盖区内,因而没有得到充分利用。

就从跑道来说,无人机系统的基础设施还有很大的开发空间以满足未来的市场增长需求。例如,新墨西哥州的拉斯克鲁塞斯(Las Cruces)国际机场已经通过与新墨西哥州立大学物理科学实验室的技术分析与应用中心(TAAC)之间的合作关系,利用其完善的基础设施配套,以及与之相匹配的周边空域开展对无人机系统的开发。无人机系统平台被正式投放执行日常作战任务前,要先在此进行测试与飞行战备评估。

又如,在堪萨斯州赫林顿当地的通用航空机场建立赫林顿无人机系统飞行实验站(Herington UAS Flight Facility,HUFF)也是出于此目的。该实验站的第一张授权证书于2010年春颁发给了以CQ-10A为动力的伞投无人机系统。该实验站的前身是第二次世界大战时的一个军用机场,就像全国其他的通用航空机场一样,近些年在经济不景气、通用航空业挣扎求生的大背景下,经历了交通运量下滑的颓势。无人机系统等新兴行业无疑为其创造了机遇。该实验站的主要任务是通过与堪萨斯州立大学无人机系统项目办公室的合作关系,承担无人机系统的测试、评估和运营工作。

讽刺的是,目前无人机系统完全集成所需的陆基基础设施建设,很大一部分要通过联邦航空管理局下一代国家空域系统(NextGen NAS)现代化计划来实施,该计划将国家空域系统从地基(永久性导航辅助设备、雷达、甚高频VHF通信等)转变为星基。在以卫星为基础的国家空域系统内,可轻松获取飞机的位置等其他相关信息,因而可使用户根据这些信息更好地做出空中交通决策。我们最终希望无人机系统能够通过星基系统与周围飞机进行协同,从而独立进行碰撞威胁评估并采取规避动作。

12.3.2 常规空域准入

随着无人机系统平台能力的日益提高,以及在经济上为更多用户所能承受,对无人机能不经过特殊的授权证书颁发程序,便可在国家空域系统内进行常规飞行这一需求逐渐增长。COA 的颁发程序作为一项临时性措施一直存在,它授予无人机系统在国家空域系统内的运行权利,由联邦航空管理局具体决定如何将无人机系统最好地集成到国家空域系统,以应对运营商和潜在客户日渐增长的需求。以目前的情况看,国家空域系统内无人机系统运行的常规化,似乎能够在若干年后实现。届时,无人机系统将能够申请仪表飞行规则飞行计划,并以与有人机相似的方式运行。具体如何获得运行许可,将在即将出台的无人机系统《联邦航空条例》中明确。目前该条例还处在规则制定阶段。有关无人机系统的规则将明确出一个无人机系统的运行体系,根据无人机系统的工作重量和性能,界定国家空域系统内允许进行的无人机系统的运行活动。与其他类的《联邦航空条例》相似,无人机系统的规则也会明确规定飞行器和运营商应遵守的运行限制和要求。

12.3.3 培训与认证

多年来,联邦标准一直是航空领域各方各面的风向标,从操作员的培训、认证需求到材料认证、制造和维护标准无一遗漏。虽然这些标准会随着技术的发展定期更新变化,但这样的过程可以确保与飞行相关的公众能够享有一个安全可靠的空中运输系统。

就无人机系统的大部分标准和条例来说,应该遵从经长期实践证明、适用于无人机且具有实用性的有人机相关标准。例如,无人机飞行员不仅要求持有与所操作飞行器能力相匹配的飞行员证书和健康证明,还必须接受过飞行器或平台的特殊培训。无人机系统机组人员的标准在形式上预计与有人机相似,但会根据飞行器的大小和性能进行修改。飞机性能越高,其标准也会更严苛。

飞行器的认证标准将主要围绕飞行器的安全性、可靠性和冗余度等制定,这些均可在近年来有人驾驶飞行器的标准中找到对应体。由此可以这样理解,推动无人机系统平台认证的不是有人机相关标准中规定的字面本身,而是这些标准中所体现的精神,这是因为相比有人机,无人机系统的性能变化区间更大,可以说下至微小型飞行器,上至诸如"全球鹰"无人机等超大高空飞行平台。加之机上无人保护的事实,必须要求无人机系统的飞机认证方法要不同于以往。

12.4 就业机会

无人机系统未来将提供的就业机遇会随着无人机数量的增长和空域面向无人机常规化运营开放而迎来繁荣期。无人机系统飞行员、传感器操作员和技术人员（飞机维护、电子和信息技术）等岗位都提供了较多机遇，需要更多后勤支援的较大型无人机系统将催生出更多工种，而较小型无人机则更倾向于要求运营商履行无人机运行期间的多种职责，包括发射、回收、飞行、维护、有效载荷和传感器操作等。

举例来说，一架美军通用原子公司的"捕食者"无人机飞行时要求设两名机组成员，其中一人为飞行员、另一人为传感器操作员。此外，还需要支援人员分别负责无人机的发射、回收、维护和电子支援等工作（见图12.2）。再者，由于需要进行视距内（LOS）观察，因此有时需要有人机进行飞行追踪。对很多小规模运营商来说，其中有些职责会根据无人机的大小和性能合并在一起。想要在无人机行业谋求职业的人，最好选择参加针对多种平台和自动控制软件的职业培训，此外还要接受能力教育，以应对该行业在政治、经济领域的更大挑战。

图12.2　通用原子公司的"捕食者"无人机

12.5　无人机的演化

未来几年无人机系统将会有很多种发展趋势，以下几种尤为引人关注。

12.5.1　小型化

随着材料和处理技术的进步，很多平台变得越来越小，而电子技术的每次发展都能让设计者在更小的空间内置入更多种能力。但如何解决在小空间内完成更多的处理工作所释放出能量的热耗散问题,往往是制约小型化实现的主要因素。未来这个问题一旦解决,国家空域系统内的无人机系统所需的所有部件(导航、通信、位置报告等)很可能都集成在一块小小的印制电路板上,极易拆卸并安装在另一架无人机上(图12.3)。未来通过技术实现小型化后,微型无人机(翼展小至6英寸,15.2cm)和纳米无人机(Nano Air Vehicles,NAV,翼展小至3英寸,7.6cm)将引领潮流。

图12.3　微芯片

12.5.2　动力解决方案

无人机系统的动力和能源将成为未来主要的研究课题。随着对生态友好性、经济性和性能要求的不断提高,未来要寻求解决目前动力和能源存在的多种限制的方法。

12.5.2.1　替代能源

无人机系统毫无例外会摆脱石化燃料,并且目前该领域已经实现了很大的进展。蓝鸟航空系统公司(BlueBird Aero Systems)和地平线燃料电池科技公司(Horizon Fuel Cell Technologies)已经将由一块重2kg的氢燃料电池推动的"回旋镖"(Boomerang)无人机投入战场,使其续航时间因此延长至9个多小时。还有一些生物燃料也已经在无人机系统上进行了测试。但是目前的生物燃料技术在满足未来能源需求方面,能够发挥多少作用还有待观察。经过测试看来,多数太阳能驱动的无人机系统已经实现了不同程度的成功,但目前也存在诸多限制,主要集中在有效载荷有限、产生充足能量所需太阳能电池阵列的数量和电池的重量等问题上。这其中体现的对效率的需求,将会使研究人员致力于在更小的空间内实现更高效的太阳能转化,同时以更轻便、更高效的方式储存这些能量。

12.5.2.2 电力推进

目前的电动无人机系统采用电池推动,能够搭载的有效载荷较小,续航时间也仅限于最多1~2h,其电池的重量是最大的制约因素。锂聚合物电池技术的进步为电池延寿、最大程度减重和塑形带来了希望,而塑形又可以使电池更符合飞机的设计(图12.4)。未来电动无人机系统的发展将涉及利用电力线进行电力补给能力的开发,探索一种电"加油机"的概念,或随着技术的发展,开发通过空气进行电力传输并对机上电池充电的能力。

图12.4 锂聚合物电池

12.5.2.3 材料改进

在飞机设计领域有一点是不言自明的,即飞机结构的重量越轻,其搭载的有效载荷越大。结构材料的发展很大程度上将集中在复合材料技术的开发上,使用复合材料的飞机无疑会更轻、更耐用,同时也便于制造、维护和修理(图12.5)。当然

图12.5 复合材料

成本也一定会相应提高。但目前复合材料的价格相对来说下降了。目前飞机结构采用复合材料还存在一定的局限性,尤其是当飞机暴露于污染或腐蚀性环境等异常条件下时,其长期结构完整性将受到损害。采用无损检测技术的进步将能够消除这些局限。

12.6 未来概念

12.6.1 无人作战飞机(UCAV)

无人作战飞机(Unmanned Combat Air Vehicle, UCAV)背后所体现的理念就是设计一款攻击性无人空中武器发射平台,而并不是将武器安装在另有他用的平台上。当前设计一些无人作战飞机,包括美国波音公司的 X-45A 和后来研发的"鬼怪鳐鱼"(Phantom Ray)、诺斯罗普·格鲁曼公司的 X-47B(已完成航空母舰自主起降)、英国 BAE 系统公司的"塔拉尼斯"(Taranis,雷神)无人机、以及法国代表的欧洲六国"神经元"(nEUROn)无人作战飞机等(图 12.6),均已完成首飞。

(e) (f)

图 12.6　无人作战飞机(UCAV)

(a) 波音公司的 X‑45A;(b) 波音公司的"鬼怪鳐鱼";(c) 诺斯罗普·格鲁曼公司的 X‑47B 航母起飞; (d) 诺斯罗普·格鲁曼公司的 X‑47B 自主着舰;(e) 法国等的"神经元";(f) 英国的"雷神"。

"机上无人"的做法还是有些争议:支持者主张人类能承受的加速度有限,且机上生命维持系统会使飞机重量增加,因此飞机的性能无法达到最佳状态;反对者则辩称,计算机逻辑永远无法充分替代人类的决策过程,尤其是在进行瞬间、高风险决策方面。目前国际社会对全自主化的无人化武器表现出了高度的关注。

12.6.2　无人机集群

"集群"(Swarming)的概念源于自然学,目前主要应用于军事领域。它是指通过多种手段,从多个方向同时攻击目标。这种技术用于快速战胜并征服目标。已经在军事界几经讨论的"集群"概念,包含了多个独立系统在相对较小空域内的紧密协同。换而言之,这些系统需要展示出高度的互操作性,并且在未来很可能需要具备高度自主性。要实现对"集群"战术的支持,指挥和控制的基础设施还有待发展。但是,一旦朝这个概念迈进,必然会推动其相关技术的进步。

12.6.3　"戈尔贡"凝视

"戈尔贡"(Gorgon,古希腊三个蛇发女怪之一,人一见她即化为石)凝视是应用在美国通用原子公司"死神"(Reaper)无人机系统上的一个概念,可供多个机载光学数据的终端用户选择多达 12 个不同的摄像机角度对指定的地理区域进行拍摄(图 12.7)。这样一来,飞机实质上成了一个可以提供 12 个不同摄像机视角的平台,因而能够同时追踪多个目标。毫无疑问,这项技术最终会在民用航空领域找到用武之地。

图 12.7 通用原子公司的"死神"无人机

12.6.4 通用性和可扩展性

假定未来无人机系统技术和能力不断拓展,那么向技术通用性(commonality)发展,以提高采办、辅助设备、培训、服务以及支援等方面的效率,将成为无人机系统用户的普遍期望。打个比方,有些有人机用户选择使用同一种飞机的不同改型,以提高飞机操作员、支援人员和维护人员对设备的熟悉程度,并且多数培训内容和飞机特征在很大程度是相似的,可使飞机工作人员在工作中更为高效。同样,军队基本上也是出于同种原因,也在寻求相似系统的通用性,毕竟使用大量不相关的飞机很可能会导致效率低下。可扩展性是指飞机可根据任务需求"增加尺寸"或"缩减尺寸"的特性,与通用性的概念紧密相关。

12.7 五年后及更远的未来

由于未来很多概念都是基于尚未问世的技术而提出的,因此我们的讨论到那时,会变得有些困难并且完全无法给出具体的内容。我们所知道的是,当科学和技术的进步不断改写人工智能的极限时,一定会引发惊世巨变。正处于设计阶段的机器人能够通过自学习和相互学习,独立完成与人类互动、学习说话和生成想法等复杂任务。在机械、结构、材料和动力传输等各领域进步的综合影响下,未来自主系统一定会呈现超出所有人预料的面貌。有些未来主义者想象我们在未来会看到人工智能机器自我维修或复制、寻找自身所需能源,并可能做出与其原始设计用途背道而驰的决策。当然,那种场景还离我们有段距离,但如果考虑到目前的发展步伐和方向,我们必须要考虑这些可能性,并且必须考虑如何定义哪些是"进步"、哪些实质上是倒退。

未来一定会继续探索的另一个概念是无人驾驶航天飞行。过去的四十多年间,多次无人驾驶航天任务无疑展现了无人航天器在不考虑人类生理极限的条件下,探索太空和其他星球的优势。单就节省成本这一点来说,一定会刺激该领域的进一步发展。

在这些话题上,我们还可以进一步深入探讨,同时每个话题也有待深入探索,但由于本书篇幅有限,我们只能把深入探索的任务交给读者了。但可以肯定的是,正如前文所述,未来世界一定会走向无限无人化!

思 考 题

12.1 列出术语"无人机系统"的优缺点。其替代术语有哪些?

12.2 参照12.2节无人机市场的8个基本市场,上网查找并列出每个领域目前的发展情况(最近90天内)。

12.3 若将陆基基础设施(如机场)转变为供有人机和无人机共同使用的基础设施,我们将面临哪些挑战?

12.4 很多无人机系统在设计时都以执行监视任务为导向。随着无人机系统被广泛用于执行监视任务,我们将面临哪些挑战?

12.5 如果无人机系统采用人工智能进行决策,那么人工智能的局限性会体现在什么地方?

参 考 文 献

[1] Aboulafia,R. 2010,May 11. The last healthy part of the world economy: Aviation industryoverview and forecast. AIA Communications Council Meeting,Arlington,VA.

[2] Deptula,D. 2010,April 7. Remotely piloted aircraft in the United States Air Force. Keynotespeech,Academic Opportunities: Developing the Future of UAS/RPA. Mississippi StateUniversity,Starkville MS.

[3] U. S. Military Unmanned Aerial Vehicles (UAV) Market Forecast 2010 – 2015. n. d. MarketResearch Media,http://www. marketresearchmedia. com/2010/04/09/unmanned – aerialvehicles – uav – market/ (accessed May 28,2010).

附录1 意外风险评估

意外风险评估(Mishap Risk Assessment)的相关表格(表1~表3)摘选自美国国防部关于系统安全的军标 MIL-STD-882D/E。

表1 意外概率等级

描述①	等级	具体单项	机群或库存②
经常	A	在项目全寿命周期可能经常发生,发生的概率大于10^{-1}	一直存在
可能	B	在项目全寿命周期可能发生数次,发生的概率小于10^{-1},但大于10^{-2}	经常发生
偶尔	C	在项目全寿命周期偶尔发生,发生的概率小于10^{-2},但大于10^{-3}	有时发生
极小	D	在项目全寿命周期极少发生,发生的概率小于10^{-3},但大于10^{-6}	次数较少,但按合理预期可能发生
不可能	E	在项目全寿命周期基本上不可能发生,发生的概率小于10^{-6}	次数极少,但仍有可能发生

表2 意外严重性分类

描述	类别	环境、安全与健康结果标准
灾难性	1	可能导致死亡、终生全身残疾;损失超过100万美元;或产生不可逆转的严重的环境破坏问题,违反法律法规
极严重	2	可能导致至少3人终生部分残疾、受伤或引发职业病,需要住院治疗;损失超过20万~100万美元;或产生可逆转的环境破坏问题,违反有关法律法规
较严重	3	可能导致人员受伤或引发职业病,工作日减少一天以上;损失2万~20万美元;或产生可缓和的环境破坏问题,不违反有关法律法规,可以采取相应的措施予以修复
可忽略	4	可能导致受伤或引发疾病,工作日减少一天;损失0.2万~2万美元;或产生轻微的环境破坏,不违反法律法规

① 此处的描述性文字应根据所涉项目的数量进行相应修改。
② 在完成系统评估之前,应首先对机群或库存的规模进行定义。

表3　意外风险评估矩阵(Misha Risk Assessment Matrix,MRAM)

发生概率	严重性			
	灾难性	极严重	较严重	可忽略
经常	1	3	7	13
可能	2	5	9	16
偶尔	4	6	11	18
极小	8	10	14	19
不可能	12	15	17	20
破限	21	22	23	24

附录 2　原书编者简介

Richard K. Barnhart：堪萨斯州立大学(Kansas State University, K – State, Salina)教授，航空部主任，兼任堪萨斯州应用航空研究中心(Applied Aviation Research Center)执行主管(该中心负责监督新成立无人机系统项目办公室的工作)，堪萨斯州立大学研究生部成员。已获得仪表、多引擎、水上飞机和滑翔机商业飞行员执照、仪表与多引擎飞行教官资质、机身及发电机检查与授权认证等。曾在印地安那州的温森斯大学(Vincennes University)航空维护技术专业获得副学士学位，在印地安那州的普渡大学西拉法叶校区(Purdue University, West Lafayette, Indiana)航空管理专业获得了学士学位，在佛罗里达州的安柏瑞德航空大学(Embry – Riddle Aeronautical University, Daytona Beach, 德通纳海滩)获得了硕士学位，并在印地安那州立大学(Indiana State University, Terra Haute, 特雷霍特)教育管理专业获得了博士学位。主要研究方向为航空心理学和人因工程。曾先后担任劳斯莱斯发动机公司(Rolls – Royce Engine Company)的研发人员和环美航空公司(American Trans – Air)的系统指导员。现在印地安那州立大学航空技术系以副教授身份担任代理系主席，主要负责飞行与管理进阶课程的教学。曾教授的课程包括"航空风险分析"、"'奖状'2 号基础教育"、"'空中国王'200 号飞行"、"空中导航"、"空中运输"、"仪表基础教育"等。

Stephen B. Hottman：新墨西哥州立大学(New Mexico State University, NMSU, Las Cruces, 拉斯克鲁塞斯)无人机系统技术分析与应用中心(Technical Analysis and Applications Center, TAAC)主任，负责研发的副院长，物理科学实验室(Physical Science Laboratory, PSL)高级副主任。TAAC 专门负责无人机系统的研发、测评(Research, Development, Test, and Evaluation, RDT&E)以及无人机系统在国家空域系统(NAS)中的应用。TAAC 现已成为全球无人机系统研发与测评以及空域集成与准入的核心机构。Hottman 是两个独立部门的领导。自 1999 年起，21 世纪航空部(21st Century Aerospace Department)逐渐参与无人机各个领域的工作，为导弹防御局(Missile Defense Agency)、太空与导弹防御司令部(Space and Missile Defense Command)以及国家航空航天局(National Aeronautics and Space Administration, NASA)等部门提供导弹、火箭、遥感勘测支持。哥伦比亚科学气球设施(The Columbia Scientific Balloon Facility)是一项由政府所有、承包商运作、NASA 承办的计划，专门负责在载有数吨重的有效载荷的条件下持续一个月以上的临近空间活动

(120～160K AGL)的各种操作、研发以及工程支持。目前全球范围内发射操作使用气球达到6000万英尺^2。Hottman在到新墨西哥州立大学任职之前,曾在一家企业工作(—1998),担任人－系统战略业务的领导,主要专注于提高有人武器系统中人的工作效率。其所在的企业主要专注于人效、生化以及培训,是国防部、其他联邦机构以及国际赞助方相关服务的最大供应商。其职业生涯曾涉及多个领域,包括定向能源武器开发、生化战争的脆弱性与地面/空中作战人员的对抗措施、指挥控制与通信、航空项目、作战人员培训等。Hottman在德州农工大学(Texas A&M University)获得了心理学学士学位和工业工程(人因学规范)硕士学位,目前正在新墨西哥州立大学攻读心理学(工程心理学)博士学位,已发表100多篇期刊和会议论文,是国防工业协会(National Defense Industrial Association, NDIA)和航空医学协会(Aerospace Medical Association)的终身会员、国际无人平台系统协会(Association for Unmanned Vehicle Systems International, AUVSI)和人因学与工效学协会的会员,以及西南边防特别工作组的成员。

Douglas M. Marshall:法学博士。现任新墨西哥州立大学物理科学实验室(PSL)无人机系统规章与标准制定部经理,主要负责无人机系统研究与无人机系统准入国家/国际空域的有关工作。在此之前,曾在北达科他大学(University of North Dakota)任航空学教授,负责指导航空学硕士培养计划。曾教授的课程包括"航空法"、"航空公司劳动法与政策"、"航空经济学"、"航空公司管理"、"组织行为与管理理论"、"航空条例与政策"等。截至目前,已从事无人机系统相关全职工作长达六年,参与了两本航空学书籍的编辑工作,发表了大量有关航空法、条例与遥控驾驶飞行器等文章。Marshall目前担任航空学无线电技术委员会(Radio Technical Commission for Aeronautics, RTCA)SC－203、美国材料与试验协会(American Society of Testing and Materials, ASTM)F－38、美国汽车工程师协会(Society of Automotive Engineers, SAE)G－10等委员,以及国际无人平台系统协会(AUVSI)咨询委员会、北极监测与评估项目无人机系统专家组、北极研究兴趣小组等成员,曾供职的单位包括联邦航空管理局小型无人机系统航空规则制定委员会(负责向联邦航空管理局提供建议)和民用无人机系统大会筹划指导委员会(科罗拉多州博尔德)、国防部无人机系统联合集成产品组,以及专门从事无人机系统开发工作的其他委员会,在国际航空监管与空域相关大会上曾作过多次报告。在此之前,Marshall曾从事法律相关工作长达三十年,专攻海洋/航空诉讼与雇佣法;担任过多家大型航空公司的法律代表,负责处理劳动与雇佣相关事宜;曾在一家短途航空公司提任总顾问,后任该公司总裁;持有商用/仪表飞行等级私人飞行员执照。Marshall于1969年在加州大学圣塔芭芭拉分校(University of California, SantaBarbara)获得学士学位,于1972年在加州大学哈斯汀法学院获得法学博士学位;曾任美国航空航天协会(American Institute of Aeronautics and Astronautics, AIAA)航空技术法律事务委员会(Legal Aspects of Aeronautics Technical Committee)副主席、美国科学促进会(American Academy for the Advancement of Science)与国际无人平台系统协会(AUVSI)会员,定期参加并在无人机系统相关研讨会上做报告。

Eric Shappee:堪萨斯州立大学航空专业副教授,专业飞行员计划工作组成员。曾教授过的航空课程不计其数,其中包括"航空学导论"、"系统安全"、"安全管理"、"无人机系统导论"等。持有仪表/多引擎/滑翔机飞行级别商业飞行员执照,是经金印认证项目认证的飞行员教员。在羚羊谷学院(Antelope Valley College,Palmdale,California,加州帕姆代尔)获得了双副学士学位,在安柏瑞德航空大学获得了航空学学士学位和航空学与安全硕士学位,主要研究方向为航空安全。为堪萨斯州立大学及其他航空组织开发了数项风险评估工具。近期还凭借专业服务与经验,成为国际空中安全调查员协会(International Society of Air Safety Investigators)会员。自1986年起,一直活跃于航空学领域,并从1995年起开始担任教学工作。在其航空职业生涯中,开展了无人机系统研究工作,包括"捕食者"和航空探测仪等(Aerosonde)。

附录3 原书章节作者简介

Ted Beneigh:目前任职于安柏瑞德航空大学。在截至目前34年的职业生涯中,所从事过的工作包括飞行教员、检查飞行员、飞行标准负责人以及最近12年在航空科学学系担任终身教授。获得了航空研究副学士学位、航空科学学士学位、航空科学硕士学位和国际商务管理博士学位。除学术资质以外,还持有航空公司空运飞行员执照,累计飞行时间超过16000个小时。现受邀担任最近成立的无人机系统学位制度的项目协调员。

Josh Brungardt:曾担任高性能飞行器训练、电子飞行仪表系统(Electronic Flight Instrument System,EFIS)训练以及兰斯(Lancair)飞机等公司首席飞行员。目前在堪萨斯州立大学航空系担任无人机系统主管。2010年,与第11侦察中队一起,在克里奇空军基地(Creech Air Force Base)参加了"捕食者"无人机系统高级官员培训。试飞过100次以上,是美国空军及其他防御承包商的试飞员兼指导员、电子飞行仪表系统与航空电子设备集成专家。2006年创办了一家飞行员培训公司——电子飞行仪表系统(EFIS)培训公司,该公司主要从事玻璃驾驶舱飞行员培训工作。在萨利纳的堪萨斯州立大学获得了专业飞行员副学士学位和空中航线科学学士学位。持有航线运输飞行员(Airline Transport Pilot,ATP)执照和认证的飞行仪表教官(Certificated Flight Instrument Instructor,CFII)执照,飞行时间超过4000个小时,曾参加过全美雷诺飞行竞技(Reno National Air Races)。

Igor Dolgov:在普林斯顿大学(Princeton University,New Jersey,新泽西州)计算机科学专业获得了理工学士学位,以及智能系统与机器人学结业证书,在亚利桑那州立大学(Arizona State University,Tempe,坦佩)获得了心理学博士学位。在校期间获得了大学研究生奖学金,参与了心理学系的认知、行动与感知项目,以及艺术、媒体与工程学院的国家自然科学基金综合研究生教育与研究培训项目(National Science Foundation Integrated Graduate Education and Research Traineeshi Program,NSF IGERT)。目前在新墨西哥州立大学(NMSU)工程心理学项目组的终身教职岗位上任职。领导成立了 PACMANE 实验室,该实验室主要研究媒介/人工/自然环境下的感知、行动与认知(Perception,Action,and Cognition in Mediated,Artificial,and Naturalistic Environments),并按照物理科学实验室(PSL)的21世纪航空航天项目的要求,与 NMSU 的认知工程实验室开展了广泛的合作。跨学科应用研究主要关注无人机系统操作员的感知/认知能力和目前无人机系统界面的效率。

此外,实验室的工作还包括对感知任务不同重要级别对自动化系统所受信任度的影响,对一般图形用户界面设计原则进行评估。与 Dolgov 的应用活动相对应,PACMANE 实验室的理论研究涵盖生态心理学与嵌入式认知范式,主要研究方向为在自然环境和人工环境下人类感知与行动的相互影响。

Lisa Jo Elliott:2004 年在亚利桑那大学(University of Arizona,Tucson,图森)获得了心理学学士学位,2006 年在新墨西哥州立大学获得了实验心理学硕士学位,2011 年同样在 NMSU 获得了工程心理学博士学位。曾从事的工作包括 IBM 公司的人因学工程师、国防部工程心理学研究员、NMSU 物理科学实验室/无人机系统飞行测试中心研究员等。现任南佛罗里达理工大学(University of South Florida - Polytechnic in Lakeland,Florida,佛罗里达州莱克兰)讲师。

Charles "Chuck" Jarnot:美国陆军预备役部队中校(退休)。毕业于西密歇根航空系(Aviation Department of Western Michigan),在安柏瑞德航空大学获得了航空学硕士学位。曾在美国乃至全世界各地(包括韩国、阿富汗)美军驻扎点担任旋转翼飞机飞行员兼顾问。在最近的一次作战任务当中,作为无人机系统支援人员,主要负责列装由 MMist 公司生产的 CQ - 10A "雪雁"(Snowgoose)无人机。另外,还在堪萨斯州立大学兼任教授,负责教授无人机系统导论。对其他无人机系统平台也有实战经验,包括由 Insitu(英西图)公司生产的"扫描鹰"(ScanEagle)无人机。在中东地区参与了对"扫描鹰"无人机的部署。航空史、尤其是旋转翼飞机的航空史是其兴趣领域之一。

Matthew J. Rambert:新墨西哥州立大学工程心理学专业研究生兼研究员,工作经验主要集中在为人因学、计算机维修、系统分析、可用性与使用分析以及实验室管理等方面。

Jeremy D. Schwark:新墨西哥州立大学工程心理学专业研究生兼认知工程实验室研究员,研究方向为自动化、人 - 计算机交互以及界面设计。

Caitriana Steele:新墨西哥州立大学约拿达实验区(Jornada Experimental Range)的博士后研究助理、地球观测科学家,主要兴趣领域为利用远程感知与地理空间技术对自然资源进行管理。

Bryan Stewart:住在新墨西哥拉斯克鲁塞斯(Las Cruces)。于 2004 年和 2006 年在新墨西哥州立大学分别获得了电气工程学士学位和电气工程硕士学位。目前在白沙导弹试验场(White Sands Missile Range,WSMR)的网络与控制部系统工程理事会任职,工作地点是测试资源管理中心(Test Resource Management Center)的无人自主系统试验重点区,负责为目标控制和网络通信提供支持、开发自动测试程序等。在加入 WSMR 之前,曾在物理科学实验室(PSL)电磁工作组工作,主要负责贴片天线的设计与生产。此外,还参与过由国防威胁压制局(Defense Threat Reduction Agency,DTRA)资助的商/工业建筑的抵制高频率微波(High - Power Microwaves,HPMs)缓解技术检查项目。目前正在攻读电气工程专业博士学位。

Glen Witt：新墨西哥州立大学技术分析与应用中心的空域运行顾问。从1955年起开始在美国空军服役，2009年退休。在基斯勒空军基地（Keesler Air Force Base）空中交通管制（ATC）课程结业之后，获批在德州圣安东尼奥（San Antonio）的空中航路交通控制中心（AirRoute Traffic Control Center，ARTCC）接受由民用航空管理局（CAA，联邦航空管理局 FAA 前身）提供的为期一年的特殊空中交通管制培训。培训结束之后，被分配到英格兰累肯赫斯（Lakenheath）空军基地的累肯赫斯雷达空中交通管制中心，一直担任空中交通管制员/监督员工作。自1960年起至1994年退休，Witt一直在FAA的阿尔布开克（Albuquerque）空中交通管制（ATC）中心工作，在此期间所从事过的工作岗位包括空中交通管制员、一/二级监督员，以及退休前10年担任的职务——空域与规程办公室经理。Witt在FAA工作期间，获得了不计其数的荣誉，工作表现十分杰出，因此曾被评为FAA空域与航路空中交通管制程序等领域的最重要专家之一。1994年退休之后，Witt被防御评估支持（Defense Evaluation Support Activity，DESA）和美国空军返聘为顾问，主要负责为国家空域系统（NAS）的无人机飞行活动提供支持。在他的帮助之下，国防部的中空长航时无人机"捕食者"最终取得了FAA的国家空域系统准入资格，不使用追踪飞机的前提下，实现在除了禁飞区或告警区之外的安全飞行，在无人机领域获得了广大同行的认可，并被认为具有里程碑的非凡意义。自1995年起，Witt开始为NASA的环境研究飞行器与传感器技术项目（Environmental Research Aircraft and Sensor Technology，ERAST）提供咨询服务，其对ATC系统、ATC程序、空域管理以及《联邦航空条例》的真知灼见在协助有关单位开发无人机系统的运行标准与规范过程中做出了杰出的贡献。

附录4 术语表

术 语	中 文
21st Century Aerospace Department	二十一世纪航空部
Abort mission procedures	任务中止程序
Above Ground Level（AGL）	离地高度
Academic applications	学术应用
Academic programs	学术计划
Academy of Model Aeronautics（AMA）	航空模型学会
Access to airspace	空域准入
Acoustic systems	声学系统
Acquisition of information	信息采集
Acrobatic helicopter	特技型直升机
Active Electronically Scanned Arrays（AESA）	主动电子扫描阵列
Actuator control	致动器控制
Adaptive Automation（AA）	自适应自动化
Administrative Procedures Act	《行政程序法》
Advanced Microwave Scanning Radiometer（AMSRE）	先进微波扫描辐射计
Advanced Technoligies Testing Aircraft System（ATTAS）	先进技术试验飞机系统
Advisory circulars	咨询通告
Aerial Bomb	航空炸弹
Aerial sensing	空中感知
Aerial torpedo	航空鱼雷
Aerial triangulation	航空三角测量
Aeromedical issues	航空医学事件
Aeronautical charts	航空图
Aeronautical Commission of the Peace Conference	航空和平会议委员会
Aeronautical Information Manual（AIM）	航空信息手册
Aeronautical Information Publications（AIP）	航空资料汇编
Aerospace Medical Association	航空医学协会

(续)

术　语	中　文
AeroVironment	航空环境公司
Agricultural Digital Camera（ADC）	农业数码相机
Air Defense Identification Zone（ADIZ）	防空识别区
Air Force Research Laboratory（AFRL）	美国空军研究实验室
Air Force Scientific Advisory Board（AFSAB）	空军科学咨询委员会
Air navigation facilities	空中导航设施
Air pollution	空气污染
Air Route Traffic Control Center	空中航路交通控制中心
Air Traffic Control（ATC）	空中交通管制
Air Traffic Division	空中交通科
Air Traffic Organization（ATO）	空中交通组织
Air Traffic Organization Safety Management System Order	空中交通组织安全管理系统指令
Air Traffic Rules and Procedures Service	空中交通规则及程序司
Air Traffic Safety Compliance Process	空中交通安全的合规性程序
Air Traffic Safety Oversight	空中交通安全监督
Airborne Collision Avoidance System（ACAS）	机载避撞系统
Airborne InfraRed Disaster Assessment System（AIRDAS）	机载红外灾害评估系统
Airborne Large Format Imager	机载大画幅成像仪
Aircraft Certification Service	航空器认证司
Airlift capability	空运能力
Airline Transport Pilot	航线运输飞行员
Airlines	航空公司
Airports Council International	国际机场协会
Air‑to‑air missiles	空对空导弹
Airworthiness Directive（AD）	适航性指令
Airworthiness Division	适航局
Alert area	警戒区
Alternative energy	替代能源
American Academy for the Advancement of Science	美国科学促进会
American Institute of Aeronautics and Astronautics（AIAA）	美国航空航天协会
American Society of Testing and Material International（ASTMI）	国际材料试验协会
American Society of Testing and Materials（ASTM）	美国材料与试验协会

(续)

术 语	中 文
American Trans-Air	环美航空公司
Antelope Valley College	羚羊谷学院
Applied Aviation Research Center	应用航空研究中心
Approach procedures	进近程序
AQM-34 Lightning Bug	AQM-34"萤火虫"无人机
Aquila	"天鹰座"无人机
Area navigation	区域导航
Arizona State University	亚利桑那州立大学
Artificial intelligence (AI)	人工智能
Artificial neural networks (ANN)	人工神经网络
Assault drone	无人攻击机
Assault drone guidance	无人攻击机制导
Association for Unmanned Vehicle Systems International (AUVSI)	国际无人平台系统协会
Attack aircraft	攻击机
Attention Saliency signals	注意力集中信号
Automated decision making	自动决策
Automated Guided Vehicles (AGV)	自动导引平台
Automated Speech Recognition (ASR)	自动语音识别
Automatic Dependent Surveillance Broadcast (ADS-B)	广播式自动相关监视
Automation etiquette guidelines	自动化礼仪指南
Automation surprises	自动化意外
Autonomous Control Levels (ACL)	自主控制等级
Autonomous Control Vehicle (ACV)	自主控制平台
Autonomous Modular Scanner (AMS)	自主模块化扫描仪
Autonomous Systems Reference Framework (ASRF)	自主系统参考框架
Autonomy Levels For Unmanned Systems	无人系统自主等级
Autonomy Levels For Unmanned Systems (ALFUS) framework	无人系统自主等级框架
Autonomy/autonomous operations	自主/自主操作
Autopilot	自动驾驶仪
Aviation Department of Western Michigan	西米歇根航空系
Aviation regulatory system	航空监管体系
Aviation Rulemaking Committee (ARC)	航空规则制定委员会

199

(续)

术 语	中 文
Avionics	航空电子设备
Avionics Systems Branch	航空电子系统部
Baseline maneuver	基线机动
Basic Risk Assessment Matrix (BRAM)	基础风险评估矩阵
Batch processing	批量处理
Battlefield assessment systems	战场评估系统
Battlefield surveillance systems	战场监视系统
Bekaa Valley	贝卡谷地
Beyond line–of–sight (BLOS) communication	超视距通信
Bikini	"比基尼"无人机
Black–hot objects	黑热物体
Blended decision making	混合决策
BlueBird Aero Systems	蓝鸟航空系统公司
Bougainville Island Campaign	布干维尔岛战役
BrighamYoung University	杨百翰大学
Bug	"虫子"无人机
Buzz Bomb	"蜂鸣"飞弹
Canopy temperature	树冠层温度
Canyon effect	峡谷效应
Capture cable	拦阻索
Car top launcher	车顶发射器
Carbon dioxide flux measurements	二氧化碳流测量
Carnegie Mellon University	卡内基·梅隆大学
Catapult launch	弹射器
Charge–Coupled Device (CCD) arrays	电荷耦合器件阵列
Center for General Aviation Research	通用航空研究中心
Certificate of authorization (COA)	授权证书/授权认证
Certificate of waiver	豁免证书
Certificated Flight Instrument Instructor	注册飞行仪表教官
Certified technical standard order	经认证的技术标准规定
Chase aircraft	护航飞机
Civil Aviation Authority (CAA)	民用航空局

(续)

术　语	中　文
Climb rate	爬升速率
Close battle UA	近距作战无人机
Cloud Cap Technology	云帽技术公司
Cloud cover	云层
Cloud systems	云系
Coastal research	濒海研究
Cobra	"眼镜蛇"攻击直升机
Code of Federal Regulations (CFR)	美国联邦法规
Cognitive Engineering Research Institute (CERI)	认知工程研究院
Cognitive factors	认知因素
Collision avoidance systems	避撞系统
Color imager	彩色成像器
Command and control (C2)	指挥与控制
Commercial off-the-shelf systems (COTS)	商用货架系统
Commercial UAS	商用无人机
Committee on Autonomous Vehicles in Support of Naval Operations	支援海军作战的自主平台委员会
Commonality and scalability	通用性与可扩展性
Communication data link	通信数据链
Complementary metal-oxide semiconductor (CMOS) technology	互补型金属氧化物半导体技术
Composite material technology	复合材料技术
Computer technology	计算机技术
Conditionally mandatory regulations	有条件强制性规定
Conditionally prohibitive regulations	有条件禁止性规定
Conflict avoidance	避撞
Conservative bias	保守偏差
Controlled firing area	射击控制区
Convention for the Regulation of Aerial Navigation	空中导航监管公约
Convention on International Civil Aviation	国际民用航空公约
Conventional TakeOff and landing (CTOL)	常规起降
Cooled IR camera	冷却式红外摄像机
Cooperative monitoring	协同监测
Cooperative technologies	协作式技术

(续)

术　语	中　文
Coordination procedures	协调程序
Correct rejection	正确拒绝
Creech Air Force Base	克里奇空军基地
Crew Rresource Management（CRM）	机组资源管理
Critical event logic	关键事件逻辑
Crop Water Stress Iindex（CWSI）	农作物缺水情况指数
Cuban Missile Crisis	古巴导弹危机
Data Acquisition Control System（DACS）software	数据采集控制系统软件
Data processing	数据处理
Data streams	数据流
Defense Acquisition Guidebook	国防采办指南
Defense Advanced Research Projects Agency（DARPA）	美国国防部先进研究项目局
Defense Evaluation Support Activity	防御评估支持行动
Defense Science Board（DSB）	国防科学委员会
Defense system suppression	防御系统压制
Defense Threat Reduction Agency	国防威胁降低局
Delegation of authority	权限委派
Delta pushers	三角形推进
Department of Defense（DoD）	美国国防部
Department of Energy（DoE）	美国能源部
Department of Transportation（DoT）	美国交通运输部
Descent rate	下降速率
Desert Shield	沙漠盾牌
Desert Storm	沙漠风暴
Detect，Sense，Avoid（DSA）	检测、感知与规避
Detection system	检测系统
Digital cameras	数码摄像机
Digital Elevation Models（DEM）	数字高程模型
Digital multispectral imaging systems	数字多光谱成像系统
Digital Orthophoto Quarter Quads（DOQQ）	数字正射影像象限图
Digital technology	数字技术
Disaster response	灾害响应

(续)

术 语	中 文
Discrete frequencies	离散频率
Distance information	距离信息
Domestic airspace	国内领空
Drone Anti – Submarine Helicopter（DASH）	反潜无人直升机
Ducted fanned device	"涵道风扇"装置
Duration of flight	飞行时间
Eagle Eye	"鹰眼"无人机
Electric helicopters	电动直升机
Electroencephalography	脑电图
Electromagnetic spectrum	电磁频谱
Electronic eyeball	电子眼
Electronic Flight Instrument System（EFIS）	电子飞行仪表系统
Electronic surveillance	电子监视
Electro – optical systems	光电系统
Embry – Riddle Aeronautical University	安柏瑞德航空大学
Emergency locator transmitter	应急定位发射机
Encounter model	相遇模型
Environmental complexity（EC）	环境复杂度
Environmental monitoring and management applications	环境监控与管理应用
Environmental Research Aircraft and Sensor Technology（ERAST）	环境研究飞机和传感器技术
Equivalent level of safety	同等安全水平
European Aviation Safety Agency（EASA）	欧洲航空安全局
European Joint Aviation Authorities	欧洲联合航空管理局
European Joint Aviation Authorities UAV Task Force Report	《欧洲联合航空管理局无人机任务力量报告》
European Organization for Civil Aviation Equipment（EUROCAE）	欧洲民用航空设备组织
European Organization for the Safety of Air Navigation（EUROCONTROL）	欧洲空中航行安全组织
Event – invoked automation	事件启动式自动化
Event – Related Potential	事件相关潜能
ExCom	执行委员会
Experimental airworthiness certificate	试验性适航证

(续)

术　语	中　文
Exterior orientation (EO) parameters	外定向参数
Eye tracking	眼球跟踪
Eye-in-the-sky	空中眼睛
False alarm prone system	虚警频发系统
Federal Aviation Administration (FAA)	美国联邦航空管理局
Federal Aviation Regulations (FAR)	美国联邦航空条例
Federal Communications Commission (FCC)	美国联邦通信委员会
Federal Register	《联邦纪事》
Federal Register Act	《联邦注册法》
Field of view (FOV)	视场
Fieseler Aircraft Company	"菲泽勒"飞机公司
Fighter aircraft	战斗机
File and Fly	备案与飞行
Firebee	"火蜂"无人机
Fire Scout	"火力侦察兵"无人机
Fire sensing system	火灾感知系统
First Response Experiment (FiRE)	紧急救援试验
Fixed-wing aircraft	固定翼飞机
Flight control systems	飞行控制系统
Flight data recorder (FDR)	飞行数据记录仪
Flight director	飞行引导员
Flight information publications	飞行信息发布
Flight information regions (FIR)	飞行信息区
Flight operations	飞行操作
Flight plan	飞行计划
Flight rules	飞行规则
Flight service stations	飞行服务站
Flight Standards Service (FSS)	飞行标准处
Flight Technologies and Procedures Division	飞行技术与程序司
Flight test cards	飞行测试卡
Flight Test Center	飞行测试中心
Focal length	焦距

(续)

术　语	中　文
Ford Motor Company	福特汽车公司
Forward-Looking InfraRed (FLIR) cameras	前视红外摄像机
Frequency assignments	频率分配
Frequency hopping	跳频
Function-Specific Level of Autonomy and Automation Tool (FLOAAT)	基于功能的自主性和自动化分级工具
Future Combat Systems (FCS) Program	美国陆军未来作战系统计划
Game theoretic optimal deformable zone with inertia (GODZILA)	博弈论最佳惯性可变形区
Garmin International ADS-B technology	佳明国际自主相关监视-广播技术
Garmin International Inc	佳明国际公司
General Accounting Office (GAO)	政府问责局
General Atomics	通用原子公司
Geographic information systems (GIS)	地理信息系统
Georectification and mosaicing of still imagery	静止图像地理校正与拼接
Geospatial data	地理空间数据
Geospatial datacollection	地理空间数据采集
Global Hawk	"全球鹰"无人机
Global positioning systems (GPS)	全球定位系统
Gorgon stare	"戈尔贡"凝视
Government contractors	政府承包商
Government entities	政府实体
Grice's maxims of communication	Grice交流准则
Ground control points (GCP)	地面控制点
Ground control stations (GCS)	地面控制站
Ground moving target indication (GMTI)	地面移动目标指示
Ground surveys	地面勘测
Ground-based infrastructure	地基基础设施
Ground-based systems	地基系统
HALE Roadmap	高空长航时航线图
Hand launching	手抛发射
Handheld GCS	手持式地面控制站
Hazard analysis	危险分析

(续)

术　语	中　文
Hazardous substance spills	危险物质泄漏
Heat dissipation	散热
Heinkel	"亨克尔"轰炸机
Helicopter systems	直升机系统
Hellfire	"海尔法"/"地狱火"导弹
Herington UAS Flight Facility（HUFF）	赫林顿无人机系统飞行实验站
High – Altitude Long Endurance（HALE）	高空长航时
High – altitude sensing	高空感知
High – power microwaves	高频率微波
Hopping pattern	跳频模式
Horizon Fuel Cell Technologiesh	地平线燃料电池科技公司
Hover and stare	悬停与凝视
Human factors analytics and classification system（HFACS）	人的因素分析与分类系统
Human Interaction	人–机交互
Human – centric taxonomies	以人为中心的分类系统
Human – Machine Interface（HMI）	人–机接口
Human – Robot Interaction/Human – System Interaction（HRI/HSI）	人–机(系统)交互
human – Systems Integration（HSI）	人–系统集成
Image georectification	图像地理校正
Image processing	图像处理
Imagery technology	图像技术
Image – to – image registration	图像至图像配准
Indiana State University	印地安那州立大学
Individual failure	个体故障
Industrial, Scientific, and Medical（ISM）frequencies	工业、科研和医学频率
Inertia Navigation Systems（INS）	惯性导航系统
Inertial Measurement Unit（IMU）	机载惯性测量单元
Information acquisition	信息采集
Infrared search	红外搜索
Infrared sensors	红外传感器
Infrared video cameras	红外视频摄像机
Instrument Flight Rules（IFR）	仪表飞行规则

(续)

术 语	中 文
Instrument Meteorological Conditions (IMC)	仪表气象条件
Intelligence gathering	情报搜集
Intelligence, Surveillance, and Reconnaissance (ISR)	情报、监视与侦察
Intelligence/Intelligent System	智能系统
Interim Operational Approval Guidance	中期运营批准指南
Interim Operational Approval Guidance	运行批准暂行指导意见
Interior orientation (IO) parameters	内定向参数
Internal IR Cut Filter (IIRCF)	内置红外截止滤光片
Internal notice process	内部通知流程
International Air Transport Association	国际航空运输协会
International Civil Aviation Conference	国际民用航空会议
International Civil Aviation Organization (ICAO)	国际民航组织
International Council of Aircraft Owner and Pilot Associations	国际飞机机主与飞行员协会
International Federation of Airline Pilots' Associations	航空公司飞行员协会国际联合会
International Maritime Organization (IMO)	国际海事组织
International regulatory systems	国际监管体系
International Society of Air Safety Investigators	国际空中安全调查员协会
International Telecommunication Union (ITU)	国际电信联盟
Introduction to SMS for Airport Operations	《机场运营中安全管理系统的引入》
Iowa	"爱荷华"号战列舰
IR imaging	红外成像
Iridium	铱星系统
Israel Aerospace Industries (IAI)	以色列航宇工业公司
Joint Aviation Authorities (JAA)	联合航空局
Jolly Green	"绿巨人"直升机
Kansas State University UAS Program Office	堪萨斯州立大学无人机系统项目办公室
Knowledge, Skills, and Ability (KSA)	知识、技能和能力
Large format camera	大画幅摄像机
Large-scale UAS	大型无人机系统
Laser Obstacle and Avoidance and Monitoring (LOAM) system	激光障碍物规避与监视系统
Laser range finders/designators	激光测距仪
Latent failures	潜在失败

(续)

术　语	中　文
Launch and Recovery (L&R)	发射与回收
Launch cradle	发射装置
Leaf Area Index (LAI)	叶面积指数
Legal Aspects of Aeronautics Technical Committee	航空技术法律事务委员会
Lenslet model	小透镜模型
Liberal bias	开明偏差
Line imagery	线划图
Line scanner	行扫描仪
Line-of-sight technology	视距技术
Linkoeping University	瑞典林科平大学
Lithium polymer batteries	锂聚合电池
LOA taxonomies	自主等级分类系统
Long-range reconnaissance systems	远程侦察
Longwave infrared (LWIR)	长波红外
Loran-type network	罗兰型网络
Loss-of-signal	信号丢失
Lost-link procedures	链路丢失程序
Low-Altitude Short Endurance (LASE) UAS	低空短航时
Mabat	"马巴特"/"玛贝特"无人机
Machine learning	机器学习
Machine vision camera	机器视觉摄像机
Maintenance personnel	维护人员
Manned aircraft	有人机
Manual control	手动控制
Marine sanctuaries	海上避难所
Mark	"马克"无人机
McDonnell	麦道公司
Mean Sea Level (MSL)	平均海平面
Messenger Aerial Torpedo (MAT)	信使航空鱼雷
Meteorological information	气象信息
Metric cameras	度量相机
Micro AVs	微型空中平台

(续)

术　语	中　文
Micro/nano UAS	微型/纳米无人机系统
Microchip technology	微芯片技术
Microwave imaging	微波成像
Midwave infrared（MWIR）	中波红外
Military Operations Area（MOA）	军事作战区
Military training routes	军事训练航线
Military–industrial complex	军事–工业复合体
Minimum Aviation System Performance Standards（MASPS）	最低航空系统性能标准
Minimum Operational Performance Standards（MOPS）	最低工作性能标准
Mini–UAS（MUAS）	迷你无人机系统
Mishap probability levels	意外概率等级
Mishap Risk Assessment Matrix（MRAM）	意外风险评估矩阵
Miss prone system	漏警频发系统
Missile Defense Agency	导弹防御局
Missile delivery	导弹投射
Mission Complexity（MC）	任务复杂度
Mission modification	任务修改
Mission planner	任务规划器
Mission specialist	任务专家
Mistletoe	"槲寄生"制导炸弹
Mobility，Acquisition，and Protection	移动、获取和保护
Model aircraft	模型飞机
Model Aircraft Operating Standards	《模型飞机运行标准》
MODerate resolution Imaging Spectrometer（MODIS）	中等分辨率成像光谱仪
Modified Cooper–Harper Handling Qualities Scale	修订版库珀–哈珀质量管理表
Modular pay load design	模块有效载荷设计
Mosaicing of still imagery	静止图像拼接
Motion detection systems	运动检测系统
Multi–agent coordination	多智能体协调
Multiple Camera Array（MCA）	多相机阵列
Multirole operation	多角色操作
Multisensor systems	多传感器系统

(续)

术　语	中　文
Multispectral frame cameras	多光谱分幅相机
Multispectral imaging	多光谱成像
National Advisory Committee on Aeronautics	美国国家航空咨询委员会
National Aeronautics and Space Administration (NASA)	美国国家航空航天局
National Air Development Center (NADC)	美国海军航空兵研发中心
National Airspace System (NAS)	国家空域系统
National Defense Industrial Association (NDIA)	国防工业协会
National Institute of Standards and Technology (NIST)	美国国家标准与技术研究所
National Oceanographic and Aeronautics Administration (NOAA)	美国国家海洋与航空管理局
National Radar Test Facility (NRTF)	美国国家雷达测试中心
National Research Council	美国国家研究委员会
National Science Foundation Integrated Graduate Education and Research Traineeship Program	国家自然科学基金综合研究生教育与研究培训项目
North Atlantic Treaty Organization (NATO)	北大西洋公约组织
Natural Language Understanding (NLU)	自然语言理解
Navigable airspace	通航空域
Navigation-oriented technology	面向导航技术
Near infrared (NIR) sensors	近红外传感器
Near midair collision	接近空中相撞
Near miss	侥幸脱险
Near real-time data	近实时数据
Network nodes	网络节点
Neural network algorithm	神经网络算法
Neutral bias	中性偏差
New Mexico State University, Physical Science Laboratory, Technical Analysis and Applications Center (TAAC)	新墨西哥州立大学物理科学实验室技术分析与应用中心
NextGen NAS modernization plan	下一代国家空域系统现代化计划
No Live Operator Onboard (NOLO)	无实时操作员
Noncooperative passive system	非协同被动系统
Noncooperative targets	非协作目标
Noncooperative technologies	非协作式技术
Non-crew member	非机组成员

(续)

术　语	中　文
Nondestructive testing（NDT）technology	无损测试技术
Normalized Difference Vegetation Index（NDVI）	正常差异植被指数
Northrop Grumman	诺斯罗普·格鲁曼公司
Notice of Proposed Rulemaking	法规制定提案通知
Notice to Airmen（NOTAM）system	美国航空情报系统
Notification process	通知流程
Nuance detection/observability	细微探测/可观察性
Objective workload assessment	客观工作负荷评估
Observe–Orient–Decide–Act（OODA）	观察–判断–决策–行动
Ocean color imager	海洋彩色成像仪
Ocean research	海洋研究
Office of Primary Interest（OPI）	主要负责部门
Office of System Operations and Safety	系统运营和安全办公室
Office of the Under Secretary of Defense for Acquisition, Technology, and Logistics	国防部负责采购、技术和后勤的副部长办公室
Oliktok Point ArcticResearch Facility（OPARF）	奥利克托克点北极研究机构
Operating systems	操作系统
Operation Anvil	铁砧行动
Operation Peace for Galilee	"加利利和平"行动
Operational Hazard Review and Analysis（OHR&A）	操作危险评估与分析
Optic flow sensors	光流传感器
Optical sensors	光学传感器
Original equipment manufacturers（OEM）	原始设备制造商
Orthorectification of imagery	图像正射校正
Over–the–hill surveillance	越山监视
Over–the–horizon flight	"跨地平线"飞行
Passive Acoustic Non–Cooperative Collision Alert System	被动声学非协协作式碰撞告警系统
Passive infrared	被动红外
Passive systems	被动系统
Payload operator	有效载荷操作员
Perception, Action, and Cognition in Mediated, Artificial, and Naturalistic Environments	媒介/人工/自然环境下的感知、行动与认知

(续)

术　语	中　文
Performance Measures Framework for Unmanned Systems (PerMFUS)	无人机性能测量框架
Personal Computers (PC)	个人计算机
Physical Science Laboratory (PSL)	物理科学实验室
Physiological Reflectance Index (PRI)	生理反射系数指数
Piccolo	"皮科罗"自动驾驶仪
Pilot station	飞行员席位
Pilot-in-the-loop	飞行员在回路中
Pilotless Vehicle	无人平台
Pilot's Associate	飞行员协会
Pioneer	"先锋"无人机
Planning Domain Definition Language (PDDL)	规划领域定义语言
Pointer	"指针"无人机
Point-in-space ground surveys	空间中某点的地面堪测
Positive Control Areas (PCA)	主动控制区
Precision agriculture	精细农业
Preconditions for unsafe acts	不安全行为前提
Preliminary hazard list/analysis	初步危险列表/分析
Princeton University	普林斯顿大学
Principal point offset	主点偏移
Procedures for Air Navigation Services	空中航行服务程序
Prohibited area	禁飞区
Psychobehavioral factors	心理行为因素
Psychomotor tasks	精神运动任务
Psychophysiological measures	心理生理学方法
Public Aircraft	公共飞机
Purdue University, West Lafayette	普渡大学西拉法叶校区
Purpose-driven sensors	目标驱动型传感器
Quail	"鹌鹑"诱饵
Radar beacon transponder	雷达信标应答机
Radar decoy	雷达诱饵
Radar mapping	雷达测绘
Radar-based system	基于雷达的系统

(续)

术　语	中　文
Radial lens distortion	径向透镜畸变
Radiative transfer model	辐射转移模型
Radio control	无线电控制
Radio Controlled Vehicle	无线电控制飞行器
Radio frequency allocation	无线电频率分配
Radio spectrum	无线电频谱
Radio Technical Commission for Aeronautics（RTCA）	航空无线电技术委员会
Radiometrically calibrated sensor	经辐射校准的传感器
Rangeland monitoring	牧场监测
Rapid frequency hopping	快速跳频
Raven	"大乌鸦"无人机
Readiness violations	违反战备规则
Real Time COordination and control of Multiple heterogeneous unmanned aerial vehiclES（COMETS）	多异构无人机实时协同和控制
Real time data transmission	实时数据传输
Reconnaissance operator	侦察操作员
Recreational models	娱乐性航模
Red wavelength sensors	红色长波传感器
Reflected radiation	反射辐射
Remote Control Vehicle	遥控飞行器
Remotely operated systems	遥操作系统
Remotely Piloted Aircraft/Vehicles（RPA/RPV）	遥空驾驶飞行器/平台
Research, Development, Testing, and Evaluation（RDT&E）	研发、测试和评估
Residual Risk Level（RRL）	剩余风险等级
Response bias	响应偏差
Restricted area	限飞区
Right-of-Way Rules	路权规则
Risk assessment	风险评估
Risk Level（RL）	风险级别
Rolls-Royce Engine Company	劳斯莱斯发动机公司
Rotorcraft Pilot's Associate	旋翼飞机飞行员联盟
Route information	航线信息

(续)

术 语	中 文
Routes and area navigation (RNAV) procedures	航线与区域导航程序
Routine airspace access	常规空域准入
Royal Air Force	皇家空军
Royal Aircraft Establishment (RAE)	皇家飞机制造厂
Royal Navy	皇家海军
Rulemakng committee	规则制定委员会
Ryan Aircraft Company	"瑞安"飞机公司
Safety evaluation	安全评估
Safety Management System (SMS)	安全管理系统
Safety Management System Guidance	安全管理体系指南
Safety Risk Management (SRM)	安全风险管理
Surface-to-Air Missile (SAM) countermeasures	地对空导弹反制措施
Sandia National Labs	美国桑迪亚国家实验室
SATCOM	卫星通信
Satellite links	卫星链路
Satellite sensors	卫星传感器
ScanEagle	"扫描鹰"无人机
Scientific Applications and Research Associates, Inc.	科学应用与研究协会
Scout	"侦察兵"无人机
See and Avoid	看见与规避
Self-governing	自我管理
Sense And Avoid (SAA)	感知与规避
Sense-and-Avoid Display System (SAVDS)	感知与规避显示系统
Sensis Corp.	森西斯公司
Sensor observers	传感器观察员
Sensor operators	传感器操作员
Sensor station	传感器席位
Sensory communication	感官交流
Sensory isolation	感官隔离
Service stations	服务站
Shadow	"影子"无人机
Shared control	共享控制

(续)

术语	中文
Shortwave infrared (SWIR)	短波红外
Shuttle Radar Topography Mission (SRTM)	航天飞机雷达地形测量任务
Signal Detection Theory (SDT)	信号检测理论
Single European Sky ATM Research (SESAR)	单一欧洲天空空中交通管理研究计划
Single-lens reflex cameras	单反相机
Situation Awareness (SA)	态势感知
Size, Weight, and Power (SWaP)	尺寸、重量和功率
Skill decrement	技能下降
Skill-based errors	技术错误
Sky Warrior	"天空勇士"无人机
Skyhook	"天钩"回收设备
Small Unmanned Aircraft System Aviation Rulemaking Committee (sUAS ARC)	小型无人机系统航空规则制定委员会
Smart cameras	智能摄像机
Snowmobile	"雪地车"发动机
Society of Automotive Engineers (SAE)	汽车工程协会
Society of Automotive Engineers Aerospace Systems Division	汽车工程师协会航空航天系统分会
Space and Missile Defense Command	太空与导弹防御司令部
Spatial resolution	空间分辨率
Special Air Task Force (SATFOR)	空军特遣部队
Special airworthiness (SAW) certificates	特殊适航证
Special Committee 203 Unmanned Aircraft Systems (SC-203)	203号无人机系统特别委员会
Special Federal Aviation Regulations (SFARs)	特殊联邦航空条例
Special Military Operations	特别军事行动
Special Sensor Microwave Imager (SSM/I)	专用传感器微波成像器
Special-Use Airspace (SUA)	特殊用途空域
Sperry Aircraft Corporation	"斯佩里"飞机公司
Sperry Messenger	"斯佩里信使"飞机
Standard Specification for Design and Performance of an Airborne Sense-and-Avoid System	《机载感知与规避系统的设计与性能标准规范》
Standardization Agreement	标准化协议
Standards and Recommended Practices (SARPS)	标准和建议规程

(续)

术 语	中 文
Standoff distance	防区外
Static Automation (SA)	静态自动化
Stereo photography	立体摄影术
Strategic UAS	战略无人机系统
Subjective Workload Assessment Technique (SWAT)	主观工作负荷评估技术
Supervisory control autonomy	监控自主
Suppression of defense systems	压制防御系统
Suppression of Enemy Antiaircraft Destruction (SEAD)	对敌防空压制
Surveillance systems	监视系统
Synoptic views	综合视图
Synthetic Aperture Radars (SAR)	合成孔径雷达
Synthetic vision devices	合成视觉装置
System commonality	系统通用性
System complexity	系统复杂度
System elements	系统组成
Tactical skills	战术技能
Tactical UAS	战术无人机系统
Target drone	靶机
Target level of safety	目标级安全
Task designation	任务委派
Task Load Index (TLX)	任务负荷指数
Team-friendly automation	编队友好自动化
Technical commonality	技术通用性
Technical Standards Order (TSO)	技术标准规范
Technocentric taxonomies	以技术为中心的分类系统
Telemetry system	遥感系统
Temporary flight restricted areas	临时限飞区
Texas A&M University	德州农工大学
The ColumbiaScientific Balloon Facility	哥伦比亚科学气球设施
Thermal contrast	热对比
Thermal frame sensor	热分幅传感器
Thermal imaging	热成像

(续)

术　语	中　文
Thermal infrared video camera	热红外视频摄像机
Thermal microcameras	热微摄像机
Three Dimensional Intelligence Space	三维智能空间
Three-dimensional models	3D 模型
Tilt rotor VTOL	倾转旋翼飞机垂直起降
Topographic data	地形测量数据
Traffic advisory system	交通咨询系统
Traffic alert and Collision Avoidance System (TCAS)	交通警戒与避撞系统
Traffic control centers	交通管制中心
Traffic sensing	交通感知
Transformed Chlorophyll Absorption In Reflectance Index (TCARI)	转化叶绿素吸收指数
Twin boom pushers	双尾桁/双尾撑推进式无人机
Two-way communications	双向通信
U.S. Air Force	美国空军
U.S. Bureau of Land Management (BLM)	美国土地管理局
U.S. Department of Homeland Security (DHS)	美国国土安全部
U.S. Department of Interior (DoI)	美国内政部
U.S. Department of Transportation (DoT)	美国交通部
U.S. Forest Service	美国林务局
U.S. Geological Survey (USGS)	美国地质勘探局
U.S. Navy	美国海军
UAS Flight Test Center	无人机系统飞行试验中心
Uncooperative target	无协同目标
United States Code (USC)	美国法典
Universal Postal Union (UPU)	万国邮政联盟
University of California, Santa Barbara	加州大学圣塔芭芭拉分校
University of North Dakota	北达科他州大学
University of South Florida-Polytechnic	南佛罗里达理工大学
Unmanned Air Vehicle Systems Committee	无人机系统委员会
Unmanned Air Vehicles (UAV)	无人机
Unmanned Aircraft Aerospace Behavioral Engineering Technology Committee	无人机航空活动工程技术委员会

217

(续)

术　语	中　文
Unmanned Aircraft Program Office（UAPO）	无人机项目办公室
Unmanned Aircraft Systems（UAS）	无人机系统
Unmanned Combat Air Vehicle（UCAV）	无人作战飞机
Unmanned Ground Vehicle（UGV）	无人地面平台
Unmanned Reconnaissance Aircraft（URA）	无人侦察机
Unmanned Surface Vehicle（USV）	无人水面艇
Unmanned System（US）	无人系统
Unmanned Systems Technical Committee	无人系统技术委员会
Unmanned Undersea Vehicle（UUV）	无人潜航器
Urban Challenge	城市挑战计划
Urban reconnaissance operations	城市侦察行动
User–centered design	以用户为中心的设计
User–friendliness	用户友好性
Vegetation Indices（VI）	植被指数
Vegetation mapping	植被测绘
Vehicle launch	平台发射
Vengeance Weapon	"复仇武器"炸弹
Verbal communications	语音通信
Verification of the Origins of Rotation in Tornadoes Experiment（VORTEX）	龙卷风旋转起源验证试验
Vertical TakeOff and Landing（VTOL）	垂直起降
Video cameras	视频摄像机
Vietnam War	越南战争
Vincennes University	温森斯大学
Visual detection	目视检测
Visual Flight Rules（VFR）	目视飞行规则
Wallenberg Laboratory for Information Technology and Autonomous Systems（WITAS）	"沃伦堡"信息技术与自主系统实验室
Warning areas	警报区
Weapons delivery	武器投射
Weapons system	武器系统
Western States Fire Mission	西部各州消防任务

(续)

术　语	中　文
White Sands Missile Range (WSMR)	白沙导弹试验场
White – hot objects (WHO)	白热物体
Wide field of view (WFOV) sensors	宽视场传感器
Wildlife Research and Applications Partnership (WRAP)	研究与应用伙伴关系野生动植物
Workload rating scale	工作负荷分级表
World Health Organization (WHO)	世界卫生组织
World Meteorological Organization (WMO)	世界气象组织
World Radiocommunication Conference	世界无线电通信大会

内 容 简 介

随着科学技术的不断进步,无人机系统工业正在持续迅猛发展,无人机系统在军用和民用领域的应用也越来越频繁,进入国家空域管理系统的需求也日益迫切,这对无人机系统的自主能力提出了更高的要求。如何确保无人机系统能够有效安全地操作使用变得日益重要,这不仅仅是一个研究方向,更是进一步开展其他研究的基础。本书针对当前无人机系统使用基本原理相对匮乏的现状,以无人机系统自主能力的发展趋势为引领,从非工程、民用以及使用者的视角,概述了无人机的历史、现状和未来,分析了无人机系统的各个组成单元以及使用中面临的适航认证等问题,并以美国航空监管系统为例,重点阐述了无人机在进入国家空域管理系统时如何实现安全操作使用,并对无人机系统的自主能力、感知与规避以及人因工程展开了深入探讨。

本书定位为入门级大学课程,阅读对象为无人机以及无人系统等相关专业本科生、研究生、相关领域工程技术人员,也可作为从事该领域管理和应用的各类人员的参考用书,目的是使读者能够在未来安全使用或应用无人机系统执行各种任务。